TMS320C66x KeyStone 架构多核DSP

入门与实例精解

（第二版）

牛金海◎编著

上海交通大学出版社
SHANGHAI JIAO TONG UNIVERSITY PRESS

内容提要

本书围绕美国德州仪器公司(TI)最新的 KeyStone 架构 C66x 多核 DSP,介绍了 CCSV5 的使用、SYS/ BIOS、多核编程技术、KeyStone 架构体系以及内存管理、C6678 芯片硬件及外设,并且在 CCSV5 Simulator,以及 C6678 EVM 硬件环境下运行了 bmp 格式图像处理、IPC,VLFFT,Imaging Processing,HUA 等实例,最后介绍了多核 Boot 的原理与实例,并提供实例代码、课件 PPT、参考资料的下载。同时,也给出了多核 DSP 的应用,特别是在医学超声中的应用。

图书在版编目(CIP)数据

TMS320C66x KeyStone 架构多核 DSP 入门与实例精解 / 牛金海编著. — 2版—上海:上海交通大学出版社, 2017
ISBN 978 - 7 - 313 - 10978 - 1

Ⅰ. ①T… Ⅱ. ①牛… Ⅲ. ①数字信号处理 Ⅳ. ①TN911. 72

中国版本图书馆 CIP 数据核字(2014)第 059374 号

TMS320C66x KeyStone 架构多核 DSP 入门与实例精解
第二版

编　　著:牛金海

出版发行:上海交通大学出版社　　　　　　　地　　址:上海市番禺路 951 号

邮政编码:200030　　　　　　　　　　　　　电　　话:021 - 64071208

出 版 人:郑益慧

印　　制:昆山市亭林印刷有限责任公司　　　经　　销:全国新华书店

开　　本:787 mm×1092 mm　1/16　　　　　印　　张:22.75　插页:2

字　　数:527 千字

版　　次:2014 年 4 月第 1 版　2017 年 4 月第 2 版　印　　次:2017 年 4 月第 2 次印刷

书　　号:ISBN 978 - 7 - 313 - 10978 - 1/ TN

定　　价:88.00 元

再版前言

《TMS320C66x KeyStone 架构多核 DSP 入门与实例精解》一书自 2014 年 4 月出版以来，深受读者赞誉，收到读者的大量反馈信息，感谢读者为本书再版提出宝贵的建议。

第二版主要对第一版纸质内容进行了修订；并应读者需求，新增了本书中实例例程、课件 PPT 及相关参考资料，以电子形式提供，读者只须访问上海交通大学出版社的网站（www. jiaodapress. com. cn），在"资源下载"一栏输入本书书名搜索，即可下载。

新增主要内容包括：

a) 提供 TI C6000 DSP 课件 PPT，这套课件可以配合本书以及其姐妹篇《TI C66X 多核开发（MCSDK）技术：基于 CCS V5 SYSBIOS 的高级应用以及实例精解》，开展研究生的 DSP 教学工作。

b) 提供本书 C6678 多核平台的实例例程以及对例程运行等的解释性 PPT，具体包括大尺度快速傅里叶变换-VLFFT、图像处理-Imaging Processing、高新能 DSP 应用-HUA、核间通信-IPC、BMP 格式图像处理等例程以及说明 PPT。

c) 多核其他例程以及参考资料，主要为广州创龙电子科技有限公司提供的例程资料，以及我们实验室多年在多核领域教学科研成果等。

本书的再版得到广州创龙（"您身边的主板定制专定"）赞助，感谢广州创龙朱雅、黄继豪等工程师的大力支持！也感谢上海交通大学出版社编辑崔霞的大力支持！

牛金海

上海交通大学

2017 年 3 月 16 日

前　言

　　TMS320C66x DSP 是美国德州仪器公司(TI)推出的高性能多核 DSP 处理器。TMS320C66x DSP 采用 TI 多年的研发成果 Key Stone 多内核架构,其具有高性能 1 层、2 层和 3 层的协处理器,丰富的独立片内连接层的技术;还有多核导航器,它支持内核与存储器存取之间的直接通信,从而解放外设存取,充分释放多核性能;片上交换架构——TeraNet2,其速度高达 2 Mb/s,可为所有 SoC 组成部分提供高带宽和低时延互连;多核共享存储器控制器,可使内核直接访问存储器,无需穿过 Tera Net 2,可加快片上及外接存储器存取速度;HyperLink 提供芯片级互连,可跨越多个芯片。TMS320C66x 有 2 核、4 核、8 核,可以供不同应用场合使用,并且管脚兼容。每个内核都同时具备定点与浮点运算能力,并且都有 40 个 GMAC@ 1.25 GHz,20 个 GFLOP@ 1.25 GHz,其性能是市场上已发布多内核 DSP 的 5 倍,特别是 8 核 TMS320C6678 运行速率能达到 10 GHz。TMS320C66x 具有低功耗与大容量,采用 TI Green Power 技术构架,动态电源监控和 Smart Reflex。这样的结构,也让用户设计时不再需要使用 FPGA 或者 ASIC。

　　TMS320C66x 目标应用领域有关键任务、测试与自动化、医疗影像、智能电网、新型宽带以及高性能计算等。例如,医疗电子有几个热门的方向:彩色超声波、用于引导手术的实时透视、超声波便携式设备、内窥镜等,C667x DSP 凭借其实时处理、便携式、低功耗、可编程性、高性能的优势,能够立即实现这些医疗应用。

　　C66x 多核技术的推广与应用有助于提升中国产业的整体技术含量与水平。本书从 C66x 的内核架构、关键外设、多核编程等方面给出翔实介绍,同时给出基于 CCSV5 Simulator 软件仿真以及 TMDXEVM6678L EVM 上硬件仿真的实例精解。适合于广大的 DSP 爱好者、大学高年级学生、研究生,以及从事 DSP 等嵌入式技术开发的企业工程技术人员参考。期望帮助读者尽快熟悉并掌握该项技术。

　　在编著本书的过程中,作者一直战战兢兢。唯一的愿望,就是希望能对阅读本书的人有所帮助。

　　本书中的部分实例是我们 SJTU - TI 联合 DSP 实验室自行开发实践的,另外一部分实例由 TI 提供。这些实例在 TI 的官网上能下载到相关介绍,在这里进行了重新的运行与汇编,给出具体的运行步骤以及运行过程中的注意事项等。

本书介绍了 TI C66x 系列多核编程过程中的一些基本概念与原理,更深入地掌握这门技术,需要进一步阅读 TI 提供的参考手册以及在实际项目中的锻炼。

由于 C6678 多核系统相对比较复杂,特别是多核导航以及多核启动等内容。本书只做了一些初步探讨。

本书涉及的实例代码,由于篇幅所限,无法在书中一一列出。有需要的读者可以在 TI 的网站上下载,也可以通过邮件向本书作者索取。

在本书的编著过程中,为了帮助读者更好理解其中的概念,书中的部分关键词保留了英文原词以及我们的理解与翻译。

本书的编著,部分实例由上海交通大学-美国德州仪器联合 DSP 实验室 2011—2013 年之间选修高性能数字信号处理的研究生协助整理,他们是陈霆同学、李建森同学、马安邦同学、毛俊伟同学等,在此表示感谢。

虽然,我们努力试图提供可重复的工作,由于参考的软件版本以及软件安装的环境可能会有细微差别,请在理解本书介绍内容的基础上重复书中涉及的实例,简单照搬不一定能重复出结果,敬请注意。

本书的出版得到美国德州仪器半导体上海有限公司大学计划部沈洁女士、潘亚涛先生、黄争先生、崔萌女士等的支持,在此表示感谢。

本书尽量列出所有参考资料的源出处,若有遗漏,也请谅解。

由于时间仓促,水平有限,书中存在的错误和遗漏,恳请读者不吝指正。

联系方式 jhniu@sjtu.edu.cn

牛金海

2014 年 1 月 6 日

目　录

第1章 TMS320C66x 多核 DSP 的性能与应用

1.1 多核 DSP 概述

DSP 是对数字信号进行高速实时处理的专用处理器。在当今数字化背景下,DSP 以其高性能和软件可编程等特点,已经成为电子工业领域增长最迅速的产品之一。随着应用领域的扩大以及终端产品性能的日益丰富,人们对其性能、功耗和成本也提出了越来越高的要求,迫使 DSP 厂商开始在单一硅片上集成更多的处理器内核,于是多核 DSP 应运而生。据市场研究公司 In-Stat 的最新报告,全球 DSP 市场今后将一直保持高速增长(见图1-1),其中 2004 年的付运量约为 15 亿颗,2009 年该数字达到 28 亿颗。其中,浮点 DSP 的应用市场从 2004 年的 10 亿美元增长到 2009 年的 22 亿美元。因此,全球 DSP 市场的前景非常广阔,DSP 已成为数字通信、智慧控制、消费类电子产品和医学成像等领域的基础器件。

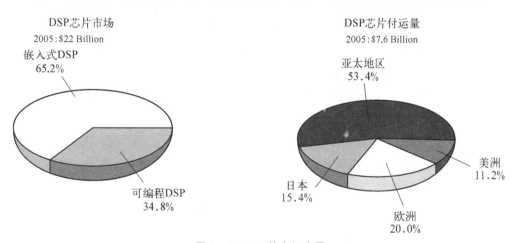

DSP芯片市场
2005:$22 Billion
嵌入式DSP
65.2%
可编程DSP
34.8%

DSP芯片付运量
2005:$7.6 Billion
亚太地区
53.4%
美洲
11.2%
日本
15.4%
欧洲
20.0%

图 1-1 DSP 的市场容量

TI 公司推出的 C667x 系列多核 DSP 在很多方面的性能都优于高端 FPGA。首先,其浮点性能和实时处理能力,能够更快速地处理影像等数据,毫无疑问,这是 FPGA 无可比拟的。其次,其高灵活性和可编程性,简化了复杂度算法部署。FPGA 最大的优势可能就在于其可编程性,但是工程师要首先用硬件描述语言编写,再进行仿真综合等操作,其实也很麻烦。而使用多核 DSP,工程师可以直接使用 C 语言完成所有操作,并且 TI 提供了很多免费的软件库,工程师可以马上进入产品差异化阶段。第三,采用 TI Green Power 技术使其具有很好的电源效率,功耗很低,如在同样情况下,使用 FPGA 的功耗一般在 20～40 W 之间,而 C667x 一般在 10 W。此外,其成本低,售价不足 100 美元,而一个高端的 FPGA 售价高达 600 美元。

目前在一些设备中使用的 DSP/FPGA 结构,现在可以完全用 TI 多核 DSP 代替。因为 TMS320C66x 已经集成了 Hyper Link 接口、PCI Express Gen 2、Serial Rapid IO 以及其他外设,可实现内核与存储器存取的直接通信,能够充分发挥多内核性能。

此外,C667x 系列多核 DSP 采用定点＋浮点架构,支持将浮点算法方便地移植到多核平台上。通常可使用 Matlab 或其他固有的浮点工具开发新的算法。接下来面临的挑战是如何在保持算法和系统性能的同时,将这些浮点算法转换为定点算法。复杂拙劣的算法会占用大量系统资源,从而导致系统的整体性能下降。在需要用到复杂处理的情况下,将 Matlab 中的代码移植到真实系统中就算耗费数周乃至数月的时间也不是什么罕见的现象。TI 最新架构具有原生浮点支持,从而使从浮点到定点的整个转换过程变得毫无必要。通过在 C66x DSP 上使用浮点指令,可轻松将代码从 Matlab 等工具中进行移植,并直接编译至 TI 的 DSP 中(见图 1-2)。

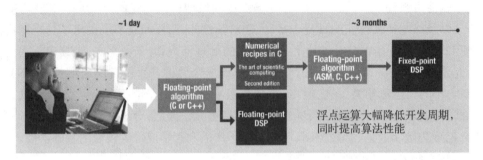

图 1-2 浮点功能可大幅加速产品上市进程

浮点技术在 4G 基站中的重要作用。无线电话正不断演进发展成为需要高数据量传输以支持视频流和其他高宽带应用的复杂媒体平台。为了充分满足这些需求,无线行业需要在基站中部署 WiMax 和 LTE 等最新的 4G 技术,力争为终端用户提供更高的数据吞吐量。这些 4G 基站利用多天线信号处理及 MIMO、Beamforming 等算法来提高其性能。通常情况下,这些算法会依赖本身易于量化和缩放与定点处理相关的问题的矩阵反演技术。采用浮点实施这些算法可进一步提高系统的速度及精确度,从而获得更高性能,并最终为移动电话用户带来更精彩的体验。不断增长、层出不穷的高性能应用亟需浮点运算功能,由于执行每个基本算术运算需要较长时间,所以浮点处理是很耗时的,但这种情况在当算法需要很大动态范围操作时则不然。在 4G 处理的矩阵反转操作中,由于没有简单可行的定点操作方法,因此算法虽然运行于定点处理器(无原生浮点支持)中,但基本还是被迫对浮点运算进行仿真。由于处理器没有获得定点功能的优势,因而在与使用支持浮点运算的处理器运行时,这些算法的运行速度要慢很多。C66x DSP 自身支持浮点功能,所以消除了这种性能瓶颈。例如,C66x DSP 内核运行 MIMO 及其他关键的多天线信号处理算法比在 C64x＋DSP 上运行定点功能的相同算法整整快 4 倍。

在国防、公共安全基础设施及航空电子设备等各种任务关键型应用领域,浮点功能不仅可简化开发,同时还能大幅提高性能。由于能够直接使用 MATLAB 中的代码,浮点不仅能够显著缩短开发周期,并且与大型 FFT 等定点代码相比,众多算法的浮点实施也会占用更少的执行周期。例如,雷达、导航与制导系统会处理通过传感器阵列获取的数据。众多传感器组件的各种不同能源模式可提供与目标的跟踪和定位相关的信息。这组数据必须通过线性方程组处理才能提取到所需信息。解决办法包括矩阵反演、分解与自适应滤波等数学函数。对更高输出精度与更大动态范围的需求促使这些功能在诸如 C66x 等 1.25 GHz 浮点引擎上实现出众的表现。另外,C66x 拥有的 SIMD 增强以及每周期定点能力高达 1.25 GHz 32 MAC 的卓越性能,也为设计人员在选择适合其应用的浮点与定点组合方面提供了极大的灵活性。

除机器视觉、工业自动化应用外,超声波等用于医疗影像的影像识别也需要非常高的计算准确度,这些均可从浮点功能获益匪浅。在进行超声波检查时,必须对声源发出的信号进行定义和处理,才能创建可提供实用诊断信息的输出影像。对于用户而言,C66x ISA 提供的更高精度可使影像系统达到更高的分辨率和识别率。

浮点应用众所周知的领域便是语音处理,其不仅需要严格的时延,同时还需要超高的采样率,这些都会极度依赖浮点功能提供的更高计算精度和更大的动态可变范围来适应滤波及其他降噪算法。此外,机器人设计也会考虑宽动态范围。因为装配线上也许会发生难以预料的事件。浮点 DSP 的宽动态范围可确保机器人控制电路以可预知的形式处理不可预知的状况。

1.2　TMS320C66x 各方面性能比较

德州仪器(TI)推出的最新 TMS320C66x 数字信号处理器(DSP)产品系列,其性能超过业界所有其他 DSP 内核。在独立第三方分析公司伯克莱设计技术公司(Berkley Design Technology, Inc)(BDTI)进行的基准测试中,其定点与浮点性能均获得最高评分。

BDTI DSP Kernel Benchmarks™套件分别对 C66x DSP 内核的定点与浮点性能进行的测试结果表明,在两组测试中该内核都获得了业界最高评分。C66x 的浮点基准测试评分比此前参加测试的所有器件评分都高出 2 倍以上。

技术分析权威公司 BDTI 在其《InsideDSP》新闻报道中指出:"C66x 的浮点性能 BDTImark2000 测试评分达 10 720,远远超过了前代浮点 DSP 的性能。这将有助于应用开发人员:首先采用浮点数学开发初始应用实施方案,然后再决定是否需要将高性能的代码部分转用定点处理,从而提高性能。实践证明,可在同一芯片上同时提供这两种功能是一大优势,而 TI 则是唯一一家可提供能同时支持浮点与定点功能的高性能、多内核 DSP 芯片的供应商。"

TI C66x DSP 芯片作为整合浮点与定点功能、能以两种处理模式逐条执行指令的 DSP 内核,可在每段代码都能以原生处理模式执行的应用中实现甚至更高的性能。在 C66x DSP 内核中整合浮点与定点功能,不但可取消从浮点到定点转换的高成本算法,而且还可帮助开发人员创建可在高性能器件上运行的高精度代码。

BDTImark2000 是业界最值得信赖的 DSP 性能基准测试平台之一。它包含大量通常由 DSP 处理器执行的算法。C66x 内核的测试是在 1.25 GHz 的时钟速率下进行的,其在 BDTI DSP Kernel Benchmarks 浮点部分获得了高达 10 720 的 BDTI mark2000™评分,比此前最高得分器件高 2 倍以上。同样的 C66x 内核在 BDTI DSP Kernel Benchmarks 定点部分的 BDTImark2000 得分高达 16 690，比此前通过 BDTI 认证的任何其他 DSP 内核都高。

TI 推出了最新 TMS320C66x DSP 系列器件，包括双核、四核及八核引脚兼容型 DSP（TMS320C6672、TMS320C6674 与 TMS320C6678）以及一款四核通信片上系统（SoC）TMS320C6670。此外，TI 还针对无线基站应用推出了一款同样采用 C66x DSP 内核的全新 SoC TMS320TCI6616，其可实现比该市场领域任何 3G/4G SoC 都高出 2 倍的性能。图 1-3 和图 1-4 是其性能比较。

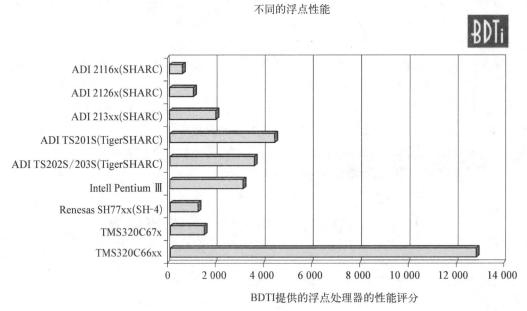

图 1-3　浮点性能比较

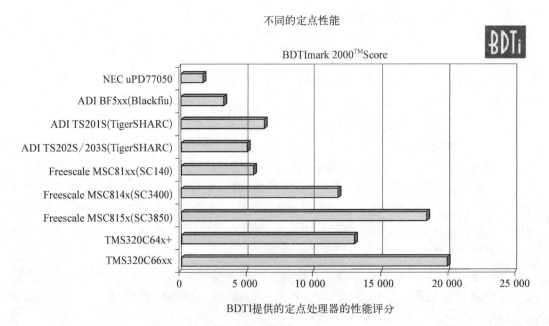

图 1-4　定点性能比较

　　图 1－5 是 TI C66x 多核 DSP 与 TI C67x(浮点)以及 C64x＋(定点)处理器的性能的比较。从图中可以看出,多核 DSP 的浮点定点性能远远高于现有的定浮点处理器。

Algorithm	C67x@300 MHz	C64x＋@1,2 GHz	C66x@1,25 GHz	Gain
Single Precision Floating Point FFT，2048 pt，Radix 4	86.84 μs		14.00 μs*	～600%
Fixed Point FFT，2048 pt，Radix 4		8.23 μs	4.46 μs*	～200%
FIR Filter，40 samples，40 taps		0.69 μs	0.34 μs*	～200%
Matrix Multiply 32×32		17.92 μs	6.16 μs*	～300%
Matrix Inverse 4×4		0.53 μs	0.13 μs*	～400%

图 1－5　TI C66x 多核处理器与 C67x(浮点)以及 C64x＋(定点处理器)的性能比较

1.3　多核 DSP 的应用

　　德州仪器(TI)推出的 TMS320C66x 系列最新产品 TMS320C6678 与 TMS320TCI6609 数字信号处理器 (DSP),为开发人员带来业界性能最高、功耗最低的 DSP,这预示着全新高性能计算(HPC)时代的到来。TI TMS320C6678 与 TMS320TCI6609 多核 DSP 非常适合诸如油气勘探、金融建模以及分子动力学等需要超高性能、低功耗以及简单可编程性的计算应用。TI 不但为 HPC 提供免费优化库,无须花费时间优化代码,便可更便捷地实现最高性能,而且还支持 C 与 OpenMP 等标准编程语言,因此开发人员可便捷地移植应用,充分发挥低功耗与高性能优势。

　　Samara Technology Group 创始人兼业务开发总监 Phillip J. Mucci 指出:"TI 全新系列多核 DSP 提供每瓦出色的浮点运算性能以及极高的密度与集成度。加上各种支持高速、低时延以及可实现互连连接的插槽等选项,TI DSP 确实是未来高性能高效率 HPC 系统的理想构建模块。"

　　TMS320C66xDSP 采用 TI 多年的研发成果 Key Stone 多内核架构,其具有高性能 1 层、2 层和 3 层的协处理器,丰富的独立片内连接层的技术;还有多核导航器,它支持内核与存储器存取之间的直接通信,从而解放外设存取,充分释放多核性能(见图 1－6);片上交换架构——TeraNet2,其速度高达 2 Mb/s,可为所有 SoC 组成部分提供高带宽和低时延互连;多核共享存储器控制器,可使内核直接访问存储器,无须穿过 Tera Net 2,可加快片上及外接存储器存取速度;HyperLink50 提供芯片级互连,可跨越多个芯片。

　　TMS320C66x 有 2 核、4 核、8 核,可以供不同应用场合使用(见图 1－6),并且管脚兼容。每个内核都同时具备定点与浮点运算能力,并且都有 40 个 GMAC@1.25 GHz,20 个 GFLOP@ 1.25 GHz,其性能是市场上已发布多内核 DSP 的 5 倍,特别是 8 核 TMS320C6678 运行速率能达到 10 GHz。TMS320C66x 具有低功耗与大容量,采用 TI Green Power 技术构架,动态电源监控和 Smart Reflex。

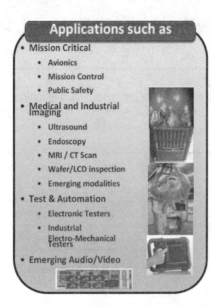

图 1 - 6　TMX320C6678/4/2/1 多核处理器的应用方向

　　针对软件无线电推出的四核 DSP C6670,其集成了支持所有 3G 及 4G 标准的 PHY 协处理器(见图 1 - 7),可使软件定义无线电(SDR)方案帮助运营商在无需外部组件的情况下顺利地升级到新兴标准。该 PHY 年出货量近 1 000 万件,供 200 家运营商使用。这样的结构,也让用户设计时不再需要使用 FPGA 或者 ASIC。

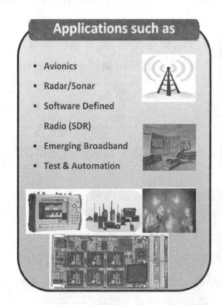

图 1 - 7　TMX320C6670 多核处理器的应用方向

　　TMS320C66x 目标应用领域有关键任务、测试与自动化、医疗影像、智能电网、新型宽带以及高性能计算等(见图 1 - 8)。例如,医疗电子有几个热门的方向:彩色超声波、用于引导手术的实时透视、超声波便携式设备、内窥镜等,C667x DSP 凭借其实时处理、便携式、低功耗、可编程性、高性能的优势,能够立即实现这些医疗应用。

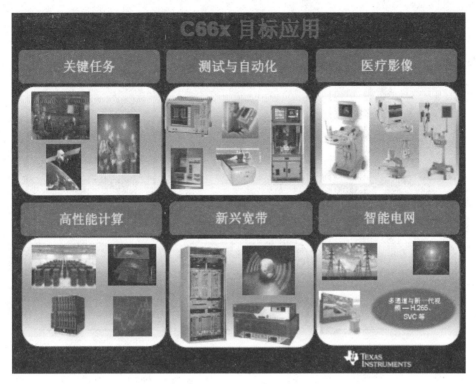

图 1-8　目标应用领域

多核 DSP 更详细的应用如下：

（1）3G 移动通信。多核 DSP 最重要的应用领域之一就是 3G 数字移动通信。其中包括基站和移动终端两方面的应用。基站所使用的 DSP 更注重高性能，对成本和功耗不是非常敏感。而移动终端要面向具体的用户，设计时必须在功能、功耗、体积、价格等方面进行综合考虑，因此移动终端对 DSP 处理器的要求更加苛刻。2G 数字蜂窝电话的核心处理器都是基于双处理器结构的，即包含 1 个 DSP 和 1 个 RISC 微控制器（MCU）。DSP 用来实现通信协议栈中物理层协议的功能；而 MCU 则用来支持用户操作界面，并实现上层通信协议的各项功能。3G 数字移动通信标准增加了通信带宽，并更加强调高级数据应用，如可视电话、GPS 定位、MPEG4 播放等。这就对核心处理器的性能提出了更高的要求，即能够同时支持 3G 移动通信和数据应用。在现代化的 3G 系统中，对处理速度的要求大概要超过 60 亿～130 亿次每秒运算。如果用现有的 DSP，需要 20～80 片低功耗 DSP 晶片才能满足要求。因此，承担这一重任的多核 DSP 处理器晶片必须在功耗增长不大的前提下大幅度提高性能，并且要具备强大的多任务实时处理能力。多核 DSP 在嵌入式操作系统的实时调度下，能够将多个任务划分到各个内核，大大提高了运算速度和实时处理性能。这些特点将使 3G 手机能够同时支持实时通信和用户互动式多媒体应用，支持用户下载各种应用程式。此外，多核 DSP 在商用雷达设计中也有广泛应用，如图 1-9 所示。

数字消费类电子 DSP 是数字消费类电子产品中的关键器件，这类产品的更新换代非常快，对核心 DSP 的性能追求也越来越苛刻。由于 DSP 的广泛应用，数字音响设备得以飞速发展，带数码控制功能的多通道、高保真音响逐渐进入人们的生活。此外，DSP 在音效处理

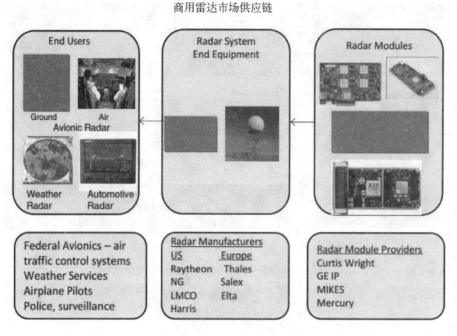

图 1-9　商用雷达方面的应用

领域也得到广泛采用,例如多媒体音效卡。在语音识别领域,DSP 也大有用武之地。Motorola 公司等厂商正在开发基于 DSP 的语音识别系统。数字视频产品也大量采用高性能 DSP。例如数码摄像机,已经能够实时地对图像进行 MPEG4 压缩并存储到随机的微型硬盘甚至 DVD 光碟上。此外,多核 DSP 还应用在视频监控领域。这类应用往往要求具有将高速、实时产生的多路视频数字信号进行压缩、传输、存储、重播和分析的功能,其核心的工作就是完成大数据量、大计算量的数字视频/音频的压缩编码处理。

(2) 智慧控制设备。汽车电子设备是这一领域的重要市场之一。现代驾乘人员对汽车的安全性、舒适性和娱乐性等要求越来越高。多核的 DSP 也将逐渐进军这一领域,如在主动防御式安全系统中,ACC(自动定速巡航)、LDP(车线偏离防止)、智慧气囊、故障检测、免提语音识别、车辆资讯记录等都需要多个 DSP 各司其职,图 1-10 是多核 DSP 视频基础设施方面的应用,对来自各个传感器的数据进行实时处理,及时纠正车辆行驶状态,记录行驶信息。

(3) 嵌入式机器的成像(见图 1-11)。

(4) 测试测量方面的应用(见图 1-12)。

(5) 高性能计算方面的应用(见图 1-13)。TI 基于 C66x KeyStone 的多核 DSP 支持 16 GFLOPs/W 最高性能浮点 DSP 内核,其正在改变 HPC 开发人员满足性能、功耗及易用性等需求的方式。全球电信计算芯片及多核处理器平台制造商 Advantech 开发了 DSPC-8681 多媒体处理引擎(MPE),该款半长 PCIe 卡可在 50W 的极低功耗下实现超过 500 GFLOP 的性能。除目前提供的 PCIe 卡之外,TI 和 Advantech 还将很快推出支持 1 万亿至 2 万亿次浮点运算性能的全长卡,为 HPC 应用带来更高效率、更快速度的解决方案,实现业界转型。TI 优化型数学及影像库以及标准编程模型可帮助 HPC 开发人员快速便捷实现最高性能。

视频基础设施市场供应链

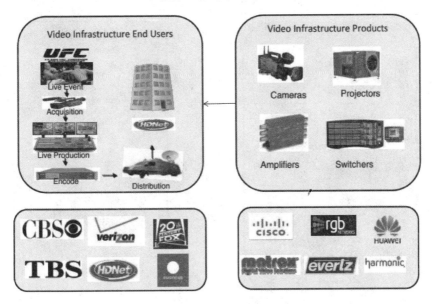

图 1－10　多核 DSP 视频基础设施方面的应用

成像以及嵌入式机器人视角市场供应链

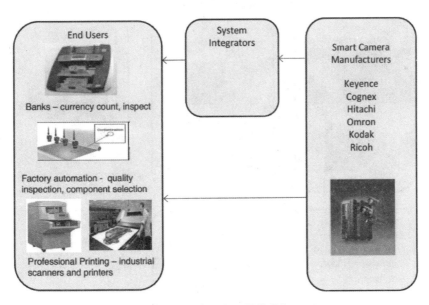

图 1－11　嵌入式机器的成像

　　Advantech 业务开发助理副总裁 Eddie Lai 表示:"今年早些时候我们发布 DSPC－8681 以来,该产品已经在高强度计算雷达与医疗影像应用中得到早期市场采用。TI 最新系列多核开发工具的推出不但将显著加速 HPC 应用客户的评估,而且还将在超级计算领域全面发挥 C6678 多核 DSP 的潜力。"

　　DSPC－8681 PCIe 卡包含 4 个 C6678 多核 DSP,而更新版本的 PCIe 卡则将包含 8 个 C6678 多核 DSP(可实现 1 万亿次浮点运算)或 4 个 TCI6609 多核 DSP(可实现 2 万亿次浮

测试和测量市场供应链

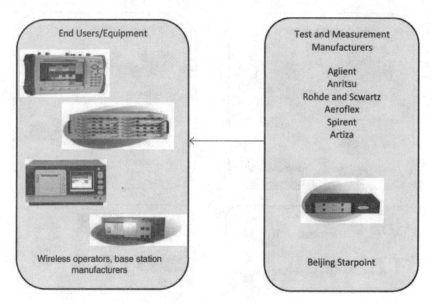

图 1-12 测试测量方面的应用

高性能计算市场供应链

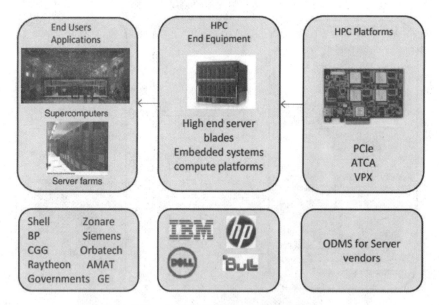

图 1-13 高性能计算领域的应用

点运算）。C6678 是目前业界最高性能的量产多核 DSP，具有 8 个 1.25 GHz DSP 内核，可在 10 W 功耗下实现 160 GFLOP 的性能。TI 即将推出的 TCIC6609 多核 DSP 将为开发人员带来 4 倍于 C6678 多核 DSP 的性能，可在 32 W 功耗下实现 512 GFLOP 的性能，从而不但可使 DSP 成为 HPC 的理想解决方案，而且还正改变着开发人员选择应用解决方案的方式。2012 年提供样片的 TCIC6609 代码兼容于 C6678 DSP，有助于开发人员重复使用现有软件，保护其对 TI 多核 DSP 的投资。

（6）医疗影像。在过去的几十年，科技的进步在医疗影像方面带来了很大的改善。现在的诊断越来越快速、精确和实用，让病人不用花大量的时间和精力在检查上。TI 的嵌入式处理器在这方面扮演着一个关键的角色。TI 的产品提供了低功耗、高性能相结合的无法超越的处理器，对于医学成像这样密集处理型的应用是非常理想的（见图 1-14）。这使得它们目前被应用在了很多方面，如超声成像、X 光、OCT、CT 和 MRI 等。

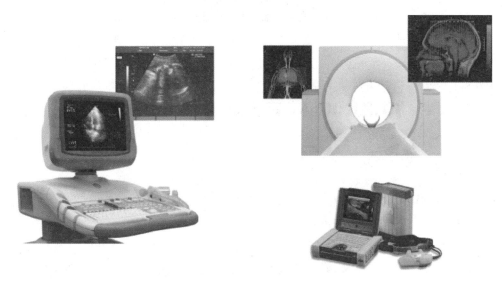

图 1-14　医疗成像领域的应用

TI 同时提供核心算法以及软件开发包供用户使用，图 1-15 是 TI 提供的医疗应用软件库。

医疗影像的核心技术

Key imaging functions	DSP Operation(s)	Key algorithm(s) if applicable	TI Benchmarks and/ or software
RF Demodulation	Intensive mathematics, signal processing		MedLib
B Mode	Intensive mathematics, signal processing		MedLib
Color Flow	Intensive mathematics, signal processing		MedLib
Spectral Doppler	Intensive mathematics, signal processing		MedLib
Scan Control	Intensive mathematics, signal processing		MedLib

图 1-15　TI 提供的医疗应用软件库

第 2 章　TMS320C66x DSP 多核处理器架构

2.1　TMS320C66x 定点与浮点 DSP 处理内核

2.1.1　概述

德州仪器(TI)全新 TMS320C66x 数字信号处理器(DSP)内核不仅为屡获殊荣的 C64x+™指令集架构(ISA)带来了显著的性能提升,同时还在同一处理内核中高度集成了针对浮点运算的支持。该 C66x DSP 的 ISA 同时支持单精度和双精度浮点操作,并全面兼容 IEEE 754 标准。这一完美组合造就了无与伦比的 DSP,能够在完全无损定点或浮点功能的情况下将浮点优势引入高速嵌入式架构中。与其他很多可提供浮点协作单元的嵌入式处理器不同,TI 最新 C66x DSP 内核直接将浮点指令集嵌入到 C64x 定点指令集中。在 C66x CPU 上,用户可以选择逐条执行浮点、定点指令,因为在 C66x 中浮点与定点运算能力已经被完全集成在一起。正是由于这样,到底使用定点 DSP 还是浮点 DSP 已不再是设计上的挑战,因为 C66x DSP 做到了两全其美。

在同一 DSP 内核中集成定点与浮点功能将使嵌入式系统算法的开发与部署方式发生根本性变革。使得程序员能够轻松、便捷地将采用 Matlab 等浮点运算工具开发的算法移植到 DSP 中,而无须费力转换为定点方式处理。借助 TI 新型 C66x DSP 的浮点计算能力,大多数转换工作已显得没有任何必要。

图 2-1 显示的 C64x+ DSP 是 TI 最新 C66x DSP 的前代产品。该内核由两个对称的部分(A; B) 组成,每部分具有四个功能单元(.D,.L,.S,.M)。一个 .M 单元包含 4 个 16 位乘法器。

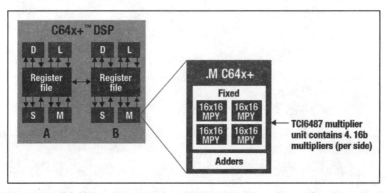

图 2-1　TI C64x+DSP

如图 2-2 所示，TI 最新 C66x 内核具有同 C64x+ 内核相同的基本 A&B 结构。注意，.M 单元的 16 位乘法器已增至每个功能单元 16 个，从而实现内核原始计算能力提升 4 倍。C66x DSP 实现的突破性创新使得由 4 个乘法器组成的各群集可协同工作以实施单精度浮点乘法运算。

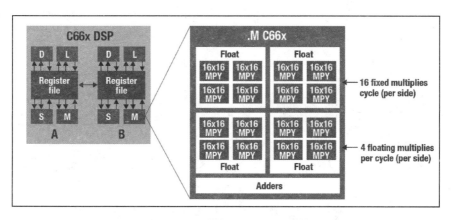

图 2-2 TI 最新 C66x DSP 内核

C66x DSP 内核可同时运行多达八项浮点乘法运算，加之高达 1.25 GHz 的时钟频率，使其当之无愧地成为市场上性能最高的浮点 DSP。将多个 C66x DSP 内核进行完美整合，即可创建出具有出众性能的多内核片上系统(SoC)设备。

为使定点与浮点组件都能同时实现最佳性能，TI 专为该款最新的 C66x 内核开发了全新的浮点与定点指令，所有这些都对实现高效率的无线信号处理至关重要。由于采用浮点符号会带来额外的计算复杂度，从而导致了定点与浮点处理器"分庭抗礼"的局面。在定点运算情况下，加法、乘法等基本操作简单易行，但在浮点运算情况下，这些基本操作需要做更多工作量。如两个浮点数相乘的情形：

$$(M_1 \times 2^{N_1}) \times (M_2 \times 2^{N_2}) = (M_1 \times M_2) \times 2^{N_1+N_2}$$

请注意，指数需要相加操作，尾数则需要相乘操作。然后，最终($M_1 \times M_2$)值需调整成 23 位的表示形式，这可能需要对指数的值也做更改。使用浮点技术进行所有基本运算时将需要很多额外的操作。

浮点计算带来的额外复杂度恰好说明了众多算法仅采用定点表示数和定点运算的原因。嵌入式处理器能够更快地运行定点运算，并且在众多情况下，只需要定点算法即可。例如，C66x DSP 内核在每个周期内都能执行 16 项定点乘法运算或者是 4 项浮点乘法运算。为使定点和浮点组件都能同时实现最佳性能，TI 为该款最新的 C66x DSP 内核开发了定点与浮点运算指令，所有这些都对实现高效率的无线基站信号处理至关重要。

浮点指令包括：

(1) 单精度复数乘法。

(2) 矢量乘法。

(3) 单精度矢量加减法。

(4) 单精度浮点-整数之间的矢量变换。

（5）支持双精度浮点算术运算（加、减、乘、除及与整数间的转换）并且完全为管线式。

最新定点指令可实现最佳的矢量信号处理（VSPi），其中包括：

（1）复数矢量和矩阵乘法，诸如针对矢量的 DCMPY，以及针对矩阵乘法的 CMATMPYR1。

（2）实矢量乘法。

（3）增强型点积计算。

（4）矢量加减法。

（5）矢量位移。

（6）矢量比较。

（7）矢量打包与拆包。

2.1.2　C66x DSP 的架构和指令增强

C66x DSP 是 TI 最新出的定点和浮点混合 DSP，后向兼容 C64x＋和 C67x＋、C674x 系列 DSP。最高主频到 1.25 GHz，RSA 指令集扩展。每个核有 32 KB 的 L1P 和 32 KB 的 L1D，512 KB 到 1 MB L2 存储区，2 MB～4 MB 的多核共享存储区 MSM，多核共享存储控制器 MSMC 能有效地管理核间内存和数据一致性（见图 2-3）。针对通信应用，其片内集成了 2 个 TCP3d Turbo 码字译码器，一个 TCP3e Turbo 码编码器，2 个 FFT/IFFT，DFT/IDFT 协处理器以及 4 个 VCP2 Viterbi 译码器。高速互联总线，4 个串行 RapidIO 接口，千兆网口、EMIF - DDR3 内存控制器。TeraNet Switch 用于片内和外设间的快速交互。

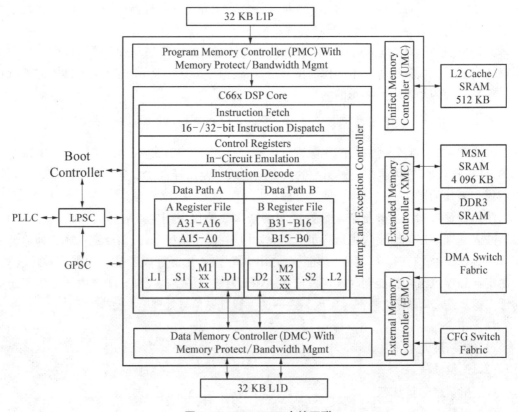

图 2-3　C66x DSP 内核互联

此外 C66XDSP 的 CPU 内核还有如下特点：

(1) 64 个 32 bit 的寄存器。

(2) 内部 DMA(IDMA)实现内部 memory 之间的数据传输。

(3) 两个数据通路,每个通路连接四个功能单元。

TMS320C66x ISA 架构是对 TMS320C674x DSP 的增强,也是基于增强 VLIW 架构的,具有 8 个功能单元(2 个乘法器,6 个 ALU 算术运算单元),该架构的基本增强如下：

(1) 4 倍的乘累加能力,每个周期 32 个 (16×16 - bit)或者 8 个单精度浮点乘法。

(2) 浮点运算的增强：优化了将 TMS320C67x ＋ 和 TMS320C64x＋ DSP 结合的 TMS320C674x DSP,原生支持 IEEE 754 单精度和双精度浮点运算,包括所有的浮点操作,加减乘除;浮点运算的 SIMD 支持以及单精度复数乘法,附加的灵活性,如在.L 和.S 单元完成 INT 到单精度 SP 的相互转换。

(3) 浮点和定点向量处理能力的增强：TMS320C64x＋/C674x DSPs 支持 2 - way 的 16 - bit 数据 SIMD 或者 4 - way 的 8 - bit,C66x 增加了 SIMD 的宽度,增加了 128 - bit 的向量运算。如 QMPY32 能做 2 个包含 4×32 - bit 向量的乘法(见图 2 - 4)。另外 SIMD 的处理能力也得到增强。

(4) 复数和矩阵运算的引入和增强：针对通信信号处理中的常用复数算术函数和如矩阵运算的线性算法的应用,如单周期可以完成两个[1×2]复数向量和[2×2]的矩阵乘法。图 2 - 5 是 C66×内核与其他内核的处理能力对比。

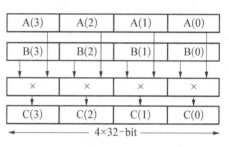

图 2 - 4 QMPY32 的向量操作

	C64x＋	C674x	C66x
Fixed point 16×16 MACs per cycle	8	8	32
Fixed point 32×32 MACs per cycle	2	2	8
Floating point single precision MACs per cycle	n/a	2	8
Arithmetic floating point operations per cycle	n/a	6[1]	16[2]
Arithmetic floating point operations per cycle	n/a	6[3]	16[4]
Load/store width	2×64 - bit	2×64 - bit	2×64 - bit
Vector size (SIMD capability)	32 - bit (2×16 - bit, 4×- 8 bits)	32 - bit (2×16 - bit, 4×- 8 bits)	128 - bit (4×32 - bit, 4×16 - bit, 4×- 8 bits)

图 2 - 5 C64x＋/C674x/C66x ISA 定点和浮点处理能力对比

C66x DSP 的浮点运算和向量、复数、矩阵运算的优化：

本节讨论 C66x 的一些特殊的地方,如浮点运算和向量、矩阵运算的优化。针对浮点运算,可以考虑如下：什么时候决定采用浮点(高精度,高动态范围),消除因为定点实现引入的缩放和舍入运算,使用浮点独有的求倒数和求平方根的倒数的指令、快速地进行浮点和定点数据类型转换的指令等。而对于向量和复数矩阵运算,则考虑更为有效的复数操作指令,向量和矩阵运算的独特指令。

浮点操作：

C66x 的浮点支持可以原生的运行很多的浮点算法,即便是从 Matlab 或者 C 代码刚刚转换的算法,就可以评估性能和算法精度。本节主要以单精度浮点为例,虽然 C66x 可以很好地支持双精度浮点的运行。

使用 C66x 的浮点操作有以下好处,由于不用考虑精度和数据范围权衡而进行的定点数据 Q 定标和数据转换,因而在通用 C 和 Matlab 上验证的算法可以直接在 C66x 的 DSP 上实现。浮点处理还能从减少的缩放和 Q 值调整带来的 cycle 减少,浮点操作还提供快速的出发和求平方根的指令,单精度浮点处理能带来很高的动态范围和固定的 24 - bit 精度,和 32 - bit 定点相比更节省功耗。而快速的数据格式转换指令更能有效地处理定点和浮点混合的代码,带来更多的便利性。

C66x 的浮点算术运算包括如下：

(1) 每个周期内和 C64x+核相同数量的单精度浮点操作,即 8 个,CMPYSP 和 QMPYSP 在一个周期能处理 4 个单精度乘法。每个周期 8 个定点乘法操作,4 倍于 C64x+核。

(2) 加减操作,每个周期 8 个单精度加减操作,DADDSP 和 DSUBSP 能处理 2 个浮点加减,而且可以在. L 和 . S 功能单元上执行。

(3) 浮点和整型的转换：8 个单精度到整数,8 个整数到单精度浮点转换,DSPINT,DSPINTH, DINTHSP 和 DSPINTH 能转换 2 个浮点到整型,可以在. L 和 . S 功能单元上执行。

(4) 除法：每个周期 2 个倒数 $1/x$ 和平方根的倒数 $1/sqrt(x)$,为了获取更高的精度可以采用如牛顿-拉夫森等迭代算法。

2.1.3　C66x DSP 核中 CPU 的数据通路与控制

如图 2 - 6 所示,C66x DSP 核中 CPU 的数据通路包含如下几个部分：

(1) 两组通用的寄存器文件组(A 和 B)。

(2) 八个功能单元(. L1, . L2, . S1, . S2, . M1, . M2, . D1 和. D2)。

(3) 两个从 memory 装载数据的数据通路(LD1 和 LD2)。

(4) 两个写入 Memory 的数据通路(ST1 和 ST2)。

(5) 两个数据地址通路(DA1 和 DA2)。

(6) 两个寄存器文件组的交叉通道(1X 和 2X)。

C66x CPU 包含两组通用寄存器文件组(A 和 B)。每组包含 32 个 32 bit 的寄存器(A 组为 A0 - A31,B 组为 B0 - B31)。它支持的数据范围从打包的 8 bit 数据到 128 bit 的定点数据。当数据的值超过 32 bit 时(如 40 bit 或者 64 bit),通过一对寄存器来存储。当数据值超过 64 bit(比如达到 128 bit 时),可以通过两个寄存器对(4 个寄存器)来实现存储。

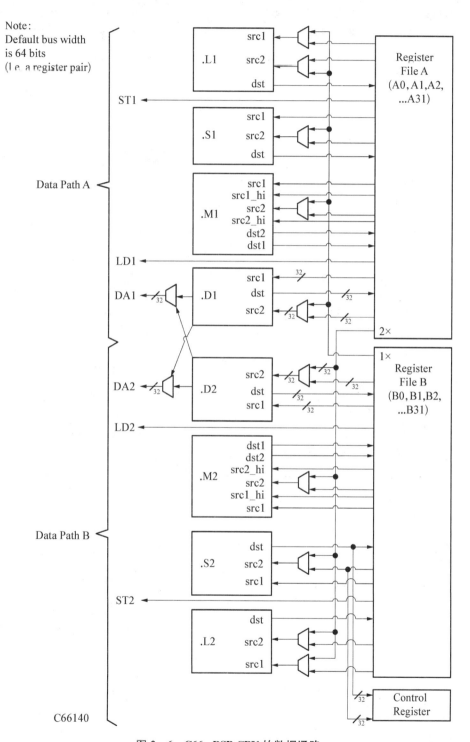

图 2 - 6　C66x DSP CPU 的数据通路

压缩数据类型的存储方式是:一个 32 bit 的寄存器可以存储 4 个 8 bit 数或者 2 个 16 bit 的数;一个寄存器对(64 bit)可以存储 8 个 8 bit 的数或者 4 个 16 bit 的数;4 个寄存器的组合可以存储 8 个 16 bit 的数或者 4 个 32 bit 的数(见表 2-1、表 2-2)。

表 2-1　64 位的寄存器对

Register File	
A	B
A1:A0	B1:B0
A3:A2	B3:B2
A5:A4	B5:B4
A7:A6	B7:B6
A9:A8	B9:B8
A11:A10	B11:B10
A13:A12	B13:B12
A15:A14	B15:B14
A17:A16	B17:B16
A19:A18	B19:B18
A21:A20	B21:B20
A23:A22	B23:B22
A25:A24	B25:B24
A27:A26	B27:B26
A29:A28	B29:B28
A31:A30	B31:B30

表 2-2　128 位的寄存器组合

Register File	
A	B
A3:A2:A1:A0	B3:B2:B1:B0
A7:A6:A5:A4	B7:B6:B5:B4
A11:A10:A9:A8	B11:B10:B9:B8
A15:A14:A13:A12	B15:B14:B13:B12
A19:A18:A17:A16	B19:B18:B17:B16
A23:A22:A21:A20	B23:B22:B21:B20
A27:A26:A25:A24	B27:B26:B25:B24
A31:A30:A29:A28	B31:B30:B29:B28

2.2 TMS320C66x DSP CorePac 以及内部 DMA(IDMA)的使用

2.2.1 介绍

图 2-7 是 C66x 系列多核 DSP 的片内结构,其中 CorePac 如图 2-7 虚线箭头所指部分。

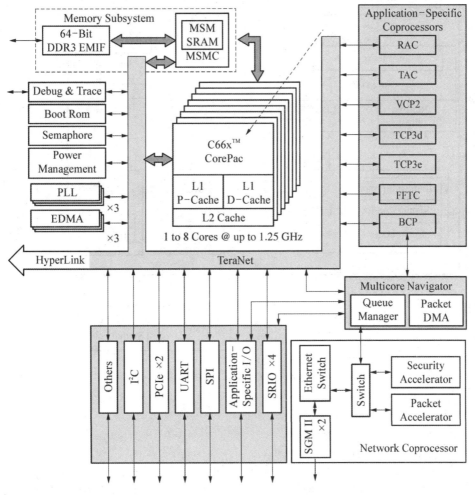

图 2-7 C66x 中 Corepac 的位置

C66x CorePac 是包含如下各个部件的模块的统称,具体部件包含:C66x DSP 核、L1P memory 控制器、L1D memory 控制器、Level 2(L2) memory 控制器、内部 DMA(IDMA)、外部 memory 控制器(EMC)、扩展存储器控制器(XMC)、带宽管理器(BWM)、中断控制器(INTC)以及电源断电控制器(powerdown controller,PDC)。CorePac 内部结构如图 2-8 所示。

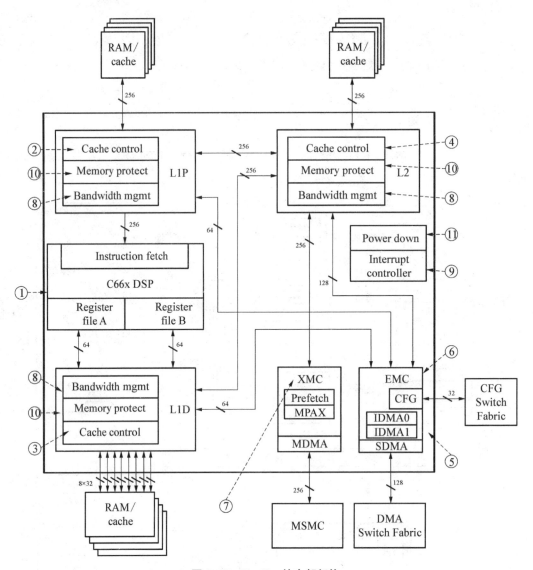

图 2-8   CorePac 的内部架构

2.2.2   C66x Core Pac 综述

1) C66x DSP

如图 2-8 箭头 1 所示,C66x DSP 是下一代的定点以及浮点 DSP,它是 C674x 的增强版,C674x 合并了 C67x+浮点处理器以及 C64x+定点处理器的指令集架构,且兼容其代码。详细可以参考《C66x DSP and Instruction Set Reference Guide(SPRUGH7)》。

2) L1 程序存储器控制器(L1 Program memory controller)

如图 2-8 箭头 2 所示,L1P memory 控制器提供 DSP 与 L1P memory 之间存取通道。用户可以将 L1P memory 的部分或者全部配置成 one-way set associative cache。缓存(cache)的大小可以在 4 KB,8 KB,16 KB 以及 32 KB 之间任意选择配置。

L1P 支持带宽管理,内存保护以及掉电控制等功能。L1P memory 通常在 reset 之后初始化为全部 SRAM 或者最大的 cache,如图 2-9 所示。

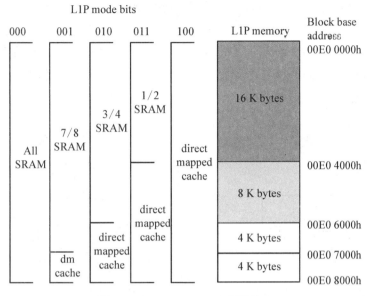

图 2-9　L1P memory 的分配策略

3) L1 数据存储器控制器(L1 Data memory controller)

如图 2-8 箭头 3 所示,L1D 存储器控制器提供 DSP 与 L1D memory 的接口。L1D memory 的部分可以被配置为 two way set-associative cache,如图 2-10 所示。Cache 可以支持的大小为 4 KB,8 KB,16 KB,32 KB。

L1D 支持带宽管理,内存保护以及掉电控制等的功能。L1D memory 通常在 reset 之后初始化为全部 SRAM 或者最大的 cache。

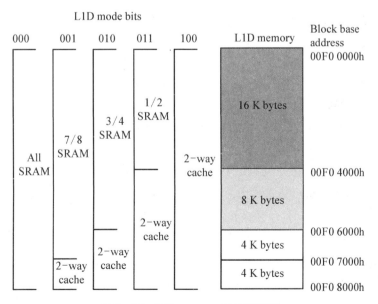

图 2-10　L1D memory 的分配策略

L1 是 Layer1 的缩写,是指第一层的意思。DSP 的 memory 是分层结构,L1 memory 从物理上看与 CPU 最接近。L1 memory 可以配置成 Cache 也可以配置成内部 memory。相对于 L1 memory,还有 L2 memory,以及外部扩展的 memory。此外,Program memory 是指程序存储器,在 DSP 的内存架构中程序存储器与数据存储器(data program)在物理上是分开的(见图 2-11),这是 Harvard 处理器架构的关键技术,其目的是增强处理器的并行处理能力,保证在预取指令的同时,可以读取数据并进行计算,保证指令的流水处理。

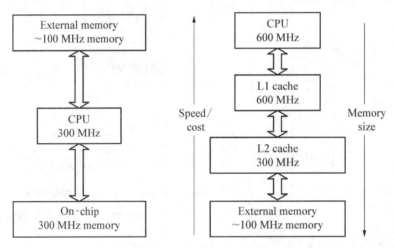

图 2-11 DSP 的内存分层架构

关于如何将内部 memory 映射成 Cache 的主题可以参考《TMS320C6000 DSP Cache User's Guide(SPRU656. pdf)》。

4) L2 存储器控制器(L2 Memory Controller)

如图 2-8 箭头 4 所示,L2 Memory 控制器提供 L1 memory 与更高层 memory 的接口。L2 memory 中的部分空间可以配置成 4 - way set associative 的 cache。Cache 的大小可以为 32 KB, 64 KB, 128 KB, 256 KB, 512 KB 和 1 MB。L2 memory 在上电时通常被初始化为 SRAM,如果需要将 L2 Memory 初始化为 Cache,需要在芯片运行状态下配置。这一点与 L1 memory 使用不同。

5) 内部 DMA(IDMA)

如图 2-8 箭头 5 所示,IDMA 位于 CorePac 内部,它提供 Corepac 内部(L1P, L1D, L2 以及 CFG)的数据搬移服务。IDMA 有两个通道(channel 0 以及 channel 1)。其中 Channel 0 支持 CFG 与内部 memory(L1P, L1D, L2)之间的数据搬运。Channel 1 支持内部 memory 之间的数据搬运。

一旦 IDMA 配置好,它就独立且并行于 DSP 的其他活动运行,不受 DSP 的干扰。或者说 IDMA 在 DSP 的后台运行。关于 IDMA 的使用,我们在本节稍后会做更详细的介绍。

6) 外部 memory 控制器(External Memory Controller,EMC)

如图 2-8 箭头 6 所示,EMC 是 CorePac 与其他外部设备的桥接。这里的其他设备包括如下两个接口上的外设:

（1）配置寄存器（Configuration Register，CFG）控制的外设——这个接口可以访问所有映射在 memory 的寄存器（memory-mapped register），这些寄存器控制着 C66x 上相应的外设与资源。注意：这个接口不能访问 DSP 或者 CorePac 内部的控制寄存器。

（2）Slave DMA（SDMA）——当使用的 CorePac 在系统中扮演从设备的角色时，SDMA 提供本地 CorePac 资源与外部主设备（其他 CorePac）之间的数据传输。外部主设备的资源，如 DMA，SRIO 等。

CFG 的总线宽度是 32 位的，SDMA 的总线是 128 位的。

7）扩展 memory 控制器（Extended Memory Controller，XMC）

如上图 2-8 箭头 7 所示，XMC 负责 L2 memory 控制器与多核共享 memory 控制器（MSMC）之间的管理。具体作用如下：

（1）共享 memory 访问通路。

（2）寻址 C66x CorePac 外部 RAM 或者 EMIF 时的内存保护。

（3）地址扩展或者翻译。

（4）预存取。

8）带宽管理（Bandwidth Management，BWM）

如图 2-8 箭头 8 所示，C66x CorePac 包含一系列的资源（如 L1P，L1D，L2，以及配置总线（configuration bus）），以及一系列需要访问使用资源的请求者（DSP，SDMA，IDMA 和相关操作）。为了避免访问资源过程中的总线冲突，导致阻塞发生，CorePac 中使用 BWM，给不同的请求者分配一定的带宽使用。

9）中断控制器（INTC）

如图 2-8 箭头 9 所示，C66x DSP 提供两种以异步方式通知 DSP 的服务：

（1）中断（Interrupt），关于中断，我们应该比较熟悉。

（2）异常（Exception），异常与中断有些类似，但是，异常的出现常常伴随着系统出现了一些错误的状态。

C66x DSP 可以接受 12 个可配置/可屏蔽中断，1 个可屏蔽的异常以及一个不可屏蔽的中断/异常。

C66x CorePac 的 INTC 允许将 124 个系统事件路由（routing）到中断/异常的输入（见图 2-12）。这 124 个系统事件可以直接路由到中断/异常，或者打包成一组路由到中断/异常。这使得对事件的处理非常灵活。

当已经有一个中断 pending 在那里，再来一个中断请求时，将会有出错事件通知 DSP。此外 INTC 还可以监测中断的丢失，用户可以用这个出错事件通知 DSP，通知 DSP 错过了一个实时中断事件，INTC 硬件可以将丢失的中断数目保存在一个寄存器中，供 DSP 做进一步处理。关于中断的使用，我们在本节后面也做更详细的介绍。

10）存储器保护架构（Memory protection Architecture，MPA）

如图 2-8 箭头 10 所示，CorePac 的内部 memory 都可以加以保护，系统级 memory 的保护各个器件不尽相同。

在 Memory 保护过程中，Memory 将被分为 page（页），每页有相关访问控制。非法的访

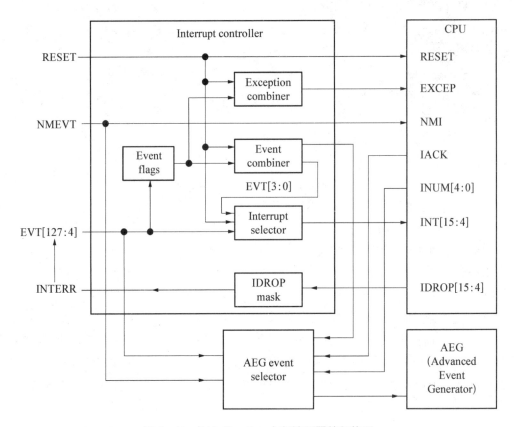

图 2 - 12　C66x CorePac 中断控制器的架构图

间将汇报给 DSP 一个异常（exception）。MPA 支持特权模式（supervisor and user）以及锁内存操作。

11）下电控制器（Power-Down Controller，PDC）

如图 2 - 8 箭头 11 所示，PDC 提供通过软件关闭 Corepac 部件的功能。根据自身程序的执行要求，或者主机以及全局控制器的指令，DSP 可以通过软件关闭全部或者部分 Corepac 的部件。这可以有效降低系统的功耗。

2.2.3　内部 DMA 的使用

1）介绍

IDMA 用来实现位于 C66x CorePac 内部 memory 之间的数据块的快速传输。这里指的 memory 包括 L1P，L1D 以及 L2 memory，以及外设配置的 CFG memory。IDMA 不能传入/传出内部的 MMR 空间。

在 CFG memory 传输时，源和目的不能同时为 CFG memory，且只有 Channel 0 可以访问 CFG memory。传输结束可以通过中断通知 DSP。

2）IDMA 的架构

IDMA 包含两个通道：channel 0，channel 1。这两个通道完全正交，可以同时操作，不会相互影响。它们的寄存器如表 2 - 3 所示。

表 2 - 3　IDMA 的寄存器描述

寄　存　器	描　　述
IDMA0_STAT	IDMA0 Status Register
IDMA0_MASK	IDMA0 Mask Register
IDMA0_SOURCE	IDMA0 Source Address Register
IDMA0_DEST	IDMA0 Destination Address Register
IDMA0_COUNT	IDMA0 Block Count Register
IDMA1_STAT	IDMA1 Status Register
IDMA1_SOURCE	IDMA1 Source Address Register
IDMA1_DEST	IDMA1 Destination Address Register
IDMA1_COUNT	IDMA1 Block Count Register

IDMA channel 0 的使用：

IDMA channel 0 主要用来实现内部 memory(L1P,L1D, and L2)与外部可配置空间的数据传输(CFG)。外部可配置空间是指位于 C66x CorePac 外部的外设的寄存器。内部可配置空间只能通过 DSP 的 load/store 指令直接访问。IDMA channel 0 只能访问外部配置空间,它可以一次访问连续的 32 个寄存器。为此,channel 0 的使用控制包含 5 个寄存器：status, mask source address,destination address 以及 block count。

源地址与目的地址必须 32byte 对齐,下图给出可能的传输实例。在内部 memory 中(L1P,L1D 以及 L2)中定义了一个 32word 的数据块,数据块的内容是用来初始化 CFG register 的。这种情况,就可以用 IDMA channel 来实现。如果传输块中的 32 个 word 不连续,有些 word 不需要传输,可以通过配置 mask 寄存器来实现。Mask 寄存器中的每个 bit 对应一个 word,0 表示对应的 word 需要传输(见图 2 - 13),1 表示对应的 word 不需要传输。

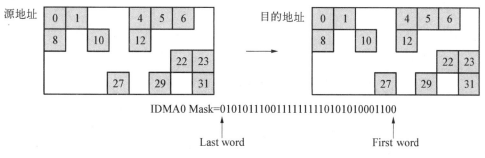

IDMA0 Mask=01010111001111111110101010001100

图 2 - 13　IDMA 通道 0 的传输机制

当目的地址与源地址都是 CFG 时,channel 0 将会报错,并发中断给 DSP。Channel 0 报错不影响 channel 1 的工作。

DSP 配置好之后,IDMA 将自动实现数据块的传输。DSP 对 IDMA 寄存器的写顺序如下：mask,source address,destination address,最后写 count register。一旦 count register 写了,传输就马上开始。下面是 channel 0 的配置实例：

例 2-1 使用 IDMA 更新配置寄存器

```
IDMA0_MASK = 0x00000F0F;        //Set mask for 8 regs — 11:8, 3:0
IDMA0_SOURCE = MMR_ADDRESS;     //Set source to config location
IDMA0_DEST = reg_ptr;           //Set destination to data memory address
IDMA0_COUNT = 0;                //Set mask for 1 block

while (IDMA0_STATUS);           //Wait for transfer completion

... update register values ...
IDMA0_MASK = 0x00000F0F;        //Set mask for 8 regs — 11:8, 3:0
IDMA0_SOURCE = reg_ptr;         //Set source to updated value pointer
IDMA0_DEST = MMR_ADDRESS;       //Set destination to config location
IDMA0_COUNT = 0;                //Set mask for 1 block
```

---

channel 1 的使用：

channel 1 用于实现内部 memory 的数据传输（见图 2-14），有四个配置寄存器。在传输过程中源地址与目的地址线性递增，传输块的大小（以 byte 为单位），通过设置 count 寄存器来实现。寄存器的配置顺序与 channel 0 类似，count 配置完之后，马上开始传输。如下给出 pingpong 倒数据的实例：

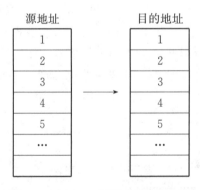

图 2-14　IDMA 通道 1 的传输机制

例 2-2 使用 IDMA 通道 1 以寻页方式传入新数据，传出旧数据

```
//Transfer ping buffers to/from L1D
//Return output buffer n-1 to slow memory
IDMA1_SOURCE = outBuffFastA;//Set source to fast memory output (L1D)
IDMA1_DEST = &outBuff[n-1];//Set destination to output buffer (L2)
IDMA1_COUNT = 7<<IDMA_PRI_SHIFT|//Set priority to low
    0<<IDMA_INT_SHIFT|//Do not interrupt DSP
    buffsize;//Set count to buffer size
```

```
//Page in input buffer n + 1 to fast memory
IDMA1_SOURCE = inBuff[n + 1];//Set source to buffer location (L2)
IDMA1_DEST = inBuffFastA;//Set destination to fast memory (L1D)
IDMA1_COUNT = 7<<IDMA_PRI_SHIFT|//Set priority to low
    1<<IDMA_INT_SHIFT|//Interrupt DSP on completion
    buffsize;//Set count to buffer size

... Process input buffer n in Pong — inBuffFastB→outBuffFastB ...
```

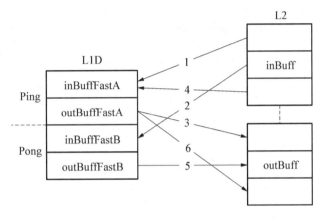

图 2‑15 IDMA 通道 1 的传输实例

Channel 1 也可以完成用特定的数字填充 memory 的功能(见图 2‑15)。通过配置 IDMA1_COUNT 中的 FILL 域来实现这一功能。当 FILL＝1,IDMA1 source address 寄存器中的值将用作填充值。COUNT 域代表填充的次数。

3) IDMA 的寄存器

如表 2‑4 所示。

表 2‑4 IDMA 寄存器

Address Acronym	Register Description
0182 0000h IDMA0_STAT	IDMA Channel 0 Status Register
0182 0004h IDMA0_MASK	IDMA Channel 0 Mask Register
0182 0008h IDMA0_SOURCE	IDMA Channel 0 Source Address Register
0182 000Ch IDMA0_DEST	IDMA Channel 0 Destination Address Register
0182 0010h IDMA0_COUNT	IDMA Channel 0 Block Count Register
0182 0100h IDMA1_STAT	IDMA Channel 1 Status Register
0182 0108h IDMA1_SOURCE	IDMA Channel 1 Source Address Register
0182 010Ch IDMA1_DEST	IDMA Channel 1 Destination Address Register
0182 0110h IDMA1_COUNT	IDMA Channel 1 Block Count Register

(1) IDMA0 的状态寄存器(见图 2‑16 和表 2‑5)。

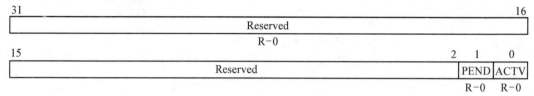

图 2 - 16　IDMA 通道 0 状态寄存器

表 2 - 5　IDMA 通道 0 状态寄存器各字段描述

Bit	Field	Value	Description
31 - 2	Reserved	0	These reserved bit locations are always read as zeros. A value written to this field has no effect.
1	PEND		Pending transfer. The PEND bit sets when the DSP writes control registers and an active transfer is already in progress (ACTV=1). The PEND bit clears when the transfer becomes active.
		0	No pending transfer
		1	Transfer is pending
0	ACTV		Active transfer. The ACTV bit sets when channel 0 begins reading data from the source address register (IDMA0_SOURCE) and clears following the last write to the destination address register (IDMA0_DEST).
		0	No active transfer
		1	Active transfer

（2）IDMA0 的屏蔽位寄存器（见图 2 - 17 和表 2 - 6）。

31	30	29	28	27	26	25	24	23	22	21	20	19	18	17	16
M31	M30	M29	M28	M27	M26	M25	M24	M23	M22	M21	M20	M19	M18	M17	M16
R/W-0	R/W-0	R/W-0	R/W-0	R/W-0	R/W-0	R/W-0	R/W-0	R/W-0	R/W-0	R/W-0	R/W-0	R/W-0	R/W-0	R/W-0	R/W-0

15	14	13	12	11	10	9	8	7	6	5	4	3	2	1	0
M15	M14	M13	M12	M11	M10	M9	M8	M7	M6	M5	M4	M3	M2	M1	M0
R/W-0	R/W-0	R/W-0	R/W-0	R/W-0	R/W-0	R/W-0	R/W-0	R/W-0	R/W-0	R/W-0	R/W-0	R/W-0	R/W-0	R/W-0	R/W-0

图 2 - 17　IDMA 通道 0 屏蔽寄存器

表 2 - 6　IDMA 通道 0 屏蔽寄存器各字段描述

Bit	Field	Value	Description
31 - 0	Mn		Register mask bit.
		0	Register access permitted (not masked).
		1	Register access blocked (masked).

（3）IDMA0 的源地址寄存器（见图 2 - 18 和表 2 - 7）。

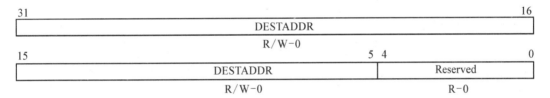

图 2 - 18 IDMA 通道 0 源地址寄存器

表 2 - 7 IDMA 通道 0 源地址寄存器各字段描述

Bit	Field	Value	Description
31 - 5	SOURCEADDR	0 - 7FF FFFFh	Source address. Must point to a 32 - byte aligned（for example，block-aligned）memory location local to the C66x CorePac or to a valid configuration register space.
4 - 0	Reserved	0	Reserved

（4）IDMA0 的目的地址寄存器（见图 2 - 19 和表 2 - 8）。

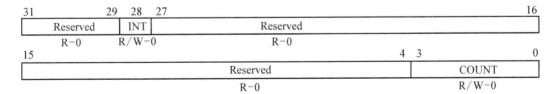

图 2 - 19 IDMA 通道 0 目的地址寄存器

表 2 - 8 IDMA 通道 0 目的地址寄存器各字段描述

Bit	Field	Value	Description
31 - 5	DESTADDR	0 - 7FF FFFFh	Destination address. Must point to a 32 - byte（window）aligned memory location local to the C66x CorePac or to a valid configuration register space.
4 - 0	Reserved	0	Reserved

（5）IDMA0 的计数器寄存器（见图 2 - 20 和表 2 - 9）。

```
31              29  28  27                                          16
| Reserved      | INT  |          Reserved                          |
    R-0          R/W-0              R-0
15                                              4   3                0
|              Reserved                         |      COUNT          |
                 R-0                                  R/W-0
```

图 2 - 20 IDMA 通道 0 计数寄存器

表 2 - 9　IDMA 通道 0 计算寄存器各字段描述

Bit	Field	Value	Description
31 - 29	Reserved	0	These reserved bit locations are always read as zeros. A value written to this field has no effect.
28	INT		DSP interrupt enable.
		0	Do not interrupt DSP on completion.
		1	Interrupt DSP (IDMA_INT0) on completion.
27 - 4	Reserved	0	These reserved bit locations are always read as zeros. A value written to this field has no effect.
3 - 0	COUNT	0 - Fh	4 - bit block count.
		0	Transfer to/from one 32 - word blocks.
		1h - Fh	Transfer to/from n+1 32 - word blocks.

（6）IDMA1 的状态寄存器（见图 2 - 21 和表 2 - 10）。

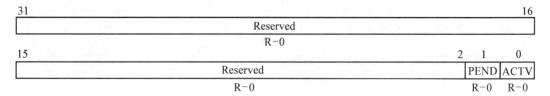

图 2 - 21　IDMA 通道 1 状态寄存器

表 2 - 10　IDMA 通道 1 状态寄存器各字段描述

Bit	Field	Value	Description
31 - 2	Reserved	0	These reserved bit locations are always read as zeros. A value written to this field has no effect.
1	PEND		Pending transfer. Set when control registers are written to the DSP and there is already an active transfer in progress (ACTV = 1) and cleared when the transfer becomes active.
		0	No pending transfer.
		1	Transfer is pending.
0	ACTV		Active transfer. ACTV is set when channel 0 begins reading data from the source address register (IDMA1_SOURCE) and is cleared following the last write to the destination address register (IDMA1_DEST).
		0	No active transfer.
		1	Active transfer.

（7）IDMA1 的源地址寄存器（见图 2 - 22 和表 2 - 11）。

```
31                                                                      16
┌─────────────────────────────────────────────────────────────────────┐
│                          SOURCEADDR                                   │
│                            R/W-0                                      │
15                                                                       0
┌─────────────────────────────────────────────────────────────────────┐
│                          SOURCEADDR                                   │
│                            R/W-0                                      │
```

图 2 - 22　IDMA 通道 1 源地址寄存器

表 2 - 11　IDMA 通道 1 源地址寄存器各字段描述

Bit	Field	Value	Description
31 - 0	SOURCEADDR	0 - FFFF FFFFh	Source address. Must point to a word-aligned memory location local to the C66x CorePaC. When performing a block fill（FILL = 1 in IDMA1_COUNT），the source address is the fill value. Note that when performing a fill mode transfer, all 32 - bits of the SOURCEADDR field are used when performing a memory transfer, the two LSBs are implemented as 00b.

（8）IDMA1 的目的地址寄存器（见图 2 - 23 和表 2 - 12）。

```
31                                                                      16
┌─────────────────────────────────────────────────────────────────────┐
│                           DESTADDR                                    │
│                            R/W-0                                      │
15                                              2  1                     0
┌──────────────────────────────────────────────┬───────────────────────┐
│                   DESTADDR                    │      Reserved          │
│                    R/W-0                      │        R-0             │
```

图 2 - 23　IDMA 通道 1 目的地址寄存器

表 2 - 12　IDMA 通道 1 目的地址寄存器各字段描述

Bit	Field	Value	Description
31 - 2	DESTADDR	0 - 3FFF FFFFh	Destination address. Must point to a word-aligned memory location local to the C66x CorePaC
1 - 0	Reserved	0	Reserved

（9）IDMA1 的计数寄存器（见图 2 - 24 和表 2 - 13）。

```
31        29 28  27                                    17        16
┌─────────┬──────┬────────────────────────────────────┬──────────┐
│   PRI   │ INT  │              Reserved               │   FILL   │
│  R/W-0  │ R/W-0│                R-0                   │  R/W-0   │
15                                                                 0
┌────────────────────────────────────────────────────────────────┐
│                           COUNT                                  │
│                           R/W-0                                  │
```

图 2 - 24　IDMA 通道 1 计数寄存器

表 2-13　IDMA 通道 1 计数寄存器各字段描述

Bit	Field	Value	Description
31-29	PRI	0-7h	Transfer priority. Used for arbitration between DSP and DMA accesses when there are conflicts. Note that priority can be any value between 0 (highest priority) and 7 (lowest priority).
28	INT		DSP interrupt enable.
		0	Do not interrupt DSP on completion.
		1	Interrupt DSP (IDMA_INT1) on completion.
27-17	Reserved	0	These reserved bit locations are always read as zeros. A value written to this field has no effect.
16	FILL		Block fill
		0	Block transfer from the source address register (IDMA1_SOURCE) to the destination address register (IDMA1_DEST).
		1	Perform a block fill using the source address register (IDMA1_SOURCE) as the fill value to the memory buffer pointed to by the destination address register (IDMA1_DEST).
15-0	COUNT	0-FFh	Byte count. A 16-bit count that defines the transfer length in bytes. Must be a multiple of 4 bytes. A transfer count of zero will not transfer any data, but generates an interrupt if requested by the INT bit. For correct operation, the two ISBs must always be 0.

2.2.4　中断控制器的使用

　　C66x corePac 提供了大量的系统事件。通过中断控制器可以选择需要的事件,并将这些事件路由到合适的 DSP 中断或者异常。同时,用户也可以用这些事件去驱动其他外设,比如 EDMA 等。

　　中断控制器支持多大 128 的系统事件。这 128 个事件,可以作为中断控制器的输入。这些事件主要分 CorePac 内部产生的事件和芯片级的事件两类。除了这 128 个事件,INTC 的寄存器也接收非屏蔽中断与复位中断,并直接路由给 DSP。

　　这些事件作为中断控制器的输入,中断控制器根据配置将这些事件组合或者路由等处理,然后输出,如图 2-12 所示:

　　(1) 1 个可屏蔽的硬件异常(EXCEP)。

　　(2) 12 个可屏蔽的硬件中断(INT4-INT15)。

　　(3) 1 个不可屏蔽的信号,用户可以用成中断,也可以用作异常。

　　(4) 1 个 reset 信号。

　　中断控制器包含如下模块,以支持实现从事件(events)到中断以及异常的路由:

　　(1) 中断选择子(interrupt Selector)——负责将任意系统事件路由到 12 个可屏蔽的中断上。

　　(2) 事件组合器(Event Combiner) ——将大量的事件数量打包组合减少到 4 个。

（3）异常组合器（Exception Combiner）——将任何系统事件打包在一起，作为一个硬件异常的输入。

几个术语：

System event 系统事件：由系统内部或者外部产生的任何信号，通知 DSP 有某些事情发生了，并希望得到 DSP 的响应。

Exception 异常：异常与中断有些类似，同样会改变程序的正常执行流程。但是异常经常会伴随着系统中的一些错误的状态。

本节内容涉及的寄存器如表 2-14 所示：

表 2-14　中断控制寄存器

Register	Description	Type
EVTFLAG [3 : 0]	Event Flag Registers	Status
EVTCLR [3 : 0]	Event Clear Registers	Command
EVTSET [3 : 0]	Event Set Registers	Command
EVTMASK [3 : 0]	Event Mask Registers	Control
MEVTFLAG [3 : 0]	Masked Event Flag Registers	Status
EXPMASK [3 : 0]	Exception Mask Registers	Control
MEXPFLAG [3 : 0]	Masked Exception Flag Registers	Status
INTMUX [3 : 1]	Interrupt Mux Registers	Control
AEGMUX [1 : 0]	Advanced Event Generator Mux Registers	Control
INTXSTAT	Interrupt Exception Status Register	Status
INTXCLR	Interrupt Exception Clear Register	Command
INTDMASK	Dropped Interrupt Mask Register	Control

由于篇幅所限，这里只对如下几个寄存器做简单介绍：

（1）EVTFLAG：事件标志寄存器有 4 个，每个 32 位，一共可以捕获 124 个系统事件的输入。每个事件映射到寄存器的一个 bit 上。需要注意的是 EVTFLAG0（EF03：EF00）没有被用，且这 4 个 bit 恒定为 0。相应的 Event0-3 被映射到了 Interrupt Selector。EFxx 是锁存的寄存器 bit，只要接收到事件信号，就保持 1 的状态。且 EVTFLAGx 是只读寄存器，只能通过 Event Clear registers EVTCLR[3：0] 来清零。

31	30	29	28	27	26	25	24	23	22	21	20	19	18	17	16
EF	EF	EF	EF	EF	EF	EF	EF	EF	EF	EF	EF	EF	EF	EF	EF
R-0	R-0	R-0	R-0	R-0	R-0	R-0	R-0	R-0	R-0	R-0	R-0	R-0	R-0	R-0	R-0

15	14	13	12	11	10	9	8	7	6	5	4	3	2	1	0
EF	EF	EF	EF	EF	EF	EF	EF	EF	EF	EF	EF	EF	EF	EF	EF
R-0	R-0	R-0	R-0	R-0	R-0	R-0	R-0	R-0	R-0	R-0	R-0	R-0	R-0	R-0	R-0

图 2-25　事件标志寄存器结构

(2) EVTCLR：事件清除寄存器。

用 EVTCLR 来清除事件标志寄存器中的标志位。EVTCLR 与 EVTFLAG 这两个寄存器的 bit 一一对应，写 1 到 EVECLR 的某一个 bit，相对应的 EVTFLAG 中的 bit 就被清零。

(3) EVTSET，事件配置寄存器。

Event Set 寄存器与 Event clear 寄存器的使用类似，可以配置其中的某个 bit，来设置使得 EVTFLAGx 的对应 bit 为 1，产生相应的事件。也就是说这些事件是用户可以软件编程来配置的。

1) Event Combiner(事件组合器)

如图 2-26 所示，事件组合器可以将 EVT4～EVT127 分成四组，并通过 EVT MASK 以及 MEVT FLAG 组合生成新的四个事件 EVT0～EVT3。组合在一个组的事件通过逻辑或操作生成新的事件。由此形成共 128 个事件，并路由到中断选择子。

事件屏蔽寄存器(Event Mask Register)：不参与组合的事件，可以通过配置 Event Mask 寄存器相应的 bit 为 1 来加以屏蔽。事件 0～3 对应的 bit 是保留的，也就是总是被屏蔽的。这个寄存器默认值为 0，也就是说，如果程序员不做配置，默认是将组内所有的事件组合(或)之后，生成新的事件。

屏蔽事件标志寄存器(32 - Masked Event Flag Register)：关于事件被屏蔽的信息，可以通过读取 Masked Event Flag 寄存器来获得。

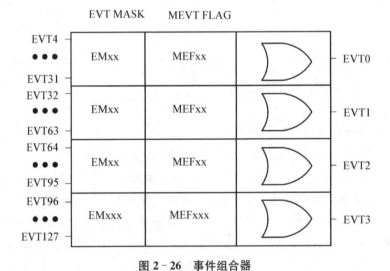

图 2-26 事件组合器

2) 中断选择子(Interrupt Selector)

DSP 有 12 个可屏蔽中断(DSPINT4 - 15)，它允许 128 个事件中的任何一个路由到任何一个中断上，如图 2-27 所示。

更具体的事件与中断的关系图如图 2-28 和图 2-29 所示。

C66X DSP 的 中断控制器，在检测到有中断丢失(drop)时，可以产生一个系统事件(EVT96)。当 DSP 中断被 CPU 接收到时，发现其对应的中断标志位已经为 1，这种情况下，将产生一个 EVT96,这个事件的发生提醒程序员他的程序可能出现了问题,要么是不能被打断的程序太长了,影响了中断的响应,要么是中断在一个较长的时间内被屏蔽响应了。

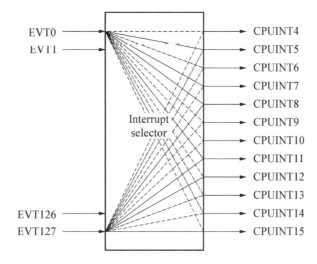

图 2-27 中断选择子架构图

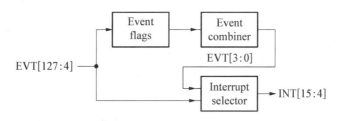

图 2-28 DSP 中断路由框图

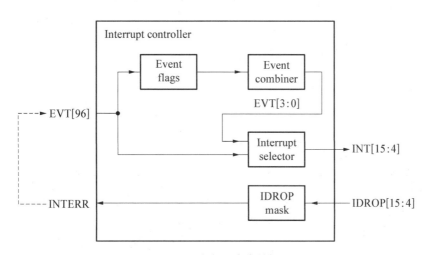

图 2-29 中断异常事件框图

DSP 在检测到中断丢失状态时,它会在 INTXSTAT 寄存器中记录丢失中断的中断号信息。

C66x 的 128 个事件的具体含义如表 2-15 所示。

表 2 - 15 系统事件映射

EVT Number	Event	From	Description
0	EVT0	INT controller	Output of event combiner 0, for events 1 through 31.
1	EVT1	INT controller	Output of event combiner 1, for events 32 through 63.
2	EVT2	INT controller	Output of event combiner 2, for events 64 through 95.
3	EVT3	INT controller	Output of event combiner 3, for events 96 through 127.
4 – 8	Available events.		
9	Reserved		
10	Available events.		
11 – 12	Reserved		
13	IDMAINT0	EMC	IDMA channel 0 interrupt
14	IDMAINT1	EMC	IDMA channel 0 interrupt
15 – 95	Available events.		
96	INTERR	INT controller	Dropped DSP interrupt event
97	EMC_IDMAERR	EMC	Invalid IDMA parameters
98	Reserved		
99	Available events.		
100 – 101	Reserved		
102 – 109	Available events.		
110	MDMAERREVT	L2	MDMA bus error event
111	Reserved		
112	Available events.		
113	L1P_ED	L1P	Single bit error detected during DMA read
114 – 115	Available events.		
116	L2_ED1	L2	Corrected bit error detected
117	L2_ED2	L2	Uncorrected bit error detected
118	PDC_INT	PDC	PDC sleep interrupt
119	SYS_CMPA	SYS	DSP memory protection fault
120	L1P_CMPA	L1P	DSP memory protection fault
121	L1P_DMPA	L1P	DMA memory protection fault
122	L1D_CMPA	L1D	DSP memory protection fault
123	L1D_DMPA	L1D	DMA memory protection fault
124	L2_CMPA	L2	DSP memory protection fault

（续　表）

EVT Number	Event	From	Description
125	L2_DMPA	L2	DMA memory protection fault
126	EMC_CMPA	EMC	DSP memory protection fault
127	EMC_BUSERR	EMC	CFG bus error event

中断选择器寄存器(Interrupt Selector Registers)：中断选择器包含了 3 个中断复用寄存器(interrupt Mux register)，INTMUX1－3，用户可以通过软件编程来为 12 个可使用的中断选择中断触发源。下面以 INTMUX1 为例(见图 2－30 和表 2－16)，加以说明。

31	30		24	23	22		16
Reserved		INTSEL7		Reserved		INTSEL6	
R－0		R/W－7h		R－0		R/W－6h	

15	14		8	7	6		0
Reserved		INTSEL7		Reserved		INTSEL4	
R－0		R/W－5h		R－0		R/W－4h	

图 2－30　中断复用寄存器

表 2－16　中断复用寄存器各字段描述

Field	Value	Description
INTSELnn	0－7Fh	Contains the number of the event that maps to DSPINTnn.

上述寄存器的第 0～6 bit 中包含的数字，就是映射到 DSP INT4 的事件的编号。

2.3　TMS320C66x DSP KeyStone 多核导航架构

2.3.1　KeyStone 架构的发展

2.3.1.1　概述

随着全球海量信息资源对无线和有线网络的强烈冲击，营运商面临着严峻的挑战，需要不断推出能满足当前与未来需求的网络。因此，通信基础建设设备制造商致力于降低每 bit 成本和功耗的同时，也不断寻求能够满足当前及未来需求的核心技术。TI 最新推出的新型 KeyStone 多核心 Soc 架构即能满足这些挑战。

基于新型 KeyStone 多核心 SoC 架构的装置包含了多达 8 个 TMS320C66x DSP CorePac，能够实现无与伦比的定点与浮点处理能力。KeyStone 架构是一款精心设计且效率极高的多核心内存架构，能在执行任务的同时允许所有的 CorePac 实现全速处理。

多核导航器是 Keystone 架构的核心组成部分。多核导航器使用队列管理子系统(Queue Manager Subsystem，QMSS)和打包 DMA(Packet DMA)来控制和完成高速数据包在设备内的传输。与传统的设备相比,极大地减少了数据传输给 DSP 带来的负担,提高了系统的整体性能。

2.3.1.2 KeyStone I 特征

TI 的多核架构经历了两代的发展,其中第一代 KeyStone I 设备提供了如下功能:

● 一个硬件队列管理器,其中包括:

— 8 192 个队列(其中一部分有特殊用途);

— 20 个描述符内存区(descriptor memory regions);

— 2 个链接随机存储器(linking RAMs),其中一个内部给 QMSS 使用,支持 16 K 的描述符。

● 几个 PKTDMAs(Packet DMA,包含相互独立的 Rx DMA 和 Tx DMA 两个部件),在以下的几个子系统中都内嵌了 Packet DMA:

— QMSS (infrastructure, or core-to-core PKTDMA);

— AIF2 (Antenna interface subsystem);

— BCP (Bit coprocessor);

— FFTC (A, B, C) (FFT coprocessor subsystem);

— NETCP (PA) (Network Coprocessor);

— SRIO (Serial rapid I/O subsystem);

● 通过中断产生实现多核主机之间的相互通知机制。

多核导航器的一般特征:

● 集中的缓冲区管理。

● 集中的数据包队列管理。

● 独立协议的数据包等级接口(Protocol-independent packet-level interface)。

● 支持多通道/多优先级的队列。

● 支持多重自由缓冲队列。

● 高效的主机间的交互机制,可以减少对主机处理的性能要求。

● 包交接的 0 拷贝操作(Zero copy packet handoff)。

多核导航器为主机提供的服务:

● 提供为每个通道可以压入不限数量的包的机制。

● 提供数据包传送完成后返回队列缓冲区给主机的机制。

● 提供传输通道关闭后恢复队列缓冲区的机制。

● 提供给每个接收端口分配缓冲区资源的机制。

● 提供在完成数据接收后,传递缓冲区给主机的机制。

● 提供在接收通道关闭后自动慢慢地停止接收数据的机制。

2.3.1.3 KeyStone I 功能框图

图 2-31 给出 KeyStone I 代多核导航器的功能架构。它包含一个队列管理子系统(QMSS),QMSS 包含一个队列管理器,一个基础 PKTDMA,两个带 timer 的累加 PDSP (packed-data structure processors)。图 2-31 中标注为硬件框图(Hardware Block)的部分是多核导航器的外部设备(比如 SRIO),同时给出了位于这些外设中的 PKTDMA 子框图以及接口。

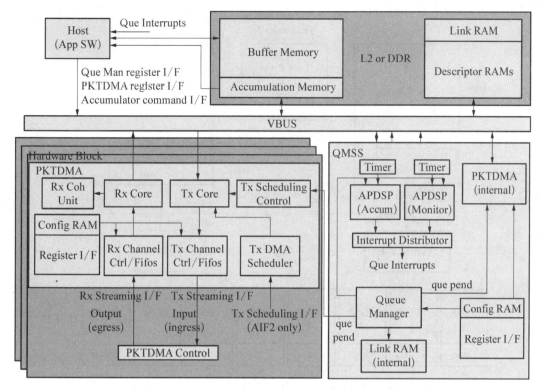

图 2 - 31　多核导航器模块框图（KeyStone I）

2.3.1.4　Keystone II 在 QMSS 上的改进

对于 KeyStone II 设备，以下的改进主要是针对队列管理子系统（见图 2 - 32）：

● 两个硬件队列管理器（hardware queue managers（QM1，QM2）），包括：

—— 每个队列管理器有 8 192 个队列；

—— 每个队列管理器有 64 个描述符号存储区（descriptor memory regions）；

—— 3 个 linking RAMs（一个是内部给 QMSS 用的，支持 32 K 描述符）。

● 两个底层的 PKTDMAs（PKTDMA1 由 QM1 驱动，PKTDMA2 由 QM2 驱动）。

● 8 个数据包结构处理器（packed-data structure processors：PDSP1 to PDSP8），每个都有自己专用的定时器模块。

● 两个中断分配器（interrupt distributors：INTD1，INTD2），为两队 PDSPs 提供服务。

2.3.1.5　KeyStone II QMSS 使用模式

如前所述，Keystone II 的 QMSS 大致可以理解为两个 KeyStone I QMSS 的组合。其中内部链接 RAM（Internal linking RAM）在容量上扩了两倍，而不是数量上扩了两倍，QM1 和 QM2 共享了这个模块。对每个队列管理器的 linking RAM 以及描述符存储器区域寄存器的编程，取决于 Linking RAM 工作模式。是工作在共享模式下（Shared Mode），还是分裂模式下（Split Mode），其编程配置有所不同。

1）共享模式（shared mode）

在这种模式下，如图 2 - 33 所示，两个队列管理器（QMs）共享整个内部的链接随机存储

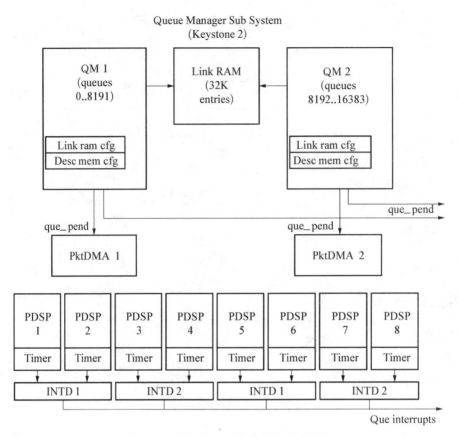

图 2 - 32　KeyStone II 的队列管理子系统

器(linking RAM)。由于两个 QMs 都会被写入到链接随机存储器(linking RAM)中的同一个区域,两个 QMs 必须用同样的描述符存储区(descriptor memory regions)来编程,以确保写入 linking RAM 的内容没有因为冲突而造成破坏。

优势:这两个 QMs 可以视为一个单独的两倍大小的 KeyStone I QM。

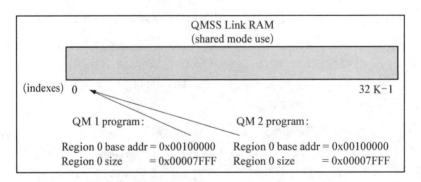

图 2 - 33　队列管理 Link RAM—KeyStone II 共享模式

2) 分裂模式(split mode)

该模式就像是有两个独立操作的 KeyStone I QMs。如图 2 - 34 所示。在这种模式下,每个 QM 都有一个不重叠的链接随机存储器(linking RAM)可以使用(并不一定像这里所示的是相等的两部分)。这就允许每个 QM 和描述符号存储区(descriptor memory regions)的规划可以独立于其他的 QM。注意用于每个 QM 配置的描述符号存储区(descriptor memory regions)的索引一定要以 0 开始,因为该索引关系到每个 QM 的 linking RAM 的基地址。

优势:总共有 128 个存储区可为描述符号(descriptor)大小或数量提供更好的粒度(granularity),换句话说,就是可以灵活分配描述符的大小与数量。

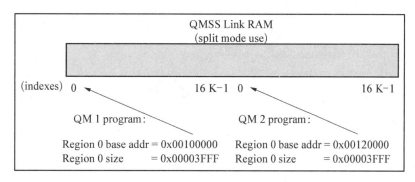

图 2-34　队列管理 Link RAM—KeyStone II 的分裂模式

2.3.2　多核导航器

2.3.2.1　队列管理器(Queue Manager)

队列管理器是一个硬件模块,它负责数据包队列的加速管理。把数据包添加到队列的操作是通过写一个 32 位的描述符号地址(descriptor address)到指定的内存来实现的,这块指定的内存被映射到队列管理模块。数据包的提取则是通过读取队列中与存放数据包相同的位置来实现。只有那些已经从描述符号区(descriptor regions)中得到分配的描述符(descriptor),多核导航器队列管理模块才能对它们进行队列管理。

2.3.2.2　数据包直接内存存取(Packet DMA,PKTDMA)

数据包直接内存存取(Packet DMA)是一个有特殊用途的 DMA,被传输数据的目的地址是由目的地和自由描述符队列索引(index)一起决定的,而不是一个绝对的内存地址。在接收模式中,PKTDMA 获得一个自由描述符(free descriptor),通过描述符(descriptor)找到缓冲区,PKTDMA 把有效载荷(payload)转入缓冲区,并把描述符放到目标队列中。在传送模式中,PKTDMA 从 Tx 队列中取出描述符(descriptor),通过描述符(descriptor),从缓冲区中读取有效载荷(payload),DMA 把有效载荷(payload)传送至传输口。

2.3.2.3　导航器云(Navigator Cloud)

导航器云(Navigator Cloud)是由一系列的 PKTDMAs 和 descriptors 组成的。PKTDMAs 和 descriptors 都不直接访问物理队列管理器的地址,而是用一个 queue_manager:queue_number(qmgr:qnum)notation 和寄存器去产生一个逻辑映射到物理队列管理器来实现。所有的具有相同逻辑映射的 PKTDMAs 都是同一个导航器云(Navigator Cloud)的一部分。一个 descriptor 可以被送到同一个导航器云(Navigator Cloud)的任意一个 PKTDMA 中去,但是能不能通过 PKTDMAs 在不同的导航器云(Navigator Cloud)中正确的传送是不确定的。一个不兼容（non-compatible）的逻辑 qmgr：qnum 映射将会导致 descriptors 到达非预期的队列中，可能造成内存泄漏。

可以把一个描述符从一个导航云发送到另外一个导航云，但是在两个导航云中，每个 qmgr：qnum 参考必须指向 PKTDMAs 的相同的物理地址。换句话说：在 QMn 基址寄存器中，为 QM0 和 QM1 编程分配 PKTDMA1 和 PKTDMA2 拥有相同的基地址，但是它们的 QM2 和 QM3 的基地址是不同的（也就是说它们代表不同的导航云）。任何描述符在他们之间传递必须而且只能参考每个描述符中断的 QM0 和（或者）QM1 以及 Rx Flow qmgr：qnum 域。在第一个 PKTDMA 的 Rx 队列与第二个 PKTDMA 的 Tx（输入）队列处于同一个物理队列中时，上面描述是正确的。

2.3.2.4　打包数据结构协处理器（packed-data structure processors，PDSP）固件

在 QMSS 里有两个或者八个 PDSPs，每个 PDSP 都具有运行固件 QMSS 的相关功能的能力，比如累加、QoS 以及事件管理（job load balancing）。

累加固件（accumulator firmware）的工作是测试被选中的队列集合，并查询是否有描述符被压进来。描述符被弹出队列，并放置在主机提供的一个缓存中。当集合被填满或者一个定时器超时时，累加器通过中断通知主机从缓存中读取描述符的信息。累加器固件提供了一个回收功能，如果 descriptor 已经被 Tx PKTDMA 处理完成后，累加固件将自动地准确地把 descriptors 回收到队列中。

QoS 的职责是确保周边设备和主机 CPU 不会在数据包的影响下混乱，这也被普遍称为流量整形（traffic shaping），并且是通过进入和外出队列的配置来管理。此外，用于轮询队列和主机中断触发的定时器的周期是可编程的。

事件管理器是由导航器运行时间软件控制的，导航器运行时间软件是由 PDSP 固件调度器（scheduler）和 CorePac 软件调度器（dispatcher）组成的。

2.3.3　多核导航器中的几个关键概念

2.3.3.1　包（Packets）

所谓"包"指的是一个描述符（descriptor）以及附加在其上的负载数据（payload data）的逻辑组合体。负载数据可以是一个数据包（packet data）也可以是数据缓存（data buffer），由不同类型的描述符决定。负载数据可以与描述符连续放在一起，也可以放在别的地方，通过一个指针存放在描述符中加以指引。

2.3.3.2　队列（Queues）

队列通常用来保存指向包的指针，这些包将在主机或者系统外设之间传递。队列是在队列管理器模块中维护的。

1）包入队列操作（Packet Queuing）

将包压入队列的操作是，将指向描述符的指针写入队列管理器模块指定的地址中去。该包可以被压到队列的头部或者尾部，这是由队列的 Queue Register C 来决定的。默认模式下，当前包是被压入队列的尾部的，除非程序员对 Queue Register C 做过配置。队列管理器为它管理的队列提供了唯一的地址集，这些地址集是用来添加包的。主机通过队列代理器（queue proxy），访问队列管理器的寄存器，这将保证所有的压队列操作为原子操作

(atomic)，避免了在设备中增加锁存的机制。

2）包出队列操作(Packets De-queuing)

包出队列操作指的是，从队列管理器相应的地址中读取排在最前面的包(head packet)的指针。当最前面的头指针被读取之后，队列管理器将头指针设为无效，并用队列中的下个包的指针替换它。

3）队列代理器(Queue Proxy)

队列代理器是 KeyStone 架构设备中的一个模块，它主要提供不同内核之间压入队列的原子操作。队列代理器的目的是在接受一个 Que N Reg C 的写操作，且紧跟着一个 Que N Reg D 的写操作时，不允许其他内核有插入队列操作。压入队列代理器的操作和写队列管理器区域 Que N 的 Reg C 以及 Reg D 是等同的，唯一的区别是使用了不同的地址(队列代理区域中的相同偏移量)。每个核被连接到代理器上，代理器通过使用它的 VBUS master ID 来识别自己的内核。两个核或者更多核如果发生同时写操作，将通过轮转(round-robin)机制来仲裁。只需要 Reg D 的队列写入操作不需要使用代理器，可以直接写入队列管理区域。队列代理器区域的所有寄存器都是只写寄存器，如果读的话，返回是 0(所以这里没有队列弹出操作)。由于 Que N Reg A 和 B 是只读的，它们不支持队列代理器。

引入队列代理器的另外一个原因是多任务环境。在多线程中，代理器不能区分来自同一个核，但是具有不同源的写操作。如果用户使用 Reg C 和 D 压入队列，多任务线程可能压入同一个队列，此时，用户必须使用类似旗语(semaphore)等管理方法来保护这些操作，以避免出错。

2.3.3.3　队列的类型

1）发送队列(Transmit Queues)

发送端口(Tx port)使用发送队列(Transmit Queues)，储存处于等待状态且将要被发送的包。为了实现这一目的，Tx Ports 为每一个发送通道保留一个或者多个专用的包队列。通常，Tx 队列在内部被连接到一个指定的 PKTDMA 发送通道。

2）发送完成队列(Transmit completion Queues)

Tx port 也会使用名为发送完成队列的包队列，在包被发送之后，将包返回给主机。它也可以被理解为 Tx 释放描述符队列。只有在包的描述符中指示出这个包需要被返回给队列，而不是直接回收时，才会使用发送完成队列。

3）接收队列(Receive Queues)

接收端口(Rx Port)会使用接收队列(Receive Queues)，将已经完成接收的包向前传输给主机或者其他等同的实体。接收通道可以配置成各种方式，将接收到的包传递给接收队列。接收端口可以严格根据 Rx 通道，协议类型，优先级别，前向传输要求，上述因素的组合以及应用规范等决定对接收数据包进行排列。在很多情况下，接收队列事实上对于另外一个等同的实体也是一个发送队列。是发送队列还是接收队列，取决于在系统中的参考点。

4）释放描述符队列(Free Descriptor Queues)

接收端口使用释放描述符队列(Free Descriptor Queues)完成对 Rx DMA 装载数据的初始化以及准备工作，其操作与描述符的类型有关。主机包释放描述符(Host Packet Free Descriptor)和单一释放描述符(Monolithic Free Descriptors)的使用不太一样。

（1）主机包释放描述符（Host Packet Free Descriptor）。排列在 FDQ 的主机包必须有一个缓存链接到它们,同时缓存的大小设置要合适。Rx DMA 根据需要弹出主机包,并根据其中指示的缓存大小填充它们。如果需要,也将弹出额外的主机包描述符,并将它们作为主机缓存链接到初始的主机包上。Rx DMA 不会查找预链接到主机包上的主机缓存,这个工作是由 Tx DMA 完成的。

（2）单一释放描述符（Monolithic Free Descriptors）。Rx DMA 并不从单一释放描述符中读取任何数值。PKTDMA 默认描述符有足够的大小容纳所有的包数据。如果数据超出了描述符的大小,将会覆盖下一个描述符的内容,这会导致不可预测的后果。这里提醒程序员在系统初始化时要多加小心。

2.3.3.4　描述符（Descriptors）

描述符就是一小块存储器空间,它用来描述将要在系统中传输的一个数据包。描述符,大致有如下几类:

1）主机包（Host Packet）

主机包描述符具有固定大小描述区域,这个区域包括指向数据 buffer 的指针,作为可选项,也可以有链接到一个或者更多主机 buffer 描述符的指针。主机包在发送通道中,被主机应用所链接,在接收通道中被 Rx DMA 链接(主机包能在初始化阶段创建一个 Rx FDQ 时被预链接)。

2）主机缓存（Host Buffer）

主机缓存描述符的大小可以随着不同主机包在其内部发生变化;但是决不能放在包的第一个链接上(所谓的起始包)。主机缓存可以包含指向其他主机描述符的链接指针。

3）单一包（Monolithic Packet）

单一包描述符不同于主机包描述符,它的描述符区域包含负载数据(payload data),而主机包包含的是一个指向别处的缓存的指针。单一包处理起来相对简单,但使用没有主机包灵活。

图 2-35 给出各种类型的描述符是如何出入队列的。对于主机类型的描述符,图中给出主机缓存是如何被链接到一个主机包,图中只给出主机包是如何被压入队列以及弹出队列的。主机和单一描述符都可以被压入同一个队列,但是,实际操作它们通常是分开保留与处理的。

2.3.3.5　打包 DMA（Packet DMA）

多核导航器中的 PKTDMA,与其他 DMA 概念很相似,也是用来传输数据的。但是,区别于其他 DMA,PKTDMA 并不关心被传输数据的结构。PKTDMA 传输的数据都是一维的数据流。对 PKTDMA 的编程,可以通过初始化描述符,PKTDMA Rx/Tx 通道,Rx 流来实现。

通道（Channels）

在系统中,每个 PKTDMA 可以被配置多个 Rx 以及 Tx 通道。通道可以理解为通过 PKTDMA 传输的道路。一旦 PKTDMA 在一个通道上开始传输数据包,这个通道就不能被别的包占用,直到当前的包传输完成。PKTDMA 包含独立的 Rx 以及 Tx DMA 引擎,所以可以进行同时的双向传输。

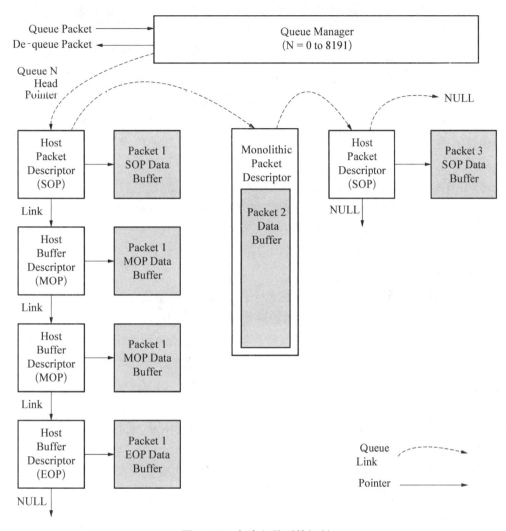

图 2－35　包出入队列的机制

Rx 流（Rx Flows）

对于发送模式，Tx DMA 使用描述符中的信息决定如何处理 Tx 包。对于接收模式，Rx DMA 使用流（flow）来完成任务。这里所谓流（flow）就是一系列指令集，这些指令集告诉 Rx DMA 如何处理 Rx Packet。需要提醒注意的是，Rx 通道与 Rx 流之间没有通信机制，但是 Rx 包与 Rx 流之间有通信机制。举个例子，一个外设可以为所有通道上的所有包创建单一的 Rx 流，另外一个外设也可以为每个通道上的包创建多个流。

2.3.3.6　包发送总论（Packet Transmission Overview）

在 Tx DMA 通道初始化好之后，它就可以开始传输包了，包发送的几个步骤如下（见图 2－36）：

（1）主机知道存储器中有一块或者多块数据需要以包的形式传输。这个操作涉及的源数据，可能直接来自主机，也可能来自系统其他数据源。

（2）主机分配一个描述符，通常从 Tx 完成队列中分配，并填写描述符域和负载数据。

（3）对于主机包的描述符，主机根据需要分配并且占据主机缓存描述符，并指向属于包的剩余的数据块上。

（4）主机将指向包描述符的指针写到队列管理器指定的存储器中，相当于为发送队列指定合适的 DMA 通道。通道可以提供不止一个 Tx 队列，同时提供队列之间的优先级机制。这些动作都是与应用相关的，且由 DMA 来调度控制。

（5）队列管理器为队列提供一个层敏感（level sensitive）状态信号量，用来指示当前是否有包被阻塞（pending）。这个层敏感状态指示器，将被送到硬件模块，负责 DMA 的调度操作。

（6）DMA 控制器最终引入相应通道的上下文，并且开始处理包。

（7）DMA 控制器从队列管理器中读取包描述符的指针以及描述符大小的提示信息等。

（8）DMA 控制器从 memory 中读取包描述符。

（9）DMA 控制器通过将数据块中的内容传输出去的方式，来清空缓存区。数据块的大小与应用相关。

（10）根据包大小域中指定的大小，将包中的数据全部传输完之后，DMA 会将包描述符的指针写到队列中，这个队列在返回队列管理器（包描述符的返回队列数域）中被指定。

（11）当包描述符指针被写之后，队列管理器将 Tx 完成队列的指示状态传递给其他的端口/处理器/预处理模块，这个指示操作通过带外层敏感状态线（out-of-band level sensitive status lines）来实现。这些状态线置位，表示队列是非空的。

（12）当大多数类型的同类实体以及嵌入式处理器能直接且有效地使用这些层敏感状态线时，缓存的处理器会要求硬件模块将层状态转换为脉冲中断，同时将从完成队列中聚集一定程度的描述符指针并写入列表中。

（13）主机响应队列管理器的状态改变，并且根据包的需要执行废弃物的回收。

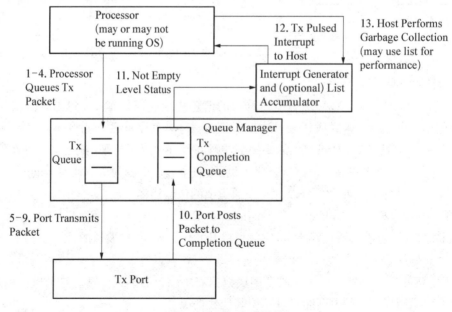

图 2-36　包发送操作

2.3.3.7　包的接收过程综述

当 Rx DMA 通道被初始化之后,就可以用来接收包了。接收包的步骤如下(见图 2-37):

在给定的通道上开始一个包接收操作时,这个端口会从队列管理器中取出第一个描述符(或者是为主机包,描述符+缓存),在这个过程中使用了一个释放描述符队列(free descriptor queue),通过编程该队列被写到包所使用的 Rx 流中。如果 Rx 流中的 SOP 缓存偏移量不是 0,这个端口将开始在 SOP buffer 偏移量之后写数据,且连续填写。

(1) 对于主机包,端口根据需要预取其他的描述符+缓存区,使用 FDQ 1,2,3 来索引包内的第二、第三以及其他剩余的缓存。

(2) 对于单一包,端口将在 SOP 后面继续写,直到遇到 EOP。

当整个包被接收之后,PKKTDMA 执行如下的操作:

(1) 将包描述符写到存储器,描述符的大部分区域将被 Rx DMA 覆盖。对于单一包,直到在 EOP 写入描述符域时,DMA 才去读描述符。

(2) 将包描述符指针写入相应的 Rx 队列。完全队列(absolute queue),其中的包将被传输到接收结束,此外,完全队列也在 Rx 流中的 RX_DEST_QMGR 以及 RX_DEST_QNUM 域指定。该端口也明确允许可以使用应用程序指定的方法去覆盖目的队列。

使用带外层敏感状态线,队列管理器负责指示接收队列的状态给其他端口/嵌入式处理器。这些状态线置位表示一个 queue 是非空的。

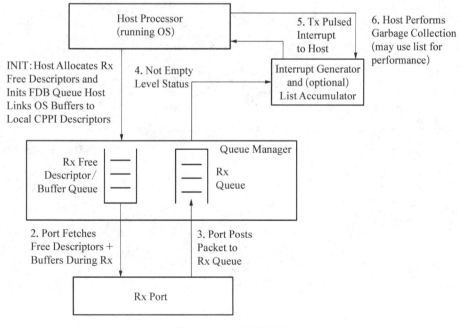

图 2-37　包接收操作

2.3.4　KeyStone 的存储器架构

2.3.4.1　KeyStone 内存架构

德州仪器(TI)积极创新,努力迎接多内核 SoC 技术带来的挑战。TI KeyStone 内存架构(见图 2-38)拥有众多组件,其中包含全新的 C66x 定点和浮点 DSP 内核、可实现基于标准的优化功能和接口的可配置协处理器、层级存储器架构、TeraNet 交换结构以及可将上述各组件联结在一起的多内核导航器。KeyStone 架构具备三个存储等级。每个 C66xCorePa 均拥有自己的一级程序(L1P)和一级数据(L1D)存储器。另外,每个 CorePac 还拥有局部的二级统一存储器。每个局域存储器均能独立配置成存储器映射的 SRAM、高速缓存,或是两者的组合。

　　KeyStone 架构包含共享的存储器子系统,其由通过多内核共享存储器控制器(MSMC)连接的内部和外部存储器组成。MSMC 允许 CorePac 动态地分享程序和数据的内外部存储器。

　　MSMC 的内部 RAM 允许各部分被配置成共享的二级 RAM 或者共享三级(SL3)RAM,从而可为程序员提供高度的灵活性。SL2 RAM 仅能够在局域 L1P 和 L1D 高速缓存中缓存,而 SL3 另外还可在局域 L2 高速缓存中进行缓存。

　　为向软件执行提供快速通道,外部存储器同内部共享存储器一样,通过同一存储器控制器进行连接,而并非像在嵌入式处理器架构上所进行的传统做法那样,与芯片系统实现互通互连。外部存储器始终被看做是 SL3 存储器,并可在 L1 和 L2 中缓存。接下来我们将探讨在 KeyStone 架构中实现的各种性能增强。

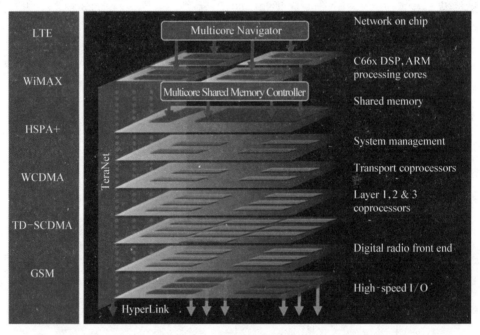

图 2-38　KeyStone 的内存架构

2.3.4.2　KeyStone 储存效能提高

C66x CorePac 的内部存储器架构与此前 C6000™ DSP 系列产品相比,主要在四个方面实现了增强,而这突出体现在性能指标和实用性方面。这些改进旨在实现如下优势:① 无论多个内核和数据 I/O 是否处于高度繁忙状态,都能提高存储器各级的执行效率;② 更轻松便捷地管理多个内核和数据 I/O 之间的缓存一致性;③ 存储器的保护与地址扩展,以及将对软错误的保护进一步扩展至较高级别的存储器。

（1）执行效率——C66x CorePac 内存子系统在功能上相当于最新的 C64x＋和 C67x。每个本地 L1 内存均为 32 KB。并能够配置成全速缓存（隐含）、全内存映像 SRAM，或是 4、8 或 16 KB 快速缓存存储区选项的组合。L1P 始终为直接映像，而 L1D 则始终为双向集合关联（two-way set-associative）。相应地，本地 L2（LL2）内存是高达 1 MB 的统一内存（最初宣布推出的装置为 512 KB 或 1 MB）。此外，该存储器也可配置为全高速缓存、全存储器映射 SRAM（默认），或是 32、64、128、256 或 512 KB 四路集关联高速缓存选项的组合。至共享存储器子系统的存取路径经过精心的重新设计，能够显著降低至较高级存储器的时延，无论所有 CorePac 和数据 I/O 是否处于繁忙状态，均能维持相同的效率。

（2）第二级内存效率——与之前的系列产品相比，LL2 内存装置和控制器在更高频率下运行。C66x LL2 内存以等同于 CPU 的时钟速率运行。更高的时钟速率可实现更快的存取，可减少了因 L1 快速缓冲贮存失效所造成的停滞，在此情况下必须从 LL2 快速缓冲贮存或 SRAM 获取内存。当从 C64x＋或 C67x 装置升级时，此项改变就自动地加速应用，而且无须为 C66x 指令集进行重新编译。

此外，无论是对用户隐藏的还是由软件命令驱动的高速缓存一致性操作都会变得更高效，而且需要执行的周期数也更少。反之，这也意味着自动的高速缓存一致性操作（如检测、数据移出）对处理器的干扰更小，因而停滞周期数也更少。手动的高速缓存一致性操作（如全局或模块回写和/或无效）占用较少的周期即可完成，这就意味着在为共享存储器判优的过程中，实现 CorePac 之间或 CorePac 与 DMA 主系统的同步将需要更短的等待时间。

（3）共享内存效率——为进一步提高共享存储器的执行效率，在 CorePac 内置了扩展存储器控制器（XMC）。对共享内部存储器（SL2/SL3）和外部存储器（DDR3SRAM）来说，XMC 是通向 MSMC 的通道，且架构的构建基础实施在此前具有共享二级（SL2）存储器（如 TMS320C6472 DSP）的器件之上。

在以前具有 SL2 存储器的器件上，通向 SL2 的存取路径与通向 LL2 的存取路径一样，在邻近内部接口处均有一个预取缓冲器（如图 2-39 所示）。预取功能可隐藏对共享 RAM 库的访问时延，并可优化代码执行及对只读数据的存取（全面支持写操作）。XMC 虽然也遵循相同的目标，但是却进一步扩展添加了强大得多的预取功能，从而对程序执行和 R/W 数据获取提供了可与 LL2 相媲美的最佳性能。预取功能不仅能在访问存储器之前通过拉近存储器和 C66x DSP 内核之间的距离来降低存取时延，而且还能缓解其他 CorePac 和数据 I/O 通过 MSMC 争夺同一存储器资源的竞争局面。

MSMC 通过 256 位宽的总线与 XMC 相连，而 XMC 则可直接连接至用于内部 SL2/SL3 RAM 的 4 个宽 1 024 位存储器组。内部存储器组使 XMC 中的预取逻辑功能能够在未来每次请求访问物理 RAM 之前获取程序和数据，从而避免后续访问停滞在 XMC。MSMC 可通过另一 256 位接口与外部存储器接口控制器直接相连，进一步将 CorePac 的高带宽接口一直扩展到外部存储器。

对于外部存储器而言，KeyStone 架构可通过与共享内部存储器相同的通道进行访问，从而较之前的架构实现了显著的增强。该通道的宽度是之前器件的两倍，而速度则为一半，从而大幅降低了到达外部 DDR3 存储器控制器（通过 XMC 和 MSMC）的时延。在此前的 C6000 DSP 中以及众多的嵌入式处理器架构中，外部 CPU 和高速缓存访问是通过芯片级互连进行发布的，而 XMC 则可提供更为直接的最优通道。当从外部存储器执行程序时，其可大幅提高 L1/L2 高速缓存效率，并在多个内核与数据 I/O 对外部存储器并行判优时能够显著降低所带来的迟滞。

对于内部和外部存储器，所有的数据 I/O 流量都可通过多条直接通道进入 MSMC 到达芯片，而不是通过 CorePac 存储器控制器，从而在当数据 I/O 要访问 CorePacs 当前没有访问（例如，当 CorePac 从 SL2 执行，而数据 I/O 往返于 DDR3 时）的存储器端点时，能使两者处于完全正交的状态；而且在 XMC 预取缓冲器后可提供判优以对 CorePacs 隐藏存储器组之间的冲突。

此外，XMC 还为数据和程序预取嵌入了多流预取缓冲器。程序预取缓冲器可为来自 L1P 和 L2 的读取请求提供服务，从而使其能够在 CPU 需要之前预取高达 128 字节的程序数据。数据预取缓冲器可为来自 L1D 和 L2 的读取请求提供服务。数据预取单元能够支持 8 个预取流，且每个流都能独立地从地址增加方向或地址减少方向预取数据。针对进入 DSP 内核的数据流，预取功能能够有助于减少强制失效损失。在多内核环境中，预取功能还能通过分散带宽峰值来提升性能。为在不增加负面影响的情况下利用预取实现性能提升，可在 16 MB 范围内将存储器配置为启用或禁用预取属性。

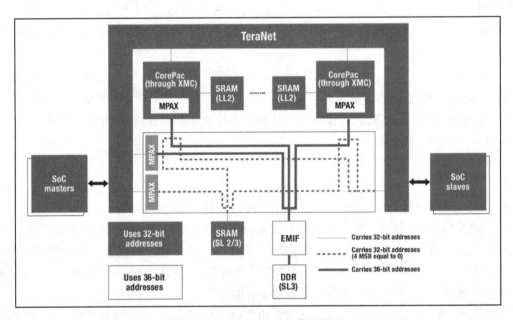

图 2-39　KeyStone 共享存储关系

（4）外部存储效率——除了将外部存储器连接到 MSMC 所带来的优势，KeyStone 外部存储器还包含了对外部存储器控制器（EMIF）的显著改进。KeyStone 架构能够以 1 333 MT/s 以上的速率支持高性能 DDR3 SDRAM 存储器。虽然总线能配置成 16 或 32 位（为节省面板空间和功耗），但其实际支持的总线宽高达 64 位数据宽度。该架构相对于之前的架构具有更大的宽度以及更快的速度，从而允许集成多个更高性能的内核、加速器和数据 I/O。

（5）高速缓冲贮存一致性控制——通常在多内核器件以及多器件系统内，数据作为处理的一部分在内核之间共享。KeyStone 架构可提供一些改进措施，以简化共享内部与外部存储器的一致性管理操作。

在 KeyStone 架构中，LL2 存储器始终与 L1D 高速缓存保持一致，所以不需要对一致性管理进行特殊的配置（虽然利用 L1D 一致性命令可实现一些性能优化）。SL2 和 SL3 这两种共享存储器不能由硬件来保障与 L1 和 L2 高速缓存的同步。因此需要软件控制往返于数据 I/O 页面的传输，以及对多内核之间共享缓冲器的访问。

为简化该过程，已将 fence 操作作为新的 MFENCE 指令添加到 CorePac 中。当与简单的 CPU 环路组合使用时，能将 MFENCE 用于实施 fence 操作，以保障读/写访问群组之间的序列一致性。能将其用于对可能从不同路径到达的特定端点的存储器请求进行同步。此外，对于多处理器算法，还可将其用于以特定顺序实现对存储器的存取，而这一顺序从所有 CPU 角度来看都一样。这可大幅简化共享数据段所需的一致性协议。

（6）共享存储器保护与地址扩展——C64x＋和 C67xDSP 架构均将存储器保护作为内部存储器设计（L1、L2、SL2）的一部分。KeyStone 架构将存储器保护扩展至外部存储器，同时还增强了对内部存储器进行保护的灵活性。另外，MSMC 允许将外部存储器的地址空间从 32 位扩展至 36 位（见图 2 - 40）。

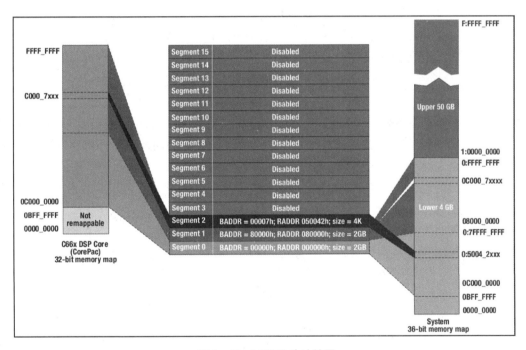

图 2 - 40　MSMC 地址扩展

每个 C66x DSP 都被分配一个独特的权限 lD(PrivID)值。数据 I/O 主系统被分配一个 PrivID 而 EDMA 则例外，但它可以继承为每次传输进行配置的主系统 PrivID 值。KeyStone 装置总共可支持 16 个 PrivID 值。内存保护属性（见图 2 - 41）分别为管理员用户和普通用户分配了读/写/执行访问权限。

	5	4	3	2	1	0
	SR	SW	SX	UR	UW	UX

Bit	Meaning when set	Bit	Meaning when set
SR	Supervisor mode may read from segment	UR	User mode may read from segment
SW	Supervisor mode may write to segment	UW	User mode may write to segment
SX	Supervisor mode may execute from segment	UX	User mode may execute from segment

图 2-41 内存保护属性

（7）局域存储器的存储保护——C66x CorePac 可提供由软件控制的请求者到存储器映射的灵活性，从而进一步扩展了此前 C6000 架构的存储器保护协议。所有存储器请求者（C66xCPU、EDMA、导航器、PCIe、SRIO 等）均拥有相关联的特权 ID。内部存储器控制器可以区分多达 6 个不同的请求者，并配置所有其他请求者。由于 KeyStone 器件集成了更多的内核以及更多的 DMA 主系统（I/O 和加速器），这一数目已不够用。KeyStone CorePac 允许将系统主控器的 ID 映射到保护逻辑中使用的 ID，以使应用能够获得量身打造的强大保护功能。

（8）共享存储器的存储器保护——共享存储器拥有多个存储器保护和地址扩展（MPAX）单元。C66x DSP 可通过 XMC 中的局域 MPAX 访问 MSMC 通道，而数据 I/O 则通过 MSMC 中的 MPAX 逻辑访问 MSMC，并分别对内部共享存储器和外部存储器进行控制。

MPAX 单元将存储器保护和地址扩展结合成一步完成。正如对局域存储器的访问一样，MPAX 的运行基础为每个交易事务承载的特权 ID，用以代表存储器的请求者。对于每个 PrivID，相关联的 MPAX 单元在内部共享存储器和外部存储器中均支持最多 16 个存储段的定义。每个存储段均独立配置，并提供各自的存储器保护地址扩展属性。每个存储段的大小可以是 2 的任意次方，范围介于 4 KB~4GB。地址扩展功能可将外部存储空间从 32 位地址扩展至 36 位。

存储器段的地址区间定义非常灵活，而且能够重叠以创建尺寸为非 2 的指数次方大小的段以及附加的存储器区域。

地址扩展功能可将 32 位地址重新映射到 36 位，从而支持更大的外部存储器。地址扩展能将 DSP 内核中相同的虚拟地址映射到不同的物理地址，并将多个虚拟地址映射到同一物理地址，这对于同一个存储器来说具有不同的语义。MPAX 单元可将运行在不同 DSP 内核之上的操作系统和应用进行隔离，并能轻松支持共享程序。

图 2-42 为如何在 KeyStone 架构内使用 MPAX 来构建多内核虚拟存储器的实例。假定所有内核均运行同一应用，则可将该共享程序和静态数据加载至共享的内部和外部存储器区域中。私有变量（如数据 1）可以使用各个内核中的同一虚拟地址，同时 MPAX 将其映射至不同的物理存储器地址。软件在运行时无须重新进行任何地址映射即可使相同的代码映像在多个内核上执行。

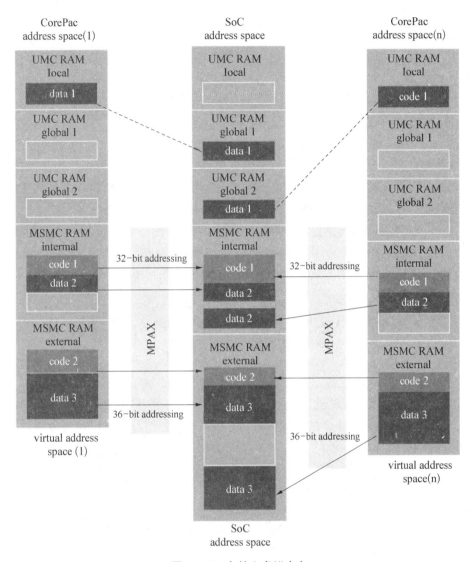

图 2-42　多核心虚拟内存

（9）错误检测与校正——专用于基础局端系统的数代 C6000 器件系列，内部存储空间中包含了软错误校正功能。KeyStone 系列器件以该技术为构建基础，能够进一步将软错误保护扩展至存储器的所有层级。

层级系统中的存储器控制器可支持多级保护，并可用于实现对代码段进行全面校正，并对数据空间进行错误检测。L1P、L2 和 SL2（或 SL3 内部 RAM）均包含可用于检测和校正 128 位或 256 位存储器段内单个位错误的奇偶校验信息。另外，我们还将能检测到同一访问中的两个位错误并触发访问 CorePac 产生异常。对于数据存取，仅能检测到位误差，并触发异常。无论发生检测还是校正事件，信息均被存储在错误访问的存储器控制器中，以便为应用和/或主机恢复提供信息援助。

通过 ECC 逻辑可将软错误保护进一步扩展至外部存储器空间。每 64 位数据有一个 8 位 ECC 码，根据选项可配置成支持 32 位和 64 位数据宽度。添加 ECC 需要支持 32 位数据宽度的额外 4 位 DDR3 IC(实现 36 位接口),或额外的 8 位 DDR3IC(实现 72 位接口)以存放与整个外部数据空间相关的 ECC 值。

新型 KeyStone 架构在存储器架构方面具备各种优势,意味着无论在单内核还是在多内核 SoC 执行环境中都能够直接实现显著的性能提升。与此前的产品系列相比,这些性能提升涉及各级存储器,如局域 L2、共享 L2/L3,以及外部存储器等。通过高效判优和预取机制,性能改进也体现在多内核、加速器以及数据 I/O 的并行访问方面。针对内核之间以及内核与数据 I/O 之间的共享数据页面,缓存一致性控制的改进可实现更简单的判优。实施存储器保护和地址扩展可实现高度灵活的编程模型、更大范围的地址搜索并为错误访问提供保护。针对各级存储器的软错误保护可确保运行时执行不受随机软错误事件的影响,而这一事件会对所有嵌入式处理器造成影响。

Keystone 架构在存储器性能、易操作性以及灵活性方面实现的改进可确保程序员能够实现由功能强大的新型 C66X DSP 系列提供的全速性能优势。该架构具有卓越的可扩展性,其为具有各种数量的内核、加速器和数据 I/O 的 SoC 系列奠定了坚实基础。

2.4　TMS320C66x DSP 快速外部接口

10 多年来,多核 DSP 在各行业众多不同应用中充分展示了其价值。多核同质 DSP 一直都是要求计算密集型信号处理的有限功耗预算及狭小物理空间应用中的理想选择。最新一代多核 DSP 支持优异的计算性能、更高的 I/O、更大的存储器容量以及主要硬件集成,可充分满足高性能工业检查领域的需求。在 DSP 上使用 C 语言等高级语言开发软件定义影像系统的便捷性可加速最新创新算法的实施,缩短产品上市时间。

大多数工业影像处理子系统都需要内核速度(GHz)、每秒百万指令(MIPS)、每秒百万次乘累加(MMAC)以及每秒十亿浮点运算(GFLOP)的高性能。德州仪器(TI)TMS320C6678 等多核处理器支持 360 GMAC 与 160 GFLOPS,可为要求高动态范围的系统带来使用定浮点指令的高灵活性。为了进一步提高系统性能,多核处理器的架构还可通过基于硬件的处理器间通信消除片上数据传输瓶颈与时延问题。

多层存储器高速缓存与可用片上随机存取存储器(RAM)容量可大幅提高系统性能。影像尺寸通常远远超过可用的片上 RAM,因此这些系统不可避免地需要大型外部 RAM,这就意味着 DSP 需要提供 DDR3 等高带宽外部存储器接口。共享存储器架构使多核 DSP 中的多个内核既能在相同影像的不同部分并行运行,也可在影像数据相同部分连续执行不同的处理功能。上述功能配合在所有内核中共享的智能直接存储器存取控制器,可在外部存储器、存储器映射外设以及片上存储器之间进行数据传输,通过双缓冲进行计算,提高性能。

有许多选项可用于连接影像子系统与影像处理子系统。系统可能需要一个或多个如 CameraLink 等模拟或数字接口。DSP 支持不同高速串行器/解串器接口选择,可为硬件设计人员提供连接及 FPGA 选项,从而可连接影像采集子系统。例如,TI C6678 多核 DSP 就具有多个这样的高速接口,如 PCIe Gen II、串行 RapidIO 2.1(SRIO)、GigE 以及 TI 名为 Hyperlink 的 50 Gbps 专利接口等。有时影像通过背板通信结构发送,这时会使用 PCIe 和 SRIO。

　　由于工业检查系统往往需要高度的可靠性才能在恶劣条件下以最低功耗进行工作,因此多核 DSP 应支持更高的工业工作温度等级,才能帮助系统设计人员设计这类系统。

　　图 2-43 是多核 DSP 影像处理子系统的示意图。其中给出的多核 DSP,通过其高速外部接口与其他外部器械相连,组成一个工作系统。

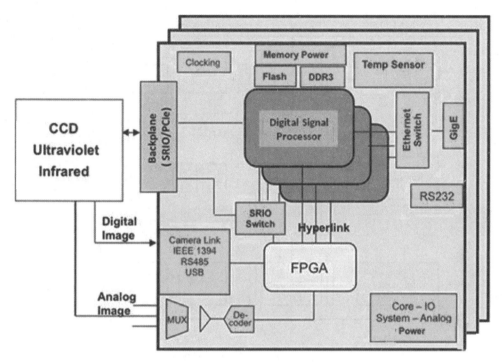

图 2-43　工业检查系统方框图

2.4.1　HyperLink 超链接控件

　　KeyStone 架构下的各个系列产品 TCI66xx 和 C66xx 等设备,可以通过 HyperLink 直接读/写其他设备的内存。另外,也可通过其发送事件和中断信号。HyperLink 通过一个内置于 DMA 的控制信号在内存和接口之间读/写。

　　HyperLink 是一个高速、低延时并且低引脚数的通信接口,它拓展了 C66 系列设备内部的基于通用总线结构(CBA)的协议,使其能够仿真现今所有外设的接口运行机制,其包括了数据信号和边际控制信号(sideband control signals)。数据信号是基于串/并行转换器(SerDes),边际信号是基于低电压 CMOS(LVCMOS)。如今的 HyperLink 为设备之间提供了点对点的连接。

　　HyperLink 作为 TMS320C6678 的外设接口,其工作频率可达到 12.5 Gb,并且是一个 4 通道的 SerDes 接口。其支持的数据速率包括 1.25 Gb,3.125 Gb,6.25 Gb,10 Gb 和 12.5 Gb。这一接口用于连接外部加速器,且必须与直流耦合器相连。

　　HyperLink 拥有串行管理接口,它可用于在各个设备之间传输电源管理和流动信号。这也就有了 4 个 LVCMOS(低电压 CMOS)输入和 4 个 LVCMOS 输出,配置为 2 个双线输入总线和 2 个双线输出总线,每个双线总线包括了一个数据信号和一个时钟信号。

2.4.1.1　功能以及结构框图

HyperLink 模块(见图 2-44)提供两个 256 bit 的 VBUSM 接口。从模式接口(slave interface)用来传输以及控制寄存器访问,主模式接口(master interface)用来接收。发送和接收状态机模块完成通 256 bit CBA 到外部串行接口的格式转变。

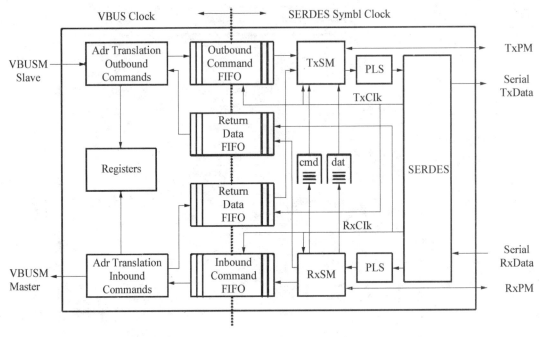

图 2-44　HyperLink 的内部模块

在输入输出端有地址处理模块。出口地址处理模块组合 HyperLink slave port 中 CBA 的各个特性,如安全特性,privID 信息,内存映射的地址,形成出口地址。在入口地址端,HyperLink 得到地址域,并重新映射到 CBA 模块。输入输出地址的转换操作是独立的,通过不同的寄存器集来操作,以增加操作的灵活性以及可定制性。

由于 HyperLink 的逻辑与串并转换器可以运行在不同的时钟频率下,设计了多个 FIFO 用来缓存输入的数据以及命令。输入与输出模块有各自的 FIFO,可以为输入以及输出实现读返回数据(read-return data)。

Station 管理模块处理电源管理以及边际信号流量控制,比如驱动一个通道,流量控制,使能或者不使能 TX/RX 收发器。该模块还用做初始化以及错误恢复。

输出端的 PLS 模块使用 GFP32/33 编码 MAC 传输数据,同时添加 9 bit 的 ECC 校验,然后再将数据发送到 SerDes 前进行交织。在接收端 PLS 将串行数据流对齐成 36 bit 符号边界,识别出同步码,反交织数据,对齐 ECC 边界,执行 ECC 校验,使用 GFP33/32 解码数据,然后将数据转交给 MAC 接收器。

当远端目的地的命令通过 slave 接口达到时,一个 64 或者 128 bit 的命令被写到 FIFO 中,伴随着应用数据。数据则以 8-,16-,24-或者 32-byte 对齐写入。也就是说,最短是 8byte 写入。FIFO 可以接收高达 32 bytes 的数据/总线时钟。

图 2-45 给出 FIFO 通过 MAC 和 PLS 给数据线的数据流格式:

A——从 FIFO 中选取 128 bit 以及相关的使能 byte,然后分成 32 bit 的小块以及 4 byte 的使能。形成 144 bit 的信息。

B——用 GFP 对 32 bit 的数据以及相关的使能 byte 进行编码形成 33 bit。最后形成 132 bit信息。

C——选取 4 个 GFP 编码数据字,添加 MAC 末尾标志位以及同步 bit,计算 ECC,添加 9 bit 的ECC 到字中。形成 144 bit 的信息。

D——分裂 144 bit word 成四个 36 bit 的数据单元通道。

E——交织每个通道数据,以去除可能引起接收恢复错误的重复序列。

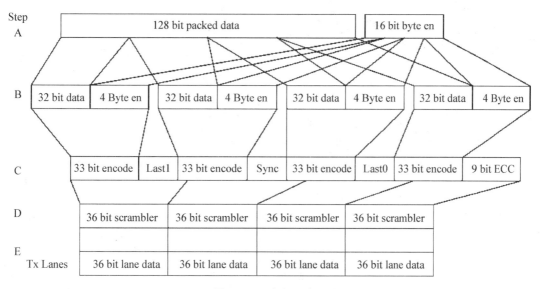

图 2 - 45　交织示意图

HyperLink 的读写功能如图 2 - 46、图 2 - 47 所示。

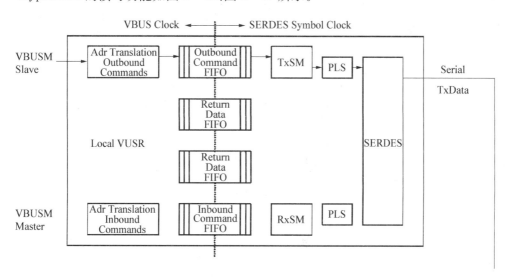

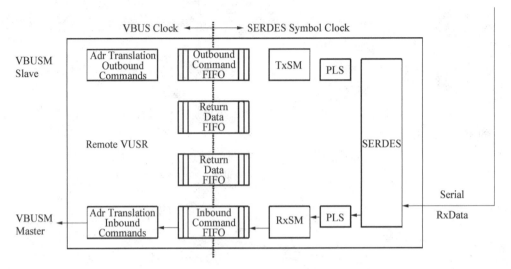

图 2 - 46　HyperLink 写操作

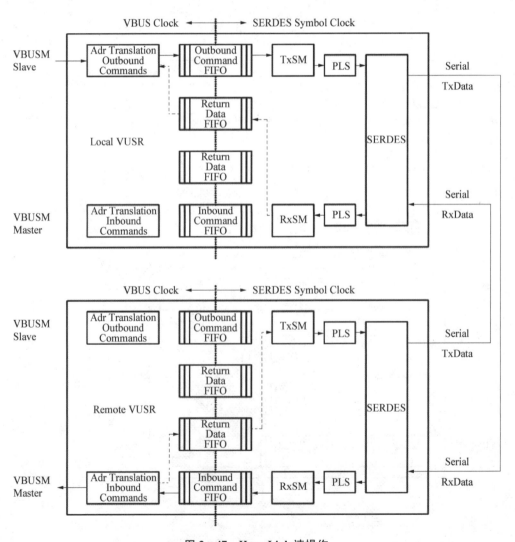

图 2 - 47　HyperLink 读操作

2.4.1.2 应用实例

HyperLink 提供基于包的传输协议,支持多重读,写,中断交互。可以运行在 1 通道或者 4 通道模式,每个通道运行在 12.5 Gbaud 速率。HyperLink 为物理层使用有效的编码机制。相对于传统的高速接口设置的 8b10b 编码机制,HyperLink 减少了编码的交叠(overhead);HyperLink 中有效的编码机制相当于 8b9b。图 2-48 给出设备之间通过 HyperLink 点对点连接的示意图。

边际信号提供流量控制以及电源管理控制信息。配置之后,HyperLink 有内部的状态机,用来自动管理流量控制,以及省电模式,基于边际信号,不需要软件的介入。流量控制依据预定位偏移来独立管理。在 Rx 边界发送阀信号给 Tx 端。另外一方面,电源管理被TXside 控制。此外,电源管理根据每个通道,per-direction basis 控制。

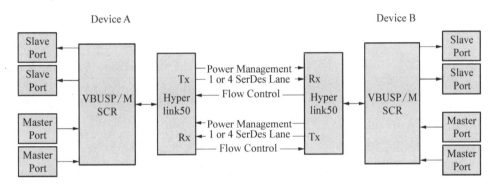

图 2-48 设备之间通过 HyperLink 点对点连接

2.4.1.3 HyperLink 引脚信号介绍

HyperLink 包含 SerDes 管脚以及 LVCMOS 管脚。SerDes 管脚用于数据传输,LVCMOS 管脚用于控制的边际信号比如流量控制以及电源管理。

表 2-17 HyperLink 引脚

Pin Name	Pin Count	Type	Function
LVCMOS Pins			
TXPM_CLK_O	2	Out	Clock for transmit Power Management Output two wire bus
TXPM_DAT_O	2	Out	Transmit Power Management Output two wire bus
TXFL_CLK_I	2	In	Clock for transmit Flow Management Input two wire bus
TXFL_DAT_I	2	In	Transmit Flow Management Input two wire bus
RXPM_CLK_I	2	In	Received clock for receive Power Management Input two wire bus
PXPM_DAT_I	2	In	Receive Power Management Input two wire bus
RXFL_CLK_O	2	Out	Clock for receive Flow Management Output two wire bus
RXFL_DAT_O	2	Out	Receive Flow Management Output two wire bus

（续　表）

Pin Name	Pin Count	Type	Function
SerDes Pins			
SERDES_PXPO	1	In	Differential Rx pin lane 0（Positive）
SERDES_PXPO	1	In	Differential Rx pin lane 0（Negative）
SERDES_RXP1	1	In	Differential Rx pin lane 1（Positive）
SERDES_RXN1	1	In	Differential Rx pin lane 1（Negative）
SERDES_RXP2	1	In	Differential Rx pin lane 2（Positive）
SERDES_RXN2	1	In	Differential Rx pin lane 2（Negative）
SERDES_RXP3	1	In	Differential Rx pin lane 3（Positive）
SERDES_RXN3	1	In	Differential Rx pin lane 3（Negative）
SERDES_REFCLKP	1	In	SerDes Differential Reference Clock（Positive）
SERDES_REFCLKN	1	In	SerDes Differential Reference Clock（Negative）

2.4.1.4　HyperLink 的特点

HyperLink 的特点如下：

（1）低引脚数（少于 26 个信号）且引脚无复用。

（2）无三态信号，每个信号只针对一个设备，所有的 LVCMOS 边际信号使用其源同步时钟。

（3）每个通道最大 12.5 Gb 的传输率/通道，有用于 Tx 以及 Rx 数据传输的 1 或者 4 个通道。

（4）简单的基于包传输协议的 memory 访问模式。

（5）点对点连接。

（6）专用的 LVCMOS 引脚，用于流控制与电源管理。

（7）自动调整通道带宽以节省用电量。

（8）内部串并转换器（SerDes）回环模式，用于诊断测试。

（9）无需外部上拉电阻或下拉电阻。

（10）对于硬件或软件都有 64 个中断输入。

（11）8 个中断指针地址。

（12）Tx 和 Rx 的串并转换必须工作在相同的速度下。

（13）访问远程寄存器的瞬时最大量为 64 字节。

（14）其他特性。

2.4.1.5　HyperLink 特定设备的中断事件

HyperLink 拥有 64 个输入中断事件（见表 2-18）。事件 0 至 31 源自芯片层的中断控制器，事件 32 至 63 源自队列管理器的排队信号。队列管理器是用于监管某些传输队列的状态的。

表 2-18　C6678　HyperLink 中断事件

事件编号	事　件	事 件 描 述
0	CIC3_OUT8	Interrupt Controller output
1	CIC3_OUT9	Interrupt Controller output
2	CIC3_OUT10	Interrupt Controller output
3	CIC3_OUT11	Interrupt Controller output
4	CIC3_OUT12	Interrupt Controller output
5	CIC3_OUT13	Interrupt Controller output
6	CIC3_OUT14	Interrupt Controller output
7	CIC3_OUT15	Interrupt Controller output
8	CIC3_OUT16	Interrupt Controller output
9	CIC3_OUT17	Interrupt Controller output
10	CIC3_OUT18	Interrupt Controller output
11	CIC3_OUT19	Interrupt Controller output
12	CIC3_OUT20	Interrupt Controller output
13	CIC3_OUT21	Interrupt Controller output
14	CIC3_OUT22	Interrupt Controller output
15	CIC3_OUT23	Interrupt Controller output
16	CIC3_OUT24	Interrupt Controller output
17	CIC3_OUT25	Interrupt Controller output
18	CIC3_OUT26	Interrupt Controller output
19	CIC3_OUT27	Interrupt Controller output
20	CIC3_OUT28	Interrupt Controller output
21	CIC3_OUT29	Interrupt Controller output
22	CIC3_OUT30	Interrupt Controller output
23	CIC3_OUT31	Interrupt Controller output
24	CIC3_OUT32	Interrupt Controller output
25	CIC3_OUT33	Interrupt Controller output
26	CIC3_OUT34	Interrupt Controller output
27	CIC3_OUT35	Interrupt Controller output
28	CIC3_OUT36	Interrupt Controller output
29	CIC3_OUT37	Interrupt Controller output
30	CIC3_OUT38	Interrupt Controller output
31	CIC3_OUT39	Interrupt Controller output
32	QM_INT_PEND_864	Queue manager pend event

（续　表）

事件编号	事　　件	事　件　描　述
33	QM_INT_PEND_865	Queue manager pend event
34	QM_INT_PEND_866	Queue manager pend event
35	QM_INT_PEND_867	Queue manager pend event
36	QM_INT_PEND_868	Queue manager pend event
37	QM_INT_PEND_869	Queue manager pend event
38	QM_INT_PEND_870	Queue manager pend event
39	QM_INT_PEND_871	Queue manager pend event
40	QM_INT_PEND_872	Queue manager pend event
41	QM_INT_PEND_873	Queue manager pend event
42	QM_INT_PEND_874	Queue manager pend event
43	QM_INT_PEND_875	Queue manager pend event
44	QM_INT_PEND_876	Queue manager pend event
45	QM_INT_PEND_877	Queue manager pend event
46	QM_INT_PEND_878	Queue manager pend event
47	QM_INT_PEND_879	Queue manager pend event
48	QM_INT_PEND_880	Queue manager pend event
49	QM_INT_PEND_881	Queue manager pend event
50	QM_INT_PEND_882	Queue manager pend event
51	QM_INT_PEND_883	Queue manager pend event
52	QM_INT_PEND_884	Queue manager pend event
53	QM_INT_PEND_885	Queue manager pend event
54	QM_INT_PEND_886	Queue manager pend event
55	QM_INT_PEND_887	Queue manager pend event
56	QM_INT_PEND_888	Queue manager pend event
57	QM_INT_PEND_889	Queue manager pend event
58	QM_INT_PEND_890	Queue manager pend event
59	QM_INT_PEND_891	Queue manager pend event
60	QM_INT_PEND_892	Queue manager pend event
61	QM_INT_PEND_893	Queue manager pend event
62	QM_INT_PEND_894	Queue manager pend event
63	QM_INT_PEND_895	Queue manager pend event

2.4.1.6　HyperLink 的寄存器

KeyStone 架构的 HyperLink 包括如下 3 套主要的寄存器组：

(1) local HyperLink 模块设置寄存器组（见表 2-19）。

(2) 远程 HyperLink 模块设置寄存器组（见表 2-20）。

(3) Local HyperLink 串/并行设置寄存器组（见表 2-21）。

表 2-19　local HyperLink 模块设置寄存器组

地址偏移量	寄　存　器
局部 HyperLink 配置寄存器	
0x00	Revision/ID Register
0x04	Control Register
0x08	Status Register
0x0C	Interrupt Priority Vector Status/Clear Register
0x10	Interrupt Status/Clear Register
0x14	Interrupt Pending/Set Register
0x18	Generate Soft Interrupt Value
0x1C	Tx Address Overlay Control
0x20-28	Reserved
0x2c	Rx Address Selector Control
0x30	Rx Address PrivID Index
0x34	Rx Address PrivID Value
0x38	Rx Address Segment Index
0x3c	Rx Address Segment Value
0x40	Chip Version Register
0x44	Lane Power Management Control
0x48	Reserved
0x4C	ECC Error Counters
0x50-0x5C	Reserved
0x60	Interrupt Control Index
0x64	Interrupt Control Value
0x68	Interrupt Pointer Index
0x6C	Interrupt Pointer Value
0x70	SerDes Control and Status 1
0x74	SerDes Control and Status 2
0x78	SerDes Control and Status 3
0x7C	SerDes Control and Status 4

表 2 - 20   远程 HyperLink 模块设置寄存器组

地址偏移量	寄 存 器
远端 HyperLink 配置寄存器	
0x80	Remote Revision Register
0x84	Remote Control Register
0x88	Remote Status Register
0x8C	Remote Interrupt Priority Vector Status/Clear Register
0x90	Remote Interrupt Status/Clear Register
0x94	Remote Interrupt Pending/Set Register
0x98	Remote Generate Soft Interrupt Value
0x9C	Remote Tx Address Overlay Control
0xA0 - 0xA8	Reserved
0xAC	Remote Rx Address Selector Control
0xB0	Remote Rx Address PrivID Index
0xB4	Remote Rx Address PrivID Value
0xB8	Remote Rx Address Segment Index
0xBC	Remote Rx Address Segment Value
0xC0	Remote Chip Version Register
0xC4	Remote Lane Power Management Control
0xC8	Reserved
0xCC	Remote ECC Error Counters
0xD0 - 0xDC	Reserved
0xE0	Remote Interrupt Control Index
0xE4	Remote Interrupt Control Value
0xE8	Remote Interrupt Pointer Index
0xEC	Remote Interrupt Pointer Value
0xF0	Remote SerDes Control and Status 1
0xF4	Remote SerDes Control and Status 2
0xF8	Remote SerDes Control and Status 3
0xFC	Remote SerDes Control and Status 4

表 2 - 21   Local HyperLink 串/并行设置寄存器组

HyperLink SerDes 寄存器	
0x02620160	HyperLink SerDes Status Register
0x026203B4	HyperLink SerDes PLL Configuration Register

HyperLink SerDes 寄存器
0x026203B8	HyperLink SerDes Receive Configuration Register 0
0x026203BC	HyperLink SerDes Transmit Configuration Register 0
0x026203C0	HyperLink SerDes Receive Configuration Register 1
0x026203C4	HyperLink SerDes Transmit Configuration Register 1
0x026203C8	HyperLink SerDes Receive Configuration Register 2
0x026203CC	HyperLink SerDes Transmit Configuration Register 2
0x026203D0	HyperLink SerDes Receive Configuration Register 3
0x026203D4	HyperLink SerDes Transmit Configuration Register 3

2.4.2　Serial RapidIO（SRIO）Port 串行快速输入/输出口

Rapid IO 是一个非专用的、高带宽、系统级的互联接口。它是基于数据包交换（packet-switched）的互联接口，主要是在芯片与芯片之间以及单板与单板之间提供每秒 G Byte 的高速数据交互接口。用户可以使用这个接口实现网络设备，内存子系统，通用计算机等系统中的微处理器、内存，以及映射成内存的 IO 等之间的互联。

TMS320C6678 的 SRIO 接口是一个针对嵌入式系统与市场的高性能、低引脚数的互联接口。在基板的设计中使用 RapidIO 可建立同步互连环境，为各个组件提供更多的连接和控制辅助。RapidIO 是基于内存和处理器总线的设备寻址概念，而其完全是由硬件操控的。这就使得 RapidIO 通过提供更低的延时、减少数据包处理的开销并且提高系统带宽以降低整体系统的成本，所有这一切对于无线接口都至关重要。串行 RapidIO（SRIO）支持 DirectIO 传输和 Message Passing 传输两种方式。

DirectIO 和 Message Passing 传输协议都允许通过其各自内核进行正交控制。DSP 启动的 DirectIO 传输使用装载存储单元（LSUs）。LSUs 个数很多，各自独立，并且每个都能向任何物理链接提交申请。LSUs 可能会根据不同内核进行分配，内核随即可使用其访问，另外，LSUs 可按需分配给任意内核。Message Passing 传输，类似于以太网外设，允许个体控制多重传输通道。

对于每个 I/O 信号的差分对，RapidIO 有 4 个不同带宽对应：1.25 Gbps，2.5 Gbps，3.125 Gbps 和 5 Gbps。由于其有着 8 位/10 位编码限制，对于每个差分对的有效数据的带宽为 1 Gbps、2 Gbps、2.5 Gbps 和 4 Gbps。一个 1X 接口即是一个差分对的一对读/写信号。一个 4X 接口则为 4 个此类差分对的结合。

RapidIO 是一个非专用的、高带宽的系统层面的连接器。它是一种分组交换的连接器，主要被作用于片对片、板对板之间的系统内接口，其通信速度可达到 Gbps。

其主要特点包括：

（1）灵活的系统结构，支持对等通信。

（2）稳定的通信，有纠错功能。

（3）频率和端口宽度可定制。

（4）不仅局限于软件操控。

（5）高带宽通信但功耗低。

（6）低引脚数。

（7）低功耗。

（8）低延时。

RapidIO 有 3 层结构等级（见图 2-49）：

（1）逻辑层：特定协议，包括数据包格式，终端需要其处理各种事物。

（2）传输层：定义寻址策略，保证系统中数据包信息能正确传递。

（3）物理层：包含了有关设备的接口信息，如电气特性、纠错管理数据和底层流控制数据。

在 RapidIO 结构中，传输层的规范（specification）与逻辑层和物理层的不同的规范相兼容。

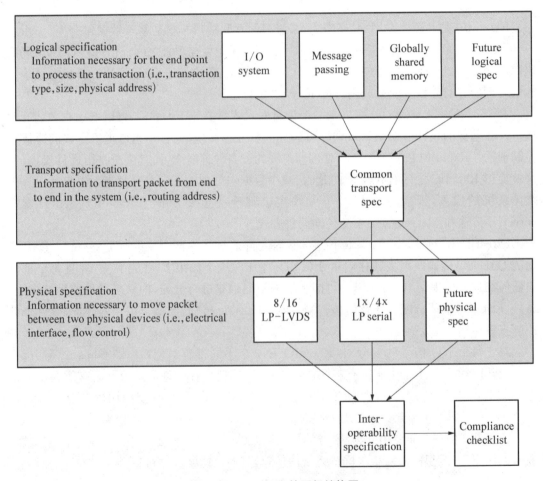

图 2-49 RapidIO 的层级结构图

RapidIO 的链接结构（见图 2-50）是独立于物理层外的包交换的协议。

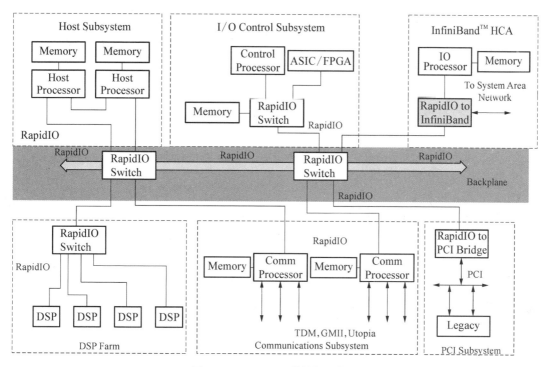

图 2－50 RapidIO 的链接结构图

目前为止,只有 2 种物理层结构规范被 RapidIO 协会所认定:8/16 LP－LVDS 和 1x/4x LP－Serial。前者是点对点的同步时钟源 DDR 接口,后者是点对点的交流耦合时钟恢复接口。这两种物理层规范是不兼容的。

图 2－51 为两个 1x 设备之间的互联以及两个 4x 设备之间的互联。每个设备的正的传输数据线(TDx)与对方设备的正的接收数据线相连(RDx)。同样的道理,每个负的传输数据线(TDx)与对方负的数据接收线相连(RDx)。

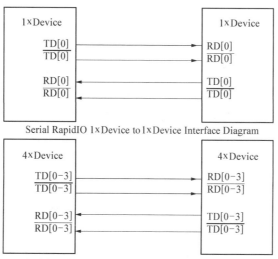

图 2－51 RapidIO 的链接结构图

2.4.2.1 SRIO 中的 Rapid 的特点

SRIO 中的 Rapid 的特点如下：

(1) 兼容 RapidIO 链接规范 REV2.1.1。

(2) 集成 TI SerDes 的时钟恢复。

(3) 不同端口可使用不同的速率。

(4) 差分 CML 信号，同时支持直流和交流耦合。

(5) 支持 1.25，2.5，3.125 和 5 Gbps 速率。

(6) 对不使用的端口可下电降低功耗。

(7) 支持 8 位和 16 位的设备 ID。

(8) 支持接收 34 位地址。

(9) 支持产生 34 位、50 位、66 位的地址。

(10) 定义为大端。

(11) 单一信息产生最大为 16 个包。

(12) Short Run 和 Long Run 兼容。

(13) 支持拥堵控制扩展。

(14) 支持多路传输的 ID。

(15) 支持 IDLE1 和 IDLE2。

(16) 在协议单元中有严格的优先级交叉。

2.4.2.2 SRIO 的数据包 Packets

其操作机制如图 2-52 所示：SRIO 数据交流基于数据包的请求和响应。数据包是其在终端和系统间通信的基本单元。主机或信号发出者产生一个包请求给目标者，目标者随后产生一个响应包反馈给信号发出者，这样一次交换就完成了。

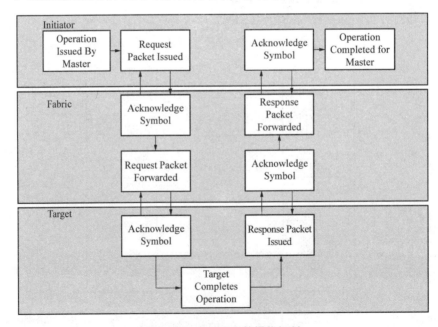

图 2-52　RapidIO 的操作机制

SRIO 的终端并没有相互直连,而是通过结构设备连接。在其物理连接中,控制信号被用于管理交换流,其被用于识别数据包,流控制信号和保存函数。

2.4.2.3　SRIO 的引脚

RapidIO 的数据引脚(见表 2 - 22)是基于 CML(Current-ModeLogic)交换层的高速差分信号,其传输和接收缓存是在时钟恢复模块中自带的。参考时钟输入未在 SerDes 宏中内嵌。差分信号输入缓存兼容 LVDS 和 LVPECL 接口,可从晶振制造商处得到。

表 2 - 22　RapidIO 的引脚描述

引脚名称	引脚数	信号方向	描　　　　述
RIOTX3/$\overline{\text{RIOTX3}}$	2	Output	Transmit Data — Differential Point-to-point unidirectional bus. Transmits packet data to a receiving device's Rx pins. Most significant bits in 1 port 4× device. Used in 4 port 1× device.
RIOTX2 $\overline{\text{RIOTX2}}$	2	Output	Transmit Data — Differential Point-to-point unidirectional bus. Transmits packet data to a receiving device's Rx pins. Bit used in 4 port 1× device and in 1 port 4× device.
RIOTX1/$\overline{\text{RIOTX1}}$	2	Output	Transmit Data — Differential Point-to-point unidirectional bus. Transmits packet data to a receiving device's Rx pins. Bit used in 4 port 1× device and in 1 port 4× device.
RIOTX0/$\overline{\text{RIOTX0}}$	2	Output	Transmit Data — Differential Point-to-point unidirectional bus. Transmits packet data to a receiving device's Rx pins. Bit used in 1 port 1× device, 4 port 1× device, and 1 port 4× device.
RIORX3/$\overline{\text{RIORX3}}$	2	Input	Receive Data — Differential Point-to-point unidirectional bus. Receives packet data for a transmitting device's Tx pins. Most significant bits in 1 port 4× device. Used in 4 port 1× device.
RIORX2 $\overline{\text{RIORX2}}$	2	Input	Receive Data — Differential Point-to-point unidirectional bus. Receives packet data for a transmitting device's Tx pins. Bit used in 4 port 1× device and in 1 port 4× device.
RIORX1/$\overline{\text{RIORX1}}$	2	Input	Receive Data — Differential Point-to-point unidirectional bus. Receives packet data for a transmitting device's Tx pins. Bit used in 4 port 1× device and in 1 port 4× device.
RIORX0/$\overline{\text{RIORX0}}$	2	Input	Receive Data — Differential Point-to-point unidirectional bus. Receives packet data for a transmitting device's Rx pins. Bit used in 1 port 1× device, 4 port 1× device, and 1 port 4× device.
RIOCLK/$\overline{\text{RIOCLK}}$	2	Input	Reference Clock Input Buffer for peripheral clock recovery circuitry.

图 2 - 53 为多 DSP 核情况下 SRIO 的连接。

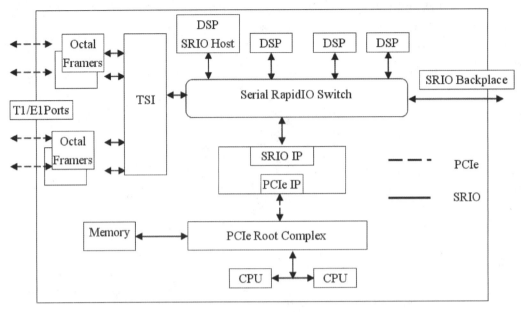

图 2-53 DSP 密集型阵列

2.4.3 Peripheral Component Interconnect Express (PCIe)

PCIe 是个多通道互联 IO 接口,具有低引脚数、高可靠性、高传输速率等特性,在串行背板以及印刷电路板上,其单向传输速率达到 5.0 Gbps。PCIe 是继 ISA 以及 PCI 总线之后的第三代 IO 接口技术,可以应用于台式机、移动设备、服务器、存储设备以及嵌入式通信设备中。

PICe 的功能结构如图 2-54 所示。

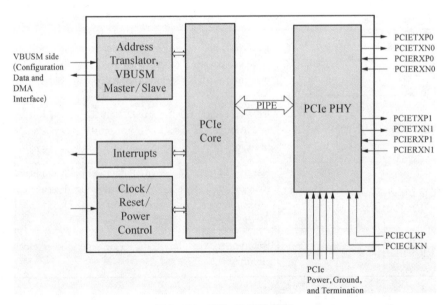

图 2-54 PCIe 连接块状图

1) PCIe 的核心模块

PCIe 核心模块包含传输层、数据链接层以及 PHY 的 MAC 部分。PICe 的核是双模式核,允许工作在 RC 和 EP 模式下。作为末端节点,它可以工作在遗传末端节点(legacy end point)或者纯粹的 PCIe 末端节点(native PCIe end point)。有两个 bootstrap 引脚 PCIESSMODE[1:0],用来决定上电时的默认工作模式(00:EP,01:Legacy EP,10:RC)。也可以通过软件写 DEVSTAT 寄存器的 PCIESSMODEbits 覆盖工作模式的配置。PCIESSEN 是另外一个 bootstrap 的配置值,可以用来决定 boot 之后 PCIe 的电源打开与否。

2) PCIe 的 PHY 接口

PCIePHY(SerDes)包含 PHY 的模拟部分,用来进行数据的发送与接收。它包含锁相环、模拟收发器、基于时钟/数据恢复的相位内插器、并行-串行转换器、串行-并行转换器、交织器、配置以及测试逻辑。

3) VBUSM(Configuration and DMA Access Interface)

PCIe 有一个 128 bit 的 VBUS 主控接口和 128 - bit VBUSM 从接口,这两个接口连接到 CPU 侧。主控接口用作带内(inbound)的传输请求,从接口负责带外(outbound)数据传输以及 PCIe MMR 的访问。

4) 时钟、复位、电源控制逻辑

PCIESS 有多个时钟系统。这些时钟是 PCIe 控制器使用的功能时钟以及,数据进出时收发接口上的桥接时钟。用于 clocking 数据以及 PHY 功能的时钟是由 PHY 通过输入的差分时钟来产生。

PCIESS 支持常规的复位机制。

此外,当没有任务时,通过硬件可以自动地切断 PCIe 的电源,以实现省电模式。省电模式的配置,可以通过软件来配置。

5) 中断

PCIESS 可以产生 14 个中断(INTA/B/C/D - Legacy interrupt combind,MSi,error,power management,以及 reset),可以连接到中断控制器上。用户的软件需要通过写 EOR 寄存器相应的向量来确认中断服务。

6) PCIe 电源/地/终止

几个电源、地以及终止(termination)用来驱动 PHY。

7) 差分数据传输线

一对差分数据传输线,用来支持每个通道的发送以及接收。

2.4.3.1　PCIe 在 KeyStone 架构设备中的特点

1) 双操作模式

KeyStone 设备下的 PCIe 模块支持 Root Complex(RC)和 EndPoint(EP)操作模式。在 EP 模式下,PCIe 模块也同时支持遗传 EP 模式和自我 PCIe EP 模式。此三种模式的选择可通过引脚选择也可通过软件程序选择。只有 RC 或 EP 的模式需要在链接前选择。这就意味着,当你想要转换模式时,必须要重启 PCIe 模块。

2) 连接速率和通道数量

KeyStone 架构下的 PCIe 模块支持 Gen1(2.5 Gbps)和 Gen2(5.0 Gbps)连接速率。此

模块拥有一个 x2 双通道的单端口 link,可使用其中一条通道 Lane0,或者同时使用两条通道 Lane0 和 Lane1(即可使总流量加倍)。当同时使用双通道时,每条通道的连接速率必须相同,同时设置为 2.5 Gbps 或 5.0 Gbps。

3) 向外/向内负载量

KeyStone 架构下的 PCIe 模块支持向外负载量为 128 字节,向内负载量为 256 字节。负载量越大意味着数据包越少并且总流量越大,只要外部设备也有 256 字节或更大的向外负载量,256 字节的向内负载量就可完全使用。

2.4.3.2 PCIe 的连接协议与接口使用注意事项

PCIe 类似树形结构(见图 2 - 55),其节点通过点对点连接。根节点即 root complex (RC),枝叶节点即 end points(EP),而连接多重设备的节点被称为 switches(SW)。即使 PCIe 子系统中有一个 RC 接口存在,若想把多个 EP 连接到 PCIe 子系统,仍然需要一个 SW。另外,一个多通道的 RC 单口不能用作两个单通道的接口。

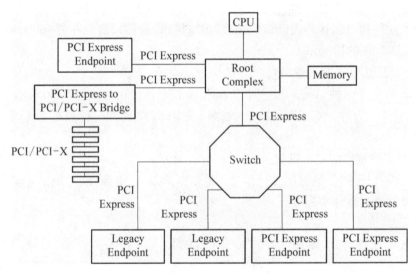

图 2 - 55 PCIe 内部接口连接图

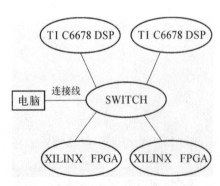

图 2 - 56 PCIe 与计算机总体连接图

由于 PCIe 为第三代通用接口,所以拥有 PCIe 外设的 DSP 可以直接连接计算机(见图2 - 56)。PCIe 子系统只有一个连接接口,并且只能与一个设备的单通道或双通道的接口连接。换句话说,PCIe 不支持同时连接两个设备的单通道接口,这也意味着其不能被用作交换机使用。需要多设备连接一定要 switch 连接,如图 2 - 57 所示。

2.4.3.3 KeyStone 架构中 PCIe 的总流量

PCI 扩展 IP 不限总流量,但必须遵循 PCIe 协议。其主要的协议特点如下:

(1) 物理层有 8 位/16 位的编码,占据了 20% 的原始带宽。

(2) 在数据连接层的认知和流控制更新使用数据连接层数据包(DLLPs),如表 2 - 23 所示。

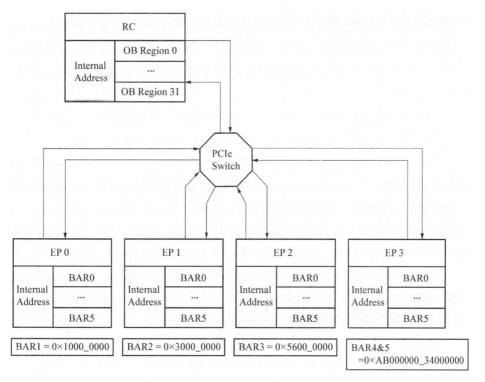

图 2-57　PCIe Switch 多设备连接实例

表 2-23　PCIe 交换层数据包

STP 1 Byte	SEQ 2 Bytes	TLP Header 12/16 Bytes	Data Payload	ECRC 4 Bytes	LCRC 4 Bytes	END 1 Byte

（3）数据包在交换层使用（见图 2-58）。

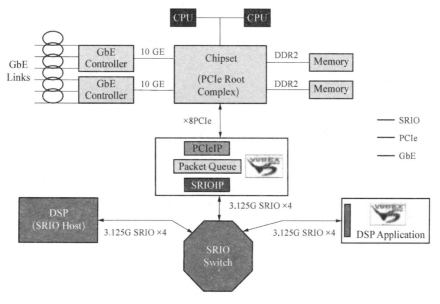

图 2-58　基于 CPU 的可扩展、高性能、嵌入式系统中 PCIe 的应用

本节着重介绍了 C66xx 多核 DSP 中的几个快速数据接口。

2.5 TMS320C6678 DSP 芯片架构

2.5.1 C6678 特性

针对高性能计算领域的严格要求,德州仪器(TI)的多核数字信号处理器(DSP)TMS320C66x 系列再出新品 TMS320C6678 与 TMS320TCI6609,实现超高性能与低功耗的完美结合,预示着全新高性能计算(HPC)时代的到来。

TMS320C6678 多核 DSP 是业内首款 10 GHzDSP,拥有 8 个 1.25 GHz 内核,支持 16 GFLOPs,而功耗仅为 10W。据德州仪器半导体技术(上海)有限公司通用 DSP 业务发展经理郑小龙介绍,TMS320C66x 多核 DSP 的性能是目前市场上任何已推出的多核 DSP 的 5 倍。如此高的性能要归功于 TI 特有的 keystone 的多核架构。

以下是 TMS320C6678 特性的概要介绍:

(1) 8 个 TMS320C66x™ DSP 核心子系统 (C66x CorePacs),每个子系统包含:

● 1.0 GHz 或者 1.25 GHZ 的 C66x 定/浮点 CPU 核,其中包含 40 GMAC/定点处理核 @1.25 GHz、20 GFLOP/浮点处理核@1.25 GHz。

● 储存器包括,32 K 字节的 L1P 存储器/每核、32 K 字节的 L1D 存储器/每核、512 K 字节的二级存储器/每核。

(2) 多核共享存储器的控制器(Multicore shared memory Controller,MSMC)。

● 4 096 KB 的 MSMSRAM,这块内存由 8 个 DSP 的 C66x Corepacs 共享。

● 为 MSM SRAM 和 DDR3_EMIF 设置的存储器保护单元。

(3) 多核导航器 Keystone 架构。

● 8 192 个多用途硬件队列,并且带有队列管理器。

● 基于包传输的 DMA(Packet DMA),可以实现零系统开销(zero-Overhead)传输。

(4) 网络协处理器。

● 包加速器支持如下的传输:

① 传输面(Transport Plane)的 IPsec,GTP-U,SCTP,PDCP。

② L2 用户面(User Plane) PDCP(RoHC,Air Ciphering)。

③ 1 Gbps 的有线连接数据吞吐量(Throughput)速度,以及 1.5 G 包每秒。

● 安全加速器引擎支持下述功能:

① IPSec,SRTP,3GPP,WiMAX 无线接口,以及 SSL/TLS 安全协议。

② ECB,CBC,CTR,F8,A5/3,CCM,GCM,HMAC,CMAC,GMAC,AES,DES,3DES,Kasumi,SNOW 3 G,SHA-1,SHA-2(256-bit Hash),MD5。

③ 高达 2.8 Gbps 加密(Encryption)速度。

(5) 外部设备。

● 4 通道 SRIO 2.1,每个通道支持 1.24/2.5/3.125/5 G 波特率的操作,支持直接的 IO

以及消息传递；支持 4 个 1×，2 个 2×，1 个 4× 以及 2 个 1× 加上 1 个 2× 的链接配置。

- 第二代的 PCIe，单个端口支持 1 或者 2 个通道，支持高达 5 G 波特率/每个通道。
- 超链接(HyperLink)，支持与其他 KeyStone 设备的连接，提供资源的可测量性；支持高达 50 G 的波特率。
- Gigabit 以太网(GbE)交换子系统；两个 SGMII 端口，支持 10/100/1 000 Mbps 操作
- 64 bit DDR3 接口，达到 8 GB 可用的内存空间。
- 16 bit 外部存储器扩展接口(EMIF)；支持高达 256 MB 的 NAND Flash 以及 16 MB 的 NOR Flash；支持异步的 SRAM，容量可达 1 MB。
- 两个远程串行接口(Telecom Serial Ports，TSIP)；每个 TSIP 支持 1024 DS0s，每个通道的工作速率根据配置总的不同通道数而不同 2/4/8 通道分别对应 32.768/16.384/8.192 Mbps。
- UART 接口。
- I2C 接口。
- 16 个 GPIO 引脚。
- SPI 接口。
- 信号量(Semaphone)模块。
- 3 个片上 PLLs。
- 16 个 64 位定时器。

(6) 商业级别产品的工作温度范围：0～85℃。

(7) 扩展级别产品的工作温度范围：-40～100℃。

表 2-24 为 C6678 与其他 C66x 系列之间的性能比较，从表中可以看出 C6678 有着远超同类型 DSP 的性能配置。

表 2-24　TMS320C66x 系列参数

参数\型号	TMS320C6670	TMS320C6671	TMS320C6672	TMS320C6674	TMS320C6678
C66x 内核	4	1	2	4	8
Peak MMACS	153 000	40 000	80 000	160 000	320 000
Frequency (Mhz)	1 000/1 200	1 000/1 250	1 000/1 250/1 500	1 000/1 250	1 000/1 250
On-chip L1/SRAM	256 KB(32 KB Data, 32 KB Program per core)	64 KB(32 KB Data, 32 KB Program)	128 KB(32 KB Data, 32 KB Program per core)	256 KB(32 KB Data, 32 KB Program per core)	512 KB(32 KB Data, 32 KB Program per core)
On-chip L2/SRAM	6 144 KB (2 048 KB Shared)	4 608 KB (4 096 KB Shared)	5 120 KB (4 096 KB Shared)	6 144 KB (4 096 KB Shared)	8 192 KB (4 096 KB Shared)
Timers	8 个 64-Bit	9 个 64-Bit	10 个 64-Bit	12 个 64-Bit	16 个 64-Bit

（续　表）

参数\型号	TMS320C6670	TMS320C6671	TMS320C6672	TMS320C6674	TMS320C6678
Hardware Accelerators	TCP3d/TCP3e/FFT/PA	PA	PA	PA	PA
Operating Temperature Range（C）	−40 to 100 0 to 85	—	−40 to 100 0 to 85	−40 to 100 0 to 85	−40 to 100 0 to 85
EMIF	1 64 - bit DDR3 EMIF				
External Memory Type Supported	DDR3 1600 SDRAM				
DMA（Ch）	64 - Ch EDMA				
Serial RapidIO	1（four lanes）				
EMAC	10/100/1 000				
I²C	1				
Trace Enabled	Yes				
Core Supply（Volts）	0.9 V to 1.1 V SmartReflex				
IO Supply（V）	1.0 V/1.5 V/1.8 V				
Pin/Package	841FCBGA				

2.5.1.1　多核架构

KeyStone 多核导航架构使得 RISC 以及 DSP 与其他应用协处理器以及外设 IO 高效率集成在一起，提供足够的内部传输带宽，保证处理器与协处理器，外设以及 IO 等设备之间实现无阻赛的数据传输。

多核架构由 4 个主要的硬件单元组成：多核导航器、TeraNet 内部总线、多核共享 memory 控制器以及超链接（Hyperlink）。

多核导航器（Multicore Navigator）是创新的基于包传输的管理器。当把任务分配给队列时，多核导航器提供硬件加速，来将任务派遣到适合的且可以使用的硬件资源上。芯片上基于包的系统，使用两个 Tbps 容量的内部总线 TeraNet 切换的中控资源完成包的传输。MSMC 保证处理器可以不受内部总线 TeraNets 容量的限制，无延时的访问共享内存，因此在内存访问过程中，包的传输是不会被阻塞的。

超链接接口（HyperLink）提供 50 G 波特率的芯片间的互联带宽，使得 SoCs 可以协力工作。它具有低协议系统开销（overhead），高数据吞吐量，使得 HyperLink 成为芯片之间理想的互联接口。在多核导航器的协助下，HyperLink 透明地将任务派遣给排队的外设，任务的执行就像运行在本地资源上一样。

2.5.1.2　C6678 功能框图

C6678 的 DSP 由 8 个功能单元、2 个寄存器组(32 个 32 bit)和 2 个数据通路组成。高达 128 bit 的数据可以被存放在 4 个寄存器中,8 个功能单元分别为(. M1, . L1, . D1, . S1, . M2, . L2, . D2, . S2)。

8 个功能单元(. M1, . L1, . D1, . S1, . M2, . L2, . D2, . S2)可以在每个周期执行一次指令。所有的乘法指令在. M 单元中运行, . S 单元与. L 单元用于执行算术,逻辑和分支程序, . D 单元用于读取数据。如下图所示,两个功能单元之间有数据链路相通,支持数据在两个不同功能组中的传递。

C6678 的计算能力非常强大。在每个时钟周期中,每个 CPU 可以执行 4 个 32 bit × 32 bit 的乘法,或 4 个单精度乘法,或 1 个[1, 2]矩阵与 1 个[2, 2]矩阵的乘积。

2.5.1.3　C6678 CorePac

关于 C6678 的 CorePac 与 C66x 系列的其他处理器的一样,参见 22 节这里不再重复介绍,下面只对 Corepac 的存储器做介绍分析。

C6678 每个核心包含了一个 32 Kb 的 L1 程序存储器和 32 Kb 的 L 数据存储器。这两个 L1 存储器均可以配置成 cache 及 SRAM,且没有等待状态(频率可以达到与 CPU 一致)。详细情况见 C66x CorePac 章节的介绍。

每个核心拥有 512 Kb 的二级内存,总大小为 4 096 KB,L2 级存储器(见图 2 - 59)也可以被配置为 cache 和 SRAM,在每个核的本地起始地址为 0X0080 0000h。

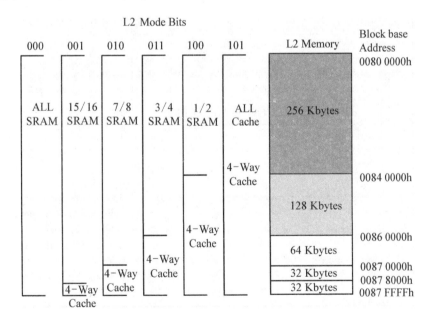

图 2 - 59　L2P Memory

2.5.1.4　C6678 芯片的概述

设备的特性如表 2 - 25 所示。

表 2 - 25　C6678 的硬件特征

硬　件　特　性		TMS320C6678
Peripherals	DDR3 Memory Controller（64 - bit bus width）［1.5 VI/O］（clock source=DDRREFCLKN/P）	1
	EDMA3（16 independent channels）［DSP/2 clock rate］	1
	EDMA3（64 independent channels）［DSP/3 clock rate］	2
	High-speed $1\times/2\times/4\times$ Serial RapidIO Port（4 lanes）	1
	PCle（2 lanes）	1
	10/100/1 000 Ethernet	2
	Management Data Input/Output（MDIO）	1
	HyperLink	1
	EMIF16	1
	TSIP	2
	SPI	1
	UART	1
	I²C	1
	64 - Bit Timers（configurable）（internal clock source=CPU/6 clock frequency）	Sixteen 64 - bit（each configurable as two 32 - bit timers）
	General-Purpose Input/Output Port（GPIO）	16
Acceierators	Packet Acceierator	1
	Security Accelerator	1
On-Chip Memory	Size（Bytes）	8 832 KB
	Organization	256 KB L1 Program Memory［5RAM/Cache］256 KB L1 Data Memory［SRAM/Cache］4 096 KB L2 Unified Memory/Cache 4 096 KB MSM SRAM 128 KB L3 ROM
C66x CorePac Revision ID	CorePac Revision ID Register（address location：0181 2000h）	See Section 5. 5 "C66x CorePac Revision" on page 107
JTAG BSDL_ID	JTAGID register（address location：0262 001 8h）	See Section 3. 3. 3 "JTAG ID（JTAGID）Register Description" on page 73

（续　表）

硬　件　特　性		TMS320C6678
Frequency	MHz	1 250（1.25 GHz）
		1 000（1.0 GHz）
Cycie Time	ns	0.8 ns（1.25 GHz）
		1 ns（1.0 GHz）
Voltage	Core（V）	SmartReflex variable supply
	I/O（V）	1.0 V，1.5 V，and 1.8 V
Process Technology	μm	0.040 μm
BGA Package	24 mm×24 mm	841 - Pin Flip - Chip Plastic BGA（CYP）
Product Status	Product Preview（PP），Advance Information（AI），or Production Data（PD）	PD

2.5.2　系统互联（System interconnect）

在 TMS320C6678 设备上，C66x CorePacs，EDMA3 传输控制器以及系统外设是通过 TeraNet 内联的。TeraNet 是一个无阻塞的交换结构来实现快速和无冲突的内部数据移动。TeraNet 允许主设备和从设备低延迟的并行数据传输。TeraNet 也允许当子系统连接主系统时，主系统和子系统之间的无缝仲裁。

2.5.2.1　内部总线和交换结构

C6678 有着两种类型的总线装置：数据总线和配置控制总线。一些外设既有数据总线以及控制总线接口，而另一些只有一种类型的接口。另外，数据接口的宽度和速度变化根据外设的不同而有所不同。控制总线主要被用于访问外围设备的寄存器空间，而数据总线主要被用于数据的传输。

C66x CorePacs，EDMA3 传输控制以及各种系统外设都可以被分为两类：主机和从机。主机能够启动系统中的读写传输并且可以不依赖于传输数据的 EDMA3。另一方面，从机依赖主机来发送或接收数据。主机的例子有 EDMA3 传输控制，SRIO 以及网络协处理包 DMA。从机的例子有 SPI、UART 以及 I2C。

主机和从机通过 TeraNet（交换结构）连接。C66x 有两套交换结构：数据交换结构（data TeraNet）以及配置交换结构（configuration TeraNet）。数据 TeraNet 是一个主要用于在系统中移动数据的高吞吐量的互联。数据 TeraNet 通过数据总线将主机连接到从机。一些外设需要一个桥连接到数据 TeraNet。配置 TeraNet，主要用于连接外设的寄存器。配置 TeraNet 通过配置总线将主机连到从机。与数据 TeraNet 一样，一些外设需要利用桥来连接到配置 TeraNet。需要注意的是，数据 TeraNet 还连接到配置 TeraNet。

2.5.2.2　交换结构连接

图 2 - 60 和图 2 - 61 是利用 TeraNet 2A 以及 TeraNet 3A 在主机和从机之间的连接。

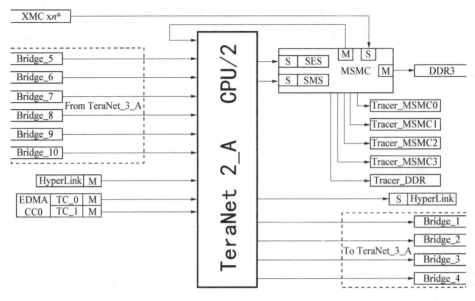

图 2 - 60　C6678 的 TeraNet 2A 连接

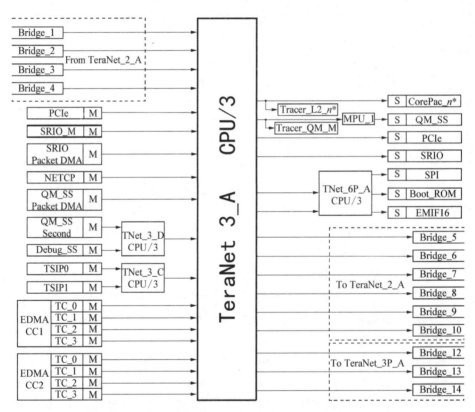

图 2 - 61　C6678 的 TeraNet 3A 连接

TeraNet 2A 以及 TeraNet 3A 允许的连接总结如表 2 - 26 所示。

Y——主从机之间有一个直接的连接。

———主从机之间没有连接。

n——表示主从机之间连接的桥 n 的数字。

表 2 - 26　交换结构连接矩阵表

Masters	Slaves																
	HyperLink_Slave	MSMC_SES	MSMC_SMS	CorePac0_SDMA	CorePac1_SDMA	CorePac2_SDMA	CorePac3_SDMA	CorePac4_SDMA	CorePac5_SDMA	CorePac6_SDMA	CorePac7_SDMA	SRIO_Slave	Boot_ROM	SPI	EMIF 16	PCIe_Slave	QM_Slave
HyperLink_Master	–	Y	Y	1	1	1	1	1	1	1	1	1	1	1	1	1	1
EDMA3CC0_TC0_RD	Y	Y	Y	2	2	2	2	2	2	2	2	2	2	2	2	2	–
EDMA3CC0_TC0_WR	Y	Y	Y	2	2	2	2	2	2	2	2	2	–	2	2	2	–
EDMA3CC0_TC1_RD	Y	Y	Y	3	3	3	3	3	3	3	3	3	3	3	3	3	–
EDMA3CC0_TC1_WR	Y	Y	Y	3	3	3	3	3	3	3	3	3	–	3	3	3	–
EDMA3CC1_TC0_RD	5	5	5	Y	Y	Y	Y	Y	Y	Y	Y	Y	Y	Y	Y	Y	–
EDMA3CC1_TC0_WR	5	5	5	Y	Y	Y	Y	Y	Y	Y	Y	Y	–	Y	Y	Y	–
EDMA3CC1_TC1_RD	6	6	6	Y	Y	Y	Y	Y	Y	Y	Y	Y	Y	Y	Y	Y	Y
EDMA3CC1_TC1_WR	6	6	6	Y	Y	Y	Y	Y	Y	Y	Y	Y	–	Y	Y	Y	Y
EDMA3CC1_TC2_RD	7	7	7	Y	Y	Y	Y	Y	Y	Y	Y	Y	Y	Y	Y	Y	–
EDMA3CC1_TC2_WR	7	7	7	Y	Y	Y	Y	Y	Y	Y	Y	Y	–	Y	Y	Y	–
EDMA3CC1_TC3_RD	8	8	8	Y	Y	Y	Y	Y	Y	Y	Y	Y	Y	Y	Y	Y	–
EDMA3CC1_TC3_WR	8	8	8	Y	Y	Y	Y	Y	Y	Y	Y	Y	–	Y	Y	Y	–
EDMA3CC2_TC0_RD	9	9	9	Y	Y	Y	Y	Y	Y	Y	Y	Y	Y	Y	Y	Y	–
EDMA3CC2_TC0_WR	9	9	9	Y	Y	Y	Y	Y	Y	Y	Y	Y	–	Y	Y	Y	–

（续 表）

Masters	HyperLink_Slave	MsMc_SES	MSMC_SMS	CorePac0_SDMA	CorePac1_SDMA	CorePac2_SDMA	CorePac3_SDMA	CorePac4_SDMA	CorePac5_SDMA	CorePac6_SDMA	CorePac7_SDMA	SRIO_Slave	Boot_ROM	SPI	EMIF 16	PCIe_Slave	QM_Slave
EDMA3CC2_TC1_RD	10	10	10	Y	Y	Y	Y	Y	Y	Y	Y	Y	Y	Y	Y	Y	Y
EDMA3CC2_TC1_WR	10	10	10	Y	Y	Y	Y	Y	Y	Y	Y	Y	Y	–	Y	Y	Y
EDMA3CC2_TC2_RD	5	5	5	Y	Y	Y	Y	Y	Y	Y	Y	Y	Y	Y	Y	Y	–
EDMA3CC2_TC2_WR	5	5	5	Y	Y	Y	Y	Y	Y	Y	Y	Y	–	Y	Y	Y	–
EDMA3CC2_TC3_RD	6	6	6	Y	Y	Y	Y	Y	Y	Y	Y	Y	Y	Y	Y	Y	–
EDMA3CC2_TC3_WR	6	6	6	Y	Y	Y	Y	Y	Y	Y	Y	Y	–	Y	Y	Y	–
SRIO packet DMA	–	9	9	Y	Y	Y	Y	Y	Y	Y	Y	–	–	–	Y	–	Y
SRIO_Master	9	9	9	Y	Y	Y	Y	Y	Y	Y	Y	–	–	Y	Y	–	Y
PCIe_Master	7	7	7	Y	Y	Y	Y	Y	Y	Y	Y	–	–	Y	Y	–	Y
METCP packet DMA	–	10	10	Y	Y	Y	Y	Y	Y	Y	Y	–	–	–	–	–	Y
MSMC_Data_Master	Y	–	–	4	4	4	4	4	4	4	4	4	4	4	4	4	4
QM packet DMA	8	8	8	Y	Y	Y	Y	Y	Y	Y	Y	–	–	–	–	–	Y
QM_Second	8	8	8	Y	Y	Y	Y	Y	Y	Y	Y	–	–	–	–	–	–
DebugSS_Master	10	10	10	Y	Y	Y	Y	Y	Y	Y	Y	Y	Y	Y	Y	Y	Y
TSIP0_Master	–	5	5	Y	Y	Y	Y	Y	Y	Y	Y	–	–	–	–	–	–
TSIP1_Master	–	5	5	Y	Y	Y	Y	Y	Y	Y	Y	–	–	–	–	–	–

图 2-62 和图 2-63 是以 TeraNet 3P 和 TeraNet 6P 连接的主从机。

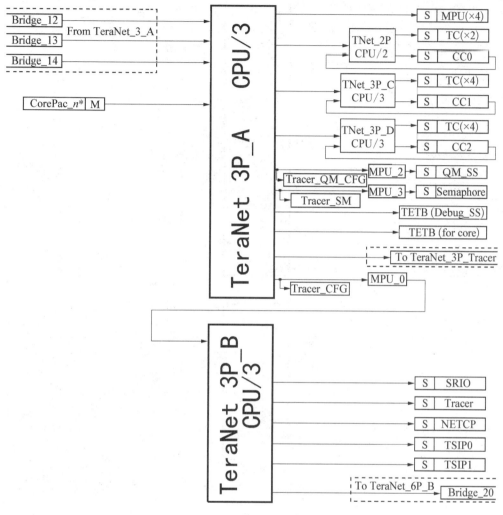

图 2-62　C6678 的 TeraNet 3P 连接

2.5.2.3　总线优先级

主机外设通信的优先级是在 TeraNet 管辖范围内定义的。优先级分配寄存器是用户可编程的,它允许通过 TeraNet 使用软件配置数据流量等信息。需要注意的是,数值越小,优先级越高。PRI=000b 为紧急,PRI=111b 为低优先级。

所有其他主机直接提供它们的优先级,不需要一个默认的优先级设置。例如:CorePacs 的优先级是在 UMC 控制寄存器的软件中设置的。所有的基于 DMA 数据包的外设也有内部寄存器来定义它们启动事务的优先级高低。

辅助端口的包 DMA 是一个主端口,但 IP 中没有优先级分配寄存器。这个主端口的事务优先级由 PKTDMA_PRI_ALLOC 寄存器描述,如图 2-64 和表 2-27 所示。

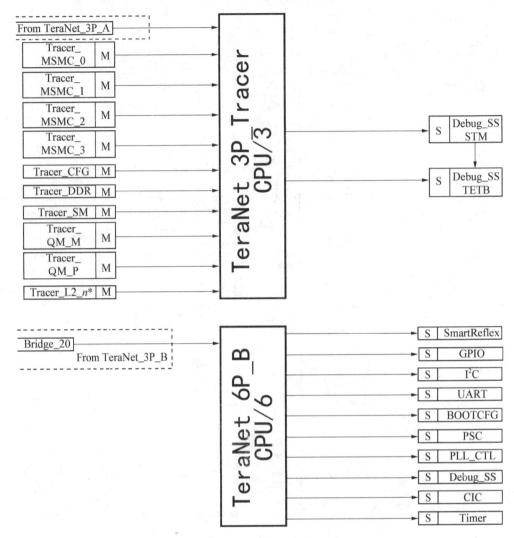

图 2 - 63   C6678 的 TeraNet 6P_B 以及 3P_Tracer

31		3	2	0
	Reserved		PKTDMA_PRI	
	R/W-00000000000000000000001000011		RW-000	

图 2 - 64   PKTDMA 优先级分配寄存器

表 2 - 27   PKTDMA 优先级分配寄存器各字段描述

Bit	Field	Description
31 - 3	Reserved	Reserved.
2 - 0	PKDTDMA_PRI	Control the priority level for the transactions from packet DMA master port, which access the external linking RAM.

第3章　DSP 系统多核编程指南

随着应用复杂性的日益增长,仅仅通过扩展时钟速度来提升系统性能已经遇到了瓶颈。为了满足不断增长的处理需求,现代的片上系统通常包含多核处理器。本章介绍一种能把应用程序转换到多核设备上运行的编程方法。

3.1　介　　绍

在过去的 50 年中,摩尔定律(Moore's law)准确地预测出集成电路中晶体管的数量每两年就会翻倍。而为了使这些晶体管与系统性能相匹配,芯片设计者通常采用以下手段:
- 增加时钟频率(需要更深的指令流水);
- 增加指令并行性(需要并发线程和分支预测);
- 提升内存性能(需要更大的缓存);
- 增加电能消耗(需要主动的电源管理)。

但是这四方面都遇到了以下发展瓶颈:
- 时钟频率提升缓慢,因为半导体设备体积变小,导致时钟速率和布线扩展方面提升较慢;
- 由于应用缺乏固有的并行性,使得指令级并行性受限;
- 处理器和内存之间的速度差距不断增大,导致内存性能增长受限;
- 电量的消耗与时钟频率相关,在某些层面上,需要额外的冷却系统。

而多核芯片则可以在不提高运行频率的同时满足性能要求。多核系统优势:
- 能够提供可选的低功耗工作频率;
- 通过流水线技术实现整体性能;
- 大幅度提升每瓦百万次运算。

3.2　将应用程序映射到多核处理器

在过去,主要是通过提升硬件的性能(如主频)等来提高系统的运算处理性能,很少通过软件来提高系统的整体性能。而现在,随着多核处理器的出现,对程序员提出更高的要求,要求程序员能将应用程序合理分配,以发挥多核的优势。

任务并行性是指软件当中并发地执行相互独立任务。单核处理器中,不同的任务分享用一个处理器,而在多核处理器中,任务相互独立的运行,使得执行效率更高。

3.2.1 并行处理模型

将程序映射到多核处理器的第一步就是确定任务的并行性,并选择一种最合适的处理模型。两种最主要的模型是主/从模型和数据流模型。

3.2.1.1 主从模型(Master/Slave Model)

主从模型(见图 3-1)描绘的是一种控制集中、执行分布的模型。主核负责安排不同的执行线程,并将数据传递给从核。这种应用通常包含许多小的独立线程。这种软件通常包括大量的控制代码,且经常随机访问内存,每次访问内存的执行的计算量很小。这种应用通常运行在高级的操作系统上(如Linux),由高级操作系统来负责整个任务的调度。

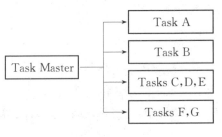

图 3-1 主从模型

挑战:由于线程的活动是随机的,每个线程对系统资源的要求是不同的,所以需要实现实时负载平衡。

3.2.1.2 数据流模型(Data Flow Model)

数据流模型(见图 3-2)代表分布式控制和执行。每个核使用不同的算法处理一块数据,接着数据传输至其他的核进行下一步的处理。最先开始任务的核经常与从传感器或者FPGA 提供初始数据的输入接口连接。调度是由数据的可用性触发的。符合数据流模型的应用通常包含巨大计算复杂、相互依赖的组件,而这些组件并不适合单核工作。

挑战:如何划分核与核之间的复杂成分组件,保持快速的数据流速度。高数据速率需要核与核之间良好的存储带宽。更重要的是,数据在核与核之间传递时的低延迟换手时间。

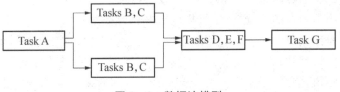

图 3-2 数据流模型

3.2.1.3 OpenMP 模型

OpenMP 是一种在共享内存并行体系(shared-memory parallel, SMP)中应用发展多线程的应用程序编程接口。它主要包括可以在并行程序上运用的编译器指令、库例程和环境变量。

进入多核时代后,必须使用多线程编写程序才能让各个 CPU 核得到充分利用。在单核时代,通常使用操作系统提供的 API 来创建线程,然而,在多核系统中,情况发生了很大的变化,如果仍然使用操作系统 API 来创建线程会遇到一些问题。具体地说,有以下 3 个问题:

1) CPU 核数扩展性问题

多核编程需要考虑程序性能随 CPU 核数的扩展性,即硬件升级到更多核后,能够不修改程序就让程序性能增长,这要求程序中创建的线程数量需要随 CPU 核数变化,不能创建固定数量的线程,否则在 CPU 核数超过线程数量上的机器上运行,将无法完全利用机器性能。虽然通过一定方法可以使用操作系统 API 创建可变化数量的线程,但是比较麻烦,不如 OpenMP 方便。

2）方便性问题

在多核编程时，要求计算均摊到各个 CPU 核上去，所有的程序都需要并行化执行，对计算的负载均衡有很高要求。这就要求在同一个函数内或同一个循环中，可能也需要将计算分摊到各个 CPU 核上，需要创建多个线程。操作系统 API 创建线程时，需要线程入口函数，很难满足这个需求，除非将一个函数内的代码手工拆成多个线程入口函数，这将大大增加程序员的工作量。使用 OpenMP 创建线程则不需要入口函数，非常方便，可以将同一函数内的代码分解成多个线程执行，也可以将一个 for 循环分解成多个线程执行。

3）可移植性问题

目前各种主流操作系统的线程 API 互不兼容，缺乏事实上的统一规范，要满足可移植性得自己写一些代码，将各种不同操作系统的 API 封装成一套统一的接口。OpenMP 是标准规范，所有支持它的编译器都是执行同一套标准，不存在可移植性问题。

OpenMP 在叉合模型上（fork-join model）可以进行实现。一个 OpenMP 程序是从存放在序列区域的（sequential region）初始线程（主线程）开始执行的。随后由"♯pragma omp parallel"提示，另加的工作线程会自动由调度程序产生。这些工作线程会在并行代码处同时执行任务。当并行区域结束后，程序会等待所有线程终结，然后恢复成单线程执行进入下一个顺序区域。具体流程如图 3－3 和图 3－4 所示。

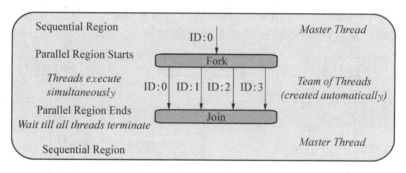

图 3－3　OpenMP 叉合模型

"♯pragma omp for"工作共享结构使得 for 循环可以分布到多线程中去。

Sequential Code	`for(i=0;i<N;i++)  { a[i] = a[i] + b[i]; }`

Only with Parallel Construct	```#pragma omp parallel
	{
	    int id, i, Nthrds, istart, iend;
	    id = omp_get_thread_num();
	    Nthrds = omp_get_num_threads();
	    istart = id * N / Nthrds;
	    iend = (id+1) * N / Nthrds;
	    for(i=istart;i<iend;i++) { a[i] = a[i] + b[i]; }
	}```

Parallel and Work-sharing Constructs	```#pragma omp parallel
	#pragma omp for
	    for(i=0;i<N;i++) { a[i] = a[i] + b[i]; }```

图 3－4　工作共享结构

3.2.2　识别并行任务执行

迄今为止,在应用程序中识别确认并行任务仍是挑战,因为它必须人工处理。TI 正在研发一种代码生成工具,该工具尝试将程序员写的源代码自动地映射分配到相应的核上去执行。即便如此,多核系统的映射和调度任务仍需要仔细规划。应用程序的设计由四步处理操作来指导。

这四步操作依次是:1. 划分,2. 通信,3. 整合,4. 映射。

3.2.2.1　划分(Partitioning)

把一个应用程序划分成若干个基础成分,并对其计算复杂度进行评估分析。它主要表现在对于每个软件组件耦合度与内聚程度的分析。

把程序划分成模块和子系统主旨是寻找耦合度低、内聚度高的断点处。如果一个模块有太多的外界依赖,它应该和其他模块组合在一起。这样可以减低耦合度,增强内聚力。与此同时也要考虑模块的规模是否适合单个核进行数据处理。

3.2.2.2　通信(Communication)

在确定了软件的各个模块之后,我们要做的是估量出各模块之间控制和数据通信的需求。控制流流程图可以用来确定独立的控制线路,从而帮助决定系统中的并发任务。数据流流程图可以帮助确定目标和数据的同步需求。

图 3-5 显示了模块间的执行路径。控制流程图用来创造一种度量,其帮助模块组化达到最大化全局吞吐量。下图展示了一个控制流程图的例子。

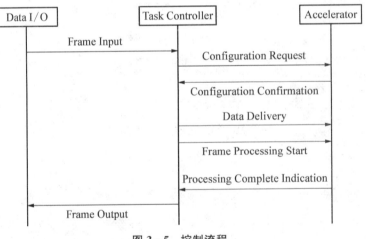

图 3-5　控制流程

数据流确定识别必须在模块间传递的数据,这可以被用来创造出一种数据传输量和数据传输率的测量方法。数据流流程图也展示出模块与外部实体的交互级别。通过流程图,我们希望做到的是帮助模块成组时最小化核间传输的数据量。图 3-6 展示了一个数据流的例子。

3.2.2.3　整合(Combining)

在整合阶段,我们要决定将划分阶段确定的任务进行整合是否有用且是必要的。整合的主要目的是减少任务的数量,增大每个任务的大小。整合也包括决定是否值得去复制数据或者计算。高耦合度、低运算要求的相关模块将统一成组。高复杂性、高通信代价的模块要被拆分成更小的模块,使得单个模块具有更低的运算代价等。

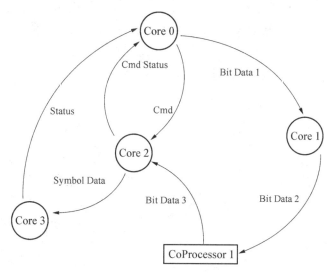

图 3-6 数据流

3.2.2.4 映射(Mapping)

映射这个步骤将完成分配模块、任务和子系统到单个处理核上的操作。使用之前三个步骤的结果,确定事件的并发性和模块的耦合性,同时也要考虑可以利用的硬件加速器以及与在硬件上运行软件模块的依赖关系。

子系统会被分配到不同的处理核上。主要基于选择的不同编程模式,例如主从模式或者数据流模式。这个时候需要注意的是要保留一定的 MIPS,L2memory 以及通讯的带宽备用,等到映射全部结束之后,需要再平衡。

对于每一个模块的吞吐量(throughput)要求而言,我们必须要把消息传递的延迟、同步处理等因素考虑进去。要求严格的延时问题可以通过调整模块的划分,减少系统整体的通信步数来解决。当多核需要共享诸如 DMA 引擎或者关键存储区域时,硬件旗语可以用来保证它们之间的同步,以防止对资源访问的冲突。对于一个资源的阻塞次数必须从系统整体的效率加以考虑。

嵌入式处理器具有分级存储器体系。最好将数据的操作放在 cache 上,以减少访问外部 memory 接口引起的性能下降。重构软件模块,目标是提高 Cache 的使用效率。

当一个特定的算法或重要的循环处理对系统的要求超过单核的能力时,可以考虑数据并行处理来分散任务队系统性能的需求。所以,在划分步骤时,要把可扩展性考虑在内。

映射这一步骤需要经过多次的任务分配和并行效率测试,以此达到最佳的优化方案。这里没有一种可以应用于所用应用程序的可借鉴的方法。

3.3 处理器之间的通信交流

TI 新的 KeyStone 架构多核处理器 TCI66x 和 C66x 以及以前的 TCI64x 和 C64x 系列多核处理器都提供了几种支持处理器之间的通信机制。所有的核都能够访问内存映射设备,这就意味着任何一个核都能够读写任何一块内存。并且有核与核之间事件通知支持,如 DMA。最后,这两个系列中还有硬件支持核与核之间的仲裁决策,可以在资源共享的过程中决定拥有权。

核与核之间的通信交流主要由两部分组成: 数据移动和通知(包括同步)。

3.3.1　数据移动(Data Movement)

数据的物理移动可由以下几种技术完成:

● 使用共享的信息缓冲区: 发送方和接收方访问相同的物理内存;

● 使用专用的内存: 在专属的发送和接收缓冲区中有转换器;

● 过渡内存缓冲区: 内存缓冲区的拥有权从发送方转给接收方,但里面的内容不传送。

对于每种技术,有两种方法读写内存内容: CPU 装载/存储和 DMA 传递。

3.3.1.1　共享内存

使用共享的内存并不意味着共享权完全一样,而是说在内存中设立信息缓冲区,发送方和接收方都可访问。发送方将信息发送到共享缓冲区,并通知接收方,接收方将内容从信息源缓冲拷贝到目的源缓冲区并再次通知发送方缓冲区已空,以此取回信息。多核系统在共享内存中读取数据时,其先后顺序显得尤为重要。

3.3.1.2　专用的内存(Dedicated Memories)

数据的传递可在核与核之间直接交流,也可以通过 KeyStone 内置的多核导航器来完成。如共享内存一样,设立专用的区域保存数据也分为有通知和转移两个阶段,这两个阶段可以通过 push 和 pull 机制完成,这取决于不同的使用个例。

在 push 模型中,发送方负责将接收缓存填满,而在 pull 模型中,接收方负责从发送缓存中取回数据,如表 3-1 所示。这两个模型各有利弊。

表 3-1　专用内存模式

Push 模型	Pull 模型
Sender prepares send buffer	Sender prepares send buffer
Sender transfers to receive buffer	Receiver is notified of data ready
Receiver is notified of data ready	Receiver transfers to receive buffer
Receiver consumes data	Receiver frees memory
Receiver frees memory	Receiver consumes data

两者的不同只是在于通知。当使用 pull 模型时,如果对于远程读请求的系统开销(overhead)比较大,我们会舍弃 pull 模型,而选择使用 push 模型。然而,如果资源和接收方结合得很紧密,由接收方来控制数据的传输,对于更紧密的管理存储器是有利的。

使用多核导航器可以减少处理核在实时计算过程中的工作。多核导航模式下,专用内存间的数据传输按照如下步骤:

(1) 发送方使用预先定义好的结构(称为描述符)。描述符号可以直接传递数据,或者传输指向发送数据缓冲区的指针。

（2）发送方把描述符号压入与接收方关联的硬件队列。

（3）接收方可以获取数据。

为了通知接收方可以接收数据，多核导航器提供了多种通知方式。后续有相关章节介绍这部分内容。

3.3.1.3 过渡内存（Transitioned Memory）

接收方和发送方使用同一物理内存是可能的，但是它不像上述共享内存转移，共同内存（common memory）不是临时的。实际上，缓冲区的拥有权是转换的，但是数据不进行消息路径的移动。发送方传递一个指针给接收方，然后接收方从原始的内存缓冲区中使用已有的内容。

消息顺序显示：

（1）发送方在内存中产生数据。

（2）发送方通知接收方数据已经准备好/数据拥有权可以给予。

（3）接收方直接使用内存。

（4）接收方通知发送方数据已经准备好/数据拥有权可以给予。

如果应用中数据流是对称的，接收方可以在返回对内存的拥有权之前切换为发送方的角色，并使用同一缓存完成消息传递。

3.3.1.4 OpenMP 中的数据转移

程序员可以在 OpenMP 编译器指令中通过使用如 private,shared 和 default 等语句来管理数据的使用范围。变量定义的举例如图 3-7 所示。

```
#pragma omp parallel for default (none) private( i, j, sum )
shared (A, B, C)
{
    for (i = 0, i < 10; i++) {
        sum = 0;
        for ( j = 0; j < 20; j++ )
                sum += B[ i ][ j ] * C [ j ];
        A[ i ] = sum;
    }
}
```

图 3-7 变量定义举例示意图

3.3.2 多核导航器的数据移动（Multicore Navigator Data Movement）

多核导航器对消息进行封装（就是我们提到的描述符），然后在硬件队列中移动传递。队列管理子系统（QMSS）是多核导航器控制硬件队列行为的核心部分，它控制着硬件队列的行为并使能描述符的传递。PKTDMA 负责描述符在硬件队列与外设之间的传递。其中QMSS 中有一个基础 PKTDMA，它可以搬移属于不同内核的线程的数据。当一个核需要把数据搬运到另外一个核时,这个核将数据放入一个缓存中,这个数据缓存区与描述符相关联,然后将描述符压入队列。之后所有的操作,全部由 QMSS 负责。描述符被压入属于接收核的队列。有不同的通知机制,通知接收核所需要的数据已经准备完毕。

使用多核导航器队列进行处理核之间的数据搬移,可以使发送核以"激发和遗忘(fire and forget)"的方式搬移数据,同时使得内核从拷贝数据的负担中解放出来。这使得处理核间以一种宽松的方式相连接成为可能,从而使得发送核不会被接收核阻塞。

3.3.3 通知和同步(Notification and Synchronization)

多核工作模式需要具备同步处理核以及在核之间发送通知的能力。一种代表性的同步方式是由一单核完成所有的系统初始化,其他核必须等待直到初始化结束,才能继续执行。并行处理中的叉合点(Fork and joint points)需要内核之间具备同步的能力。

同步和通知可以利用多核导航器完成,也可以由 CPU 来执行。核间的数据传输需要进行通知。如前所述,多核导航器提供了多种方法来通知接收核数据已经准备好。对于没有导航器的数据传输,发送方使用共享、专用或者暂存 memory,将通信消息数据准备好发送给接收方时,通知接收方的机制是必需的。这个过程可以由直接或间接发信号,或者通过原子仲裁来完成。

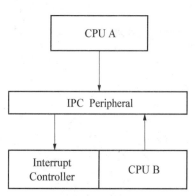

图 3-8 直接 IPC 发信号示意图

(5) CPU B 清除 IPC 标志。

(6) CPU B 进行相应的操作。

3.3.3.2 间接发信号

如果使用第三方的工具来搬运数据,间接发信号如图 3-9 所示。如 EDMA 控制器,那么核间的信号传递可以由此传输完成。也就是说,通知跟随这数据移动在硬件中完成,而不是在软件中进行控制。

流程步骤具体如下:

(1) CPU A 通过 EDMA 配置并且触发传输。

(2) EDMA 完成事件产生,并中断控制器。

(3) 中断控制器通知 CPU B。

3.3.3.1 直接发信号

设备支持简单的外设,直接 IPC 发信号如图 3-8 所示。允许处理核产生某一物理事件给另外一个处理核。外设包括一个标志寄存器来显示事件的起源,从而通知 CPU 可以进行相应的操作。

流程步骤具体如下:

(1) CPU A 向 CPU B 的核间通信(IPC)控制寄存器写信号。

(2) IPC 事件在中断控制器中产生。

(3) 中断控制器通知 CPU B。

(4) CPU B 查询 IPC。

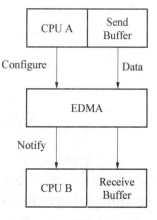

图 3-9 间接发信号

3.3.3.3　原子仲裁(Atomic Arbitration)

TCI6486 和 C6472 设备的共享 L2 memory 控制器中有支持原子操作指令的硬件监护设备,而在 TCI6487/88 和 C6474 设备中有旗语外设支持原子操作指令,因为这两个设备中没有共享 L2 Memory。KeyStone 家族的设备同时有原子总裁的指令也有信号量外设。在所有的设备中,CPU 可以原子地(atomically)获得设备的锁定(lock),修改任何共享资源,释放锁定的资源给系统。

硬件保证获得锁存这个操作自身是原子性的,也就是说在任何时间只有一个核可以拥有它。硬件无法保证与锁存相关的共享设备是被保护的。当然,锁存是硬件工具,允许软件通过图 3 - 10 给出的定义保证操作的原子性。具体协议如表 3 - 2 所示:

表 3 - 2　原子仲裁协议

CPU A	CPU B
1：Acquire lock	1：Acquire lock
→Pass (lock available)	→Fail (Fails because lock is unavailable)
2：Modify resource	2：Repeat step 1 until Pass
3：Release lock	→Pass (lock available)
	3：Modify resource
	4：Release lock

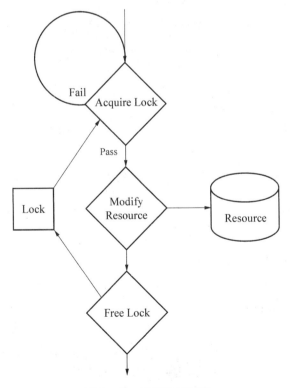

图 3 - 10　原子仲裁流程

3.3.3.4 OpenMP 中的同步机制

在 OpenMP 体系下,同步可以是隐性指示,也可以通过编译器指示性语句进行显性定义。这里不再多述,可以参考关于 OpenMP 的专题资料。

3.3.4 多核导航器通知方法

多核导航器封装消息,就是我们前面提到的描述符(descriptors),它包含了要传输的数据;然后在硬件队列中移动传递。每一个目的地拥有一个或多个专用的接收队列。在接收队列中,多核导航器采用如下方法使接收方存取描述符。

3.3.4.1 非阻塞式轮询(Non-blocking Polling)

在这种方法下,接收方检查接收队列中是否有描述符正在等待。如果没有描述符,接收方继续它的执行。

3.3.4.2 阻塞式轮询(Blocking Polling)

在这种方法下,接收方阻塞它的执行,直到在接收队列中出现描述符,然后它会继续处理描述符。

3.3.4.3 基于中断的通知

在这种方法下,当新的描述符被压入接收队列时接收方将收到一个中断。这种方法保证了对于新描述符的快速响应。当新描述符到达之后,接收方进行上下文切换,开始处理新的描述符。

3.3.4.4 延迟的中断通知(Delayed (Staggered) Interrupt Notification)

当到达的新描述符频率过高时,导航器会对中断进行配置,使得只有当队列中的描述符数量达到可编程的数量(水位)时才发送中断;或者在第一个描述符到达后的一个特定时间之后进行。这种方法减少了接收方对于上下文切换的开销。

3.3.4.5 基于服务质量(QoS)的通知(QoS-based Notification)

多核导航器支持服务质量通知机制,用来优化外设之间数据流的传输。这种方式通过一种特定的视角(延时或者加速: delaying or expediting)按照预先设定的服务质量参数来评估每一数据流。这一机制也可以用于核间传输不同重要级别的消息。

Qos 固件具有在系统中规划包传输的功能,且保证包在核或者外设之间的传输不相互交叠。为了支持 QoS 的功能,在多核导航器中规划了 Qos PDSP 协处理器,专门负责队列之间描述符的传输。

QoS 系统的主要功能在于数据包队列的安排。有两种数据包队列,分别是进入队列(QoS ingress queues)和最终目的队列(final destination queues)。最终目的地队列又分为主机队列(Host queues)以及外设出口队列(peripheral egress queues)。主机队列的终点在主机,事实上也是被主机接收。出口队列(Egress queues)的目的地在一个物理上实实在在的外设出口上。当进行传输量调整时(shaping traffic),只有 QoS PDSP 写主机队列或者出口队列。对于没有传输量调整的传输(Unshaped traffic),只需写入 Qos 进入队列。

在传输过程中需要进行流量整形时,QoS PDSP 的工作是将包从 QoS 进队列转移到最终的目的地队列。系统中有一个指派的队列集合,填入到 QoS PDSP 中,称为 QoS 队列。QoS 队列是简单的队列,它由 PDSP 中运行的固件来控制。

3.4　数据传输引擎

如今,TI 公司 KeyStone 设备的数据传输引擎是增强型 DMA(EDMA)模块和数据包 DMA(PKTDMA)模块。为了设备间高速的通信,有多个不同的传输引擎,取决于通信选择的物理接口。有些传输引擎自带 PKTDMA,可以实现数据传出或者传入外部引擎。高传输 bit 速率的外设有:Antenna Interface,Serial RapidIO,Ethernet,PCI Express,HyperLink。

3.4.1　PKTDMA

PKTDMA 是多核导航器的一部分。每一个 PKTDMA 拥有独立的硬件通路,利用每个传输方向上的多 DMA 通道,实现数据的接收和发送。对于发送数据,PKTDMA 转换描述符中的数据成 bit 流。接收 bit 流数据被封装在描述符中,并路由(routing)到预先定义的目的地中。

多核导航器的其他部分是 QMSS。当前,多核导航器有 8 192 个硬件队列,可以支持 512 K 的描述符。它包括一个队列管理器、多核处理器(PDSP),以及一个中断管理单元。队列管理器控制队列,而 PKTDMA 负责将描述符在队列之间传递。上面提到的通知方法由 PDSP 处理器来控制。队列管理器负责将描述符路由到正确的目的地。

有些外设或者协处理器,它们需要将数据路由到不同的核或者目的地,因而它们自带内部的 PKTDMA。此外,一个特殊的 PKTDMA,我们称之为基础 PKTDMA(infrastructure DMA),它驻留在 QMSS 中,用来支持核间的通信。

3.4.2　EDMA

通道与参数 RAM 可以由软件划分为几个区域,这些区域可以被分配给一个内核。触发事件到传输通道的路由以及 EDMA 中断是完全可编程的,对于其所有者可以灵活配置。所有的事件,中断以及通道参数控制都是可以被独立控制的,也就是说一旦该设备被分配给一个核,这个核不需要仲裁就可以访问 EDMA。

3.4.3　以太网

网络协处理器(NetCP)支持以太网通信。它拥有两个 SGMII 端口(10/100/1 000)以及一个内部端口。一个特殊的包加速模块支持基于 L2 地址值(高达 64 个不同的地址)、L3 地址值(高达 64 不同地址)、L4 地址值(高达 8092 地址)或者它们之间的任意组合的寻址。另外包加速器可以计算 CRC 校验,以及其他的纠错值以帮助输入输出数据的纠错。一个特殊的安全引擎可以做数据包的加密与解密操作,以支持 VPN 或者其他应用对安全的要求。

一个内部的 PKTDMA 嵌入在 NetCP 中,同时负责传出、传入以及 NetCP 内部的数据传输,以及将包路由到预设的目的地。

3.4.4　快速 I/O 口

直接 IO(DirectIO)和信息协议(Messaging Protocols)两者均允许每个处理核的正交

(orthogonal)控制(就是相互独立,不受影响的控制)。对于 DSP 初始化的直接 IO 传输,读取储存单元(load-store unit, LSU)操作将被使用。不同设备拥有 LSU 的个数不同,它们是相互独立的,每一个都可以提交传输给任何物理链接。LSU 可以被分配到不同的内核,分配好之后内核在访问时就不需要仲裁了。另外,LSU 根据需要可以分配给任何核,在这个过程中,需要使用一个信号量资源给 LSU 委派一个临时的掌控权。与以太网外设相似,消息传递允许在多传输通道的单独控制。当使用消息协议时,一个特殊的 PKTDMA 将用来负责将接收到的数据路由给目的内核(根据目的地 ID、邮箱或者邮件的值),以及将核的带外消息路由到外部。在每个核为自己的消息传输配置多核导航器之后,多核导航器将完成数据传输,这个过程对于用户是透明的。

3.4.5　天线接口(Antenna Interface)

AIF2 天线接口支持许多无线标准,比如 WCDMA,LTE,WiMAX,TD - SCDMA 和 GSM/EDGE。AIF2 可以使用自身的 DMA 模块进入直接模式或者利用 PKTDMA 进入基于数据包的访问方式。

当直接 IO 被使用,内核将负责管理传输的进出。在很多情况下,出天线数据来自 FFT 引擎(FFTC),进天线数据流向 FFTC。使用 PKTDMA 和多核导航系统,可以方便地实现 AIF 和 FFTC 之间的数据传输,无需任何其他核的介入。

每个 FFTC 引擎拥有各自内部的 PKTDMA。多核导航器可以配置将天线接收的数据直接发送到 FFTC 引擎以便处理,也可以从 FFTC 读出数据进行下一步的处理。

队列子系统中的 128 个队列被分配给 AIF2。当一个描述符进入这些队列之一时,一个阻塞(pending)信号被发送给与 AIF 相关的且合适的 PKTDMA,同时数据被读取并经过 AIF2 接口发送。类似的,到达 AIF 的数据被 PKTDMA 打包封装成描述符,根据事先的配置,描述符被路由到目的地,通常这个目的地是处理 FFT 的 FFTC。

3.4.6　PCIe 接口

TCI66xx 以及 C66xx 设备的 PCI 引擎支持三种模式的操作,分别是 root complex, endpoint 和 legacy endpoint。PCIe 外设使用内嵌的 DMA 控制数据从外部直接到片内/外 memory 的传出与传入。

3.4.7　超链接口(HyperLink)

KeyStone TCI66xx 以及 C66xx 器件的 HyperLink 外设,使片内设备可以通过 HyperLink 总线读写访问其他设备的存储空间。此外,超链接也可以使能发送事件和中断到超链接接口的另外一端。Hyperlink 外设使用内嵌的 DMA 控制 memory 到接口的数据的读写操作。

3.5　共享资源管理

当在设备上共享资源时,系统中所有处理核遵循统一的协议显得尤为很重要。协议取决于共享资源,但是所有的处理核必须遵守相同的规则。

核与核之间的资源管理可以通过直接发信号(direct signaling)或者原子仲裁(atomic arbitration)来实现。在一个处理核中,可以使用全局标志或者 OS 旗语。不推荐在核间的仲裁中使用简单的全局标志,因为确认更新是否为原子操作,需要花费很大的系统开销。

3.5.1　全局标志(Global Flags)

全局标志通常在单核单线程模式中使用。虽然基于软件结构的全局标志可以运用于多核环境,但是这是不被推荐的。主要是因为多核之间全局标志的操作系统开销太大,其他方法例如使用 IPC 和旗语信号会更为高效。

3.5.2　OS 旗语信号(OS Semaphores)

所有多任务操作系统都包含了支持共享资源仲裁和任务同步的旗语信号。在单核情况下,这些旗语信号本质上也是一个由系统控制的全局标志,用来跟踪什么时间共享资源被一个任务占有,或者根据旗语收到的信号决定一个线程什么时间应该被阻塞或者被执行。

3.5.3　硬件旗语信号(Hardware Semaphores)

硬件旗语信号只有当仲裁发生在处理核之间时才需要。对于单核的仲裁,完全没有优势,OS 可以较少花费地完成任务。当仲裁在处理核之间发生时,硬件支持是很必要的,以保证更新操作是原子化的。

3.5.4　直接信号(Direct Signaling)

随着信息的传递,直接信号可以用来进行简单的仲裁。如果只有小部分资源在处理核间共享,可以使用 IPC 信号方法。可以遵循"通知-确认"(notify-and-acknowledge)握手协议传递对资源的占用信息。TCI66xx 以及 C66xx 系列 KeyStone 设备中有一套硬件寄存器可以很方便地实现核间的中断、事件/通知、确认等信息。

3.6　存　储　管　理

在多核处理器的编程中,考虑处理模型是十分重要的。在 TI TCI66xx 和 C6xx 中,每个核都有本地的 L1/L2 存储,并且可平等地访问任何共享的内部、外部存储器等。通常,我们希望程序使用部分或者全部的共享 memory 来执行镜像代码,而数据则使用局部memory。当然,这个不是严格要求的。

当每个核都有自己独立的代码和数据空间的情况时,L1/L2 的别名地址(aliased address)不能被使用。只有全局地址才能被使用,这使得程序员可以从整体上审视整个系统的存储情况。这也就意味着软件开发过程中,每个核应该有自己的工程,构建的过程也是相对独立于其他核来构建。共享区域应该在每个核的镜像中被统一定义,访问时主机使用相同的地址直接访问。

当有共享的代码段时,通常用别名地址(aliased address)存放数据结构,而用暂时存储器(scratch memory)存储公共的函数。这就允许任何内核在无须检查自己内核编号的情况下,使用同一块地址。暂时存储器(scratch memory)和数据结构需要在别名地址区域定义一个运行地址,以便可以被未知编号内核的函数访问。加载地址应该使用全局的地址,且使用同样的偏移量。在运行状态下,别名地址对于 CPU 的直接装载以及存储,内部 DMA 的访问是有用的;对于 EDMA,PKTDMA 以及其他主处理设备是没有用的,这些处理,必须使用全局地址。

通常,软件可以知道自己运行在哪个核上,所以别名地址在公共代码中是不需要的。CPU 的寄存器 DNUM 中保留了 DSP 的内核编号,可以在运行的时候根据条件选择要运行的代码,同时更新指针。

任何共享的数据资源都需要总裁,以保证资源的掌控权没有发生冲突。片内的旗语外设支持运行在不同 CPU 上的线程通过仲裁并获得共享资源的控制权。这将保证,对于共享资源的读-修改-写更新操作是原子操作。

为了加速从外部的 DDR3 以及共享 L2memory 中读取代码和数据,每个核有一套专用的预存取寄存器。这些预存取寄存器可以预先从外部 memory(或者共享的 L2 memory)中读取一块连续的内存数据,给处理核备用(类似于 Cache 的功能)。预读取机制会评估从外部 memory 中读取那块数据和程序的方向,提前读取将来可能用到的数据或者代码,该操作的好处是如果预读取的数据是有用的,则可以获取更高的访问带宽。每个核可以独立地控制预读取,同时也可以控制每个内存段(16 MB)的 cache 操作。

3.6.1 CPU 硬件设备视图

每个 CPUs 都有相同的设备结构,如图 3-11 所示。在每个核上,除了 L2 存储器之外,还有一个 SCR(switched central resource)切换通道,将核、外部存储接口和片上周围设备联系起来。

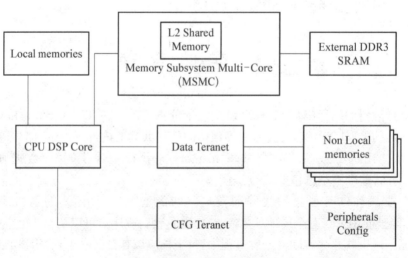

图 3-11 CPU 硬件设备视图

每一个核对于配置(可读写外设控制寄存器)和 DMA(内部、外部数据存储器)交换架构(switch fabrics)都是主设备。此外,每个核都有一个从接口(slave interface),连接到 DMA 交换架构,允许读写它自己的 L1 和 L2SRAM。

系统中每个从属设备(比如定时器、DDR3SDRAM、每个核的 L1/L2SRAM)在设备内存映射中都有唯一的地址,能够被任意一个主控制器读写。在每个核中都有 L1 程序和数据存储器直接连到 CPU 和 L2 统一的 memory。

如前所述,局部 L1/L2 在内存映射中有两个入口。处理器中的所有 memory 都有全局地址,可以被设备中的主机设备访问。此外,局部 memory 可以被与之相关的处理器通过别名地址(aliased address)直接访问,在这里 8 个最高位被屏蔽为 0。别名是在核内处理的,允许公共代码无须修改就可以在多核上运行。举个例子地址为 0x10800000 的地址是 core0 L2 memory 的全局基地址。Core 0 可以使用 0x10800000 或者 0x00800000 访问这个位置。这个设备上的其他任何主设备都必须使用 0x10800000。相对应,0x00800000 可以被任何一个核当作自己 L2 的基地址来访问。对于 core0,这个地址相当于 0x10800000,对于核 1,这个地址相当于 0x11800000,对于核 2,这个地址相当于 0x12800000,对于其他核,以此类推。局部地址只能被用于共享的代码或者数据,允许内存中包含一个单一的镜像。针对特定处理器或者特定内存区域(由特定内核在运行状态下分配的内存区域)的任何代码或者数据,只能使用全局地址。

每一个核都能够通过存储子系统多核模块(memory subsystem multicore,MSMC)读写 L2 共享存储或外部 DDR3 存储器。每个核都有一个直接的主控端口通向 MSMC。MSMC 仲裁和优化来自所有主控器对共享 memory 的访问,这些主控器包括 DSP 内核、EDMA 或者其他主控设备,同时执行错误检测与纠正。对于每个核,外部存储控制器(external memory controller,XMC)寄存器和增强存储控制器(enhanced memory controller,EMC)寄存器独立地管理 MSMC 接口,并且提供存储保护和从 32 bit 到 36 bit 的地址翻译,以保证变地址的操作的可行性,如访问高达 8 GB 的外部存储空间。

3.6.2　缓存和预取考虑

这里需要重点指出的是,只有同一个核内的 L1D 和 L2SRAM 的缓存内容的一致性可以由硬件保证,这个过程不需要软件的参与。也就是说,硬件保证 L2 中的内容被更新时,相应 L1D 中缓存的内容也能及时更新,反之亦然。其他内存的缓存一致性无法得到保证,比如同一个核内的 L1P 与 L2 无法保证其一致性,不同核之间的 L1/L2,片内的 L1/L2 与共享 L2 以及外部 memory 之间都无法保证内容的一致性。

因为功耗和延迟开销(latency overhead)的考虑,TCI66xx 和 C66xx 并不支持自动的缓存一致。图 3‐12 描述了缓存的一致性与非一致性。采用多核设备的实时应用程序需要对缓存一致性做出预判和决策。由于开发人员管理存储器的一致性,它们可以控制什么时候,是否需要把局部数据复制到不同的 memory,这样程序员就可以开发出低功耗,且运算速度快的软件。

对于 L2 缓存,预取的一致性在核与核之间并不保证。需要应用程序管理其一致性,既可以通过对某段存储段禁止预取,也可以根据需要通过设置预读取数据无效来实现。TI 提供了

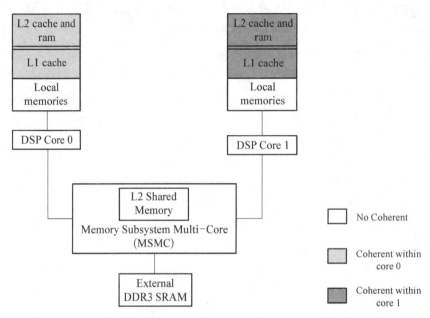

图 3-12　缓存一致性与非一致性的对比

一套 API 函数,以支持 cache 的一致性等操作,包括缓存行无效(cache line invalidation)、缓存行回写(cache line writeback)到存储 memory,以及回写无效操作等。

　　此外,如果 L1 的一部分空间被配置为内存映射的 SRAM,可以用 IDMA 实现 L2 和 L1 之间数据传输,这个操作是后台操作,不占用 CPU 的时间。在系统中,对于 IDMA 传输,用户可以配置相对于其他主设备的优先级别。IDMA 也可以用来访问外部设备大批量配置寄存器。

　　在 TCI66xx 或 C66xx 系列中编程时,考虑处理模型是十分重要的。图 3-12 显示的是每一个核都有 L1/L2 存储,以及直接与 MSMC 连接,它们是如何读写 L2 存储器和外部扩展的 DDR3SDRAM(如果系统中存在的话)。

3.6.3　共享代码程序的存储位置

　　当多个 CPU 从共享的代码镜像执行时,需要注意管理本地的数据缓冲区。用于堆栈或本地数据表的存储器可使用别名地址,当然对于所有核地位都是相同的。此外,任何用作碎片数据(scratch data)的 L1D SRAM,当用 IDMA 从 L2SRAM 中询页(paging)时,也可以使用别名地址。

　　如前所述,DMA 主机对任何存储器的访问必须使用全局地址。所以当对任何外围设备中 DMA 的上下文进行编程时,代码必须在地址处插入核编号 DNUM。

　　在 KeyStone 系列设备中,应用程序可以使用 MPAX 模块,实现在核与核之间划分外部存储区域。通过使用 MPAX,内部拥有 32 位地址线的 KeyStone Soc 可以访问容量为 64 G字节(地址线为 36 bit)的存储空间。在 KeyStone Soc 架构中,有多个 MPAX 单元为主机实现地址的转换,以便 Soc 可以方便共享 MSM SRAM 以及 DDR 等 memory。C66x 的CorePac 使用自己的 MPAX 模块,地址线在传入 MSMC 模块前,将其从 32 bit 的地址扩展成为 36 位的地址。MPAX 模块使用 MPAXH 和 MPAXL 寄存器实现每个核的地址转换。

3.6.3.1　在共享存储中不同代码使用相同的地址

如前所述,在 KeyStone 系列设备中,每个核的 XMC 都有 16 个 MPAX 寄存器,将 32 bit 的逻辑地址转换成 36 bit 的物理地址。这一特色让应用程序能够通过配置每个核的 MPAX 寄存器,在所有核中使用相同的逻辑存储地址,指向不同的物理地址,如图 3 - 13 所示。

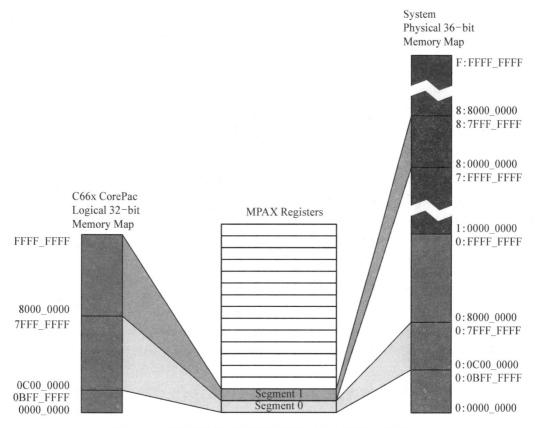

图 3 - 13　不同代码使用相同的逻辑地址指向不同的物理地址

3.6.3.2　在共享存储中相同代码使用不同地址

如果应用程序对于每个内核使用不同的地址,那么每个核的地址必须在初始时刻确定下来,并且存储在一个指针中(或者每次用到时计算)。

程序员可以使用如下公式计算地址:

<base address> + <per-core-area size>xDNUM

计算地址这个过程是在 boot 的时候或者线程创建的时候完成,并存储在 L2 中的。通过使用这一指针,这使得其余的操作相对于核是相互独立的;因此,当需要时正确的且唯一的指针总能从本地 L2 恢复。

这样,使用本地 L2 存储,能够创建共享的应用程序,无须对多核系统有过多了解(多核系统的知识只在初始化代码时用到)即可在每个核上运行相同的应用程序。线程中运行的组件并没有意识到它们运行在一个多核的系统中。

在 KeyStone 系列设备中，每个 CorePac 中的 MPAX 模块，可以将共享存储器中的同一块程序代码配置成不同的地址。

3.6.4 外围驱动设备

所有的外围设备都是共享的，任意一个核能够在任意时间读写任意外围设备。初始化发生在启动过程中，或者由外部的主机直接完成，或者由存储在 I2C EEPROM 中的参数表完成，抑或由应用程序本身的初始化序列完成。在运行状态下，由软件决定指定核对外设进行初始化。

总的来说，外围设备使用通用的 DMA 资源，完成从存储单元读写，该 DMA 资源可以是集成到外围设备的，也可以由 EDMA 控制器或者其他控制器（取决于硬件设备）提供。含有内部 PKTDMA 的外围设备使用多核导航器实现基于路由策略的数据读写操作。

因此，当使用 SRIO 类型 9 或者类型 11 或者 NetCP 以太网协处理器等路由外设时，可执行程序必须初始化外设硬件、与硬件相关的 PKTDMA，以及被外设和路由机制使用的队列。

每个路由外设都有专用的传输队列，该传输队列以硬件的方式与 PKTDMA 连接；当一个描述符被压入 TX 队列时，PKTDMA 看到一个挂起信号，提示 PKTDMA 去弹出描述符，并且去读取与描述符链接在一起的数据缓存（如果是主机描述符），将数据转换成 bit 流，发送数据，回收描述符到自由描述符队列（free descriptor）。请注意所有的核使用同样的队列发送数据到外设。通常每个 TX 队列链接一个通道。举个例子，SRIO 有 16 个专用的队列和 16 个专用的通道，每个通道与队列硬件相连。

当外设的发送队列是固定的，接收队列可以从通用队列集合中选择，或者根据通知方式从一个特殊队列集中选择（也就是通知内核当前有一个描述符需要处理）。对于牵引模式（pulling method），任何通用队列都能用。为了得到最快的响应，特殊的中断队列可以使用。累计队列（Accumulation queues）常用来为延迟通知方式减少上下文的切换。

应用程序必须配置路由机制。例如，对于 NetCP，用户可以根据 L2，L3、L4 或者它们的组合路由数据包。用户必须配置 NetCP 引擎路由任何数据包。路由一个数据包给指定的内核，描述符必须压到与核相关的队列中。对于 SRIO 也是同样的道理：路由信息、ID、类型 11 的邮箱和信件、类型 9 的流 ID 必须由用户来配置。

直接使用存储单元的外围设备（SRIO direct IO，Hyperlink，PCI express）拥有内嵌的 DMA 引擎，以完成对存储设备数据的读写操作。当数据在存储单元中时，应用程序负责分配一个或者多个核读写数据。

对于设备上的每个 DMA 资源（PKTDMA 或者内嵌的 DMA 引擎），需要由软件架构决定如下操作：给定外设的所有资源是由一个内核（主核）来控制，还是每个内核只控制自己的外设（peer control）。上面提到的 TCI66x 或者 C66x 设备，所有的外设有多个 DMA 通道的上下文（作为 PKTDMA 引擎或者内嵌 DMA 引擎的部分），这就使得可以在没有仲裁申请的情况下实现同等控制（peer control）。每个 DMA 上下文切换是自发的，同时也没有考虑原子访问，这些情况在编程的时候需要考虑进去。

由于一个内核的子集可以在程序运行状态下被复位，应用程序软件必须拥有再初始化被复位内核的能力，以避免打断那些没有被复位的内核。这个过程可以通过让每个核检查它所配置的外设的状态来实现。如果外设没有上电，也没有被使能收发操作，内核可以执行上电操作，并进行全局配置。当两个内核处在下电，且正在重新启动时读取外设的状态，这时存在一致性竞争的可能；这个问题可以通过使用共享内存控制器（SMC）中的原子操作监视器或者其他同步机制（旗语或者其他）来管理解决。

主控制方法允许将设备是否需要初始化的决定权，移交给 DSP 之外的更高层上去完成。当一个核须要读写外部设备时，由更高的层决定是执行全局还是局部初始化。

3.6.5 数据存储位置和访问

数据存储的方式主要取决于两点：一是数据如何被转运接收的；二是 CPU(s)读写数据的模式或时序。理想情况下，所有数据都是存放在 L2 SRAM 上，但是内部 DSP 的存储空间是有限的，因此一些数据和代码常常存放在片外的 DDR3 SDRAM 上。

通常，对时间实时性要求比较高的函数执行的数据放在 L2RAM，对时间要求不高的数据放在片外，并通过 Cache 来访问。如果运行的数据一定要放在片外 memory，一般建议用 EDMA 和 ping-pong 结构的 buffer 来实现外部 memory 与 L2SRAM 的数据交互，而不建议通过 cache 实现。通过 DMA 在外部 memory 传输数据，其一致性必须通过软件来保证。

3.7 DSP 代码和数据镜像

为了更好地支持多核硬件的配置，清楚如何定义软件工程和 OS 分割是很重要的。在这一章节，SYS/BIOS 将被参考，但是对于其他操作系统，类似的问题也需要考虑。

SYS/BIOS 针对 C64xx 和 C66xx 系列提供了配置平台。在任何多核系统的 SYS/BIOS 配置中，对于局部 L2memory 和共享的 L2 memory 都有相对分离开的内存区域。根据核与核之间应用程序的相似度，需要不同的配置来减少操作系统和应用程序对存储器中的占用。

3.7.1 单独镜像（Single Image）

单独镜像的应用程序在所有核之间共享一部分代码和数据存储。这种技术允许在所有核上加载并运行完全相同应用程序。如果运行完全共享的代码，对于整个设备只需要建立一个工程，同时也只需要一个 SYS/BIOS 配置文件。如前所述，代码和连接器命令文件需要考虑如下几点：

（1）代码必须为驻留在共享 L2 或 DDR SDRAM 的独特数据段（unique data sections）设立指针列表。

（2）在编程 DMA 通道的时候，代码必须将 DNUM 加到所有数据缓冲地址上。

（3）连接器命令文件只能用别名地址定义设备存储映射。

3.7.2 多镜像（Multiple Images）

在多镜像方案中，每个核运行相互独立且不相同应用程序。这种情况下，需要给放置在共享内存区域（L2 或者 DDR）所有代码或者数据分配唯一的地址区域，以防止其他核访问相同的区域。

对于该应用,每个应用程序的 SYS/BIOS 配置文件需要调整存储区域的位置,以保证多核不会访问到重叠的内存范围。

如果代码重复,每个核需要一个专属的工程,或者至少是一个专属的连接命令文件。连接器的输出需要将所有情况映射到一个唯一的地址上,这个过程可以通过使用全局地址来实现。在这种情况下,不需要使用别名地址,所有 DMA 用到的地址与 CPU 用到的地址地位都是相同的。

3.7.3 共享代码和数据的多个镜像

这种方案中,一个公共的代码镜像被不同核上运行的不同应用程序所共享。在多应用系统中共享公共代码可以减少对 memory 的全局需求,同时仍然允许不同的核运行唯一的应用程序(unique application)。

这需要将单个镜像和多个镜像的技术结合在一起,这一操作可以通过使用部分连接(partial linking)来完成。

由部分连接镜像产生的输出文件,可以被再次连接到其他模块或者应用程序上。部分连接允许程序员将大的应用程序分割开来,独立连接每一部分,最后连接所有部件一起生成最终的可执行文件。TI 代码生成工具的连接器提供一个选项(-r),可以生成部分镜像。-r 选项允许镜像与最终的应用程序再次连接。

当然,在使用-r 连接器操作产生部分镜像时也有一些限制:
● 条件连接被禁止,内存的需求也会增加;
● 跳转(Trampolines)也被禁止,所有的代码需要在 21 bit 的范围之内;
● .cinit 和 .pinit 段不能在部分镜像中。

部分镜像必须存放在共享的存储区,这样所有的核都能够读写,它也必须包含所有的代码(.bios,.text,和任何用户定义的代码段),除了 .hwi_vec 段。同样也必须包含相同位置的 SYS/BIOS 代码需要的常数数据(.sysinit 和 .const)。镜像存放于固定的位置,最终的应用程序会将其连接。

因为 SYS/BIOS 代码包含数据引用(.far 和 .bss 段),这些段应该被放在非共享的同一块内存中,以便不同的应用可以把它与部分镜像连接。ELF 格式要求 .neardata 和 .rodata 段与 .bss 段放置在同一个区域。为了上述工作可以正确完成,每个核必须在相同的地址区域有一个非共享的内存区。对于 C64x 和 C66x 多核系统,这些段必须放置在每个核的局部 L2 中。

3.7.4 设备启动

如前所述,即使是针对一个设备,根据对共享以及唯一段的混合情况,软件开发也可能生成一个或者多个工程以及 out 文件。不管有多少 .out 文件产生,最终的镜像都应该生成一个单独的启动表,并被加载到最终的系统中。

TI 提供了多个工具,可以帮助用户产生单个的 boot 表。图 3-14 是如何使用这些公用工具从三个分开的执行文件中建立一个单独的启动表。

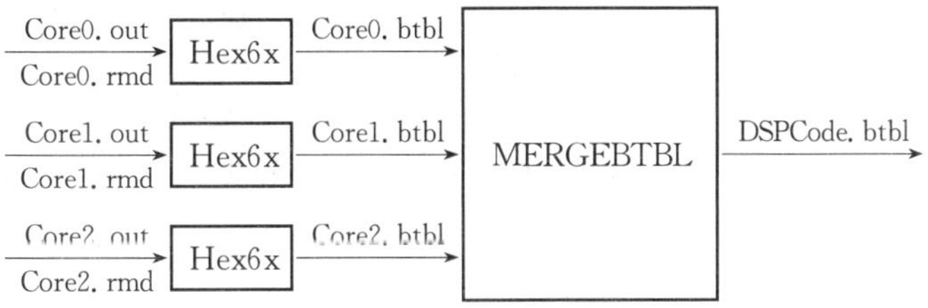

图 3 - 14　镜像文件的合并生成

一旦唯一的启动表生成,这个表就能被用于加载整个 DSP 镜像。如前所述,有一个全局存储映射,允许直接引导加载过程。所有部分都由它们的全局地址定义的那样加载到其中。

启动时序被一个内核控制。当设备被复位,Core0 负责在启动镜像加载到设备之后,将所有其他核从复位状态释放出来。因为只有一个启动表,Core0 可以加载设备的任何 memory,用户无须考虑多核的问题,只要能保证将代码正确地加载到映射到所有核的启动地址的内存,就可以了。

3.7.5　多核应用程序部署(MAD)实用工具

Multicore Software Development Kit (MCSDK) Version 2.x 提供了在多核设备上开发应用程序的有效的应用工具。MAD 实用工具详细介绍了如何使用这些工具有效开发应用程序,MAD 存储在以下地址:

<MCSDK_INSTALL_DIR>\mcsdk_2_xx_xx_xx\tools\boot_loader\mad-utils

3.7.6　MAD 实用工具

MAD 实用工具提供了一系列工具,用来在构建(build)和运行(runtime)阶段部署应用程序。

1) 构建时间工具

静态连接器(Static Linker):用来连接应用程序和依赖动态共享对象(dynamic shared objects(DSO))。

预连接工具(Prelink Tool):将 ELF 文件中的片段绑定到虚拟地址。

MAP 工具:多核应用程序预连接(Multicore Application Prelinker,MAP)工具为多核应用程序分配虚拟地址。

2) 运行时间工具

中间引导装载程序(Intermediate Bootloader):提供下载 ROM 文件系统映像到设备的共享外部存储器(DDR)的功能。

MAD 装载器(Mad Loader):提供启动指定核上应用程序的功能。

3.7.7　多核部署实例

MCSDK 提供了一个镜像处理实例,使用 MAD 工具方便多核的开发,提供的实例存放于以下文件夹内:

<MCSDK_INSTALL_DIR>\mcsdk_2_xx_xx_xx\demos\image_processing

具体情况可以参考 Image Processing Demonstration Guide。

3.8 系 统 调 试

TI 的 C64x 和 C66x 系列设备提供硬件支持系统调试,以实现对程序以及数据流的可视化调试功能。事件还可充当核与系统的同步点,允许所有的活动在一个时间轴上"缝合在一起"。

由于篇幅所限,这里不再详述具体"系统调试",这一节可参见参考文献[29]《多核编程指南》。

3.9 总 结

本章主要介绍了 3 种编程模型,可以很好地用于实时的多核应用程序中。同时介绍了在多核环境中,如何分析与拆分一个应用程序到多个核上运行的方法。此外还介绍了 TI KeyStone 中 TCI66x 和 C66x 系列的一些特性,如数据传输、通信、资源共享、存储器管理以及调试等。

TCI66xx 和 C66xx 通过有效的内存构架、协调资源共享和复杂的通信技术,提供了较高水平的性能。同时 TI 也在设备中提供硬件组件,以帮助用户获取更高的运算处理性能。这些设备也包含硬件支持跟踪与调试的可视化等。

TI 的多核构架技术为那些想利用高性价比的平台实现最大功效的使用者提供了优异的成本/性能以及功耗/性能比。

第4章 TI SYS/BIOS 实时操作系统

4.1 关于 SYS/BIOS

4.1.1 什么是 SYS/BIOS

SYS/BIOS 是一个可扩展的实时内核。用于实时调度和同步的应用程序或实时的设备。SYS/BIOS 提供了抢占式多线程,硬件抽象,实时分析和配置工具。SYS/BIOS 的设计是为了最大限度地减少对内存和 CPU 的要求。

SYS/BIOS 的优点:

(1) 所有的 SYS/BIOS 对象可以配置成静态或动态。

(2) 为了尽量减小对内存消耗,APIs(应用程序接口)是模块化的,只有程序用到的APIs 才连接到可执行程序。此外,静态配置的对象可省去创建对象的命令。

(3) 错误检查和调试是可配置的,并且可以从代码中完全去除,以最大限度地提高性能并降低使用内存的大小。

(4) 几乎所有的系统调用都提供确定的性能,使应用程序能够可靠地满足实时要求。

(5) 为提高性能,设备数据(如 logs 和 traces)在主机上被格式化。

(6) 提供了多种线程模型:HWI, SWI, task, idle, periodic functions 等。用户可以根据需求选择不同的优先级别,阻塞特性等。

(7) 支持线程之间的通信与同步机制。包括旗语,邮箱,事件,gates 和可变长度的消息(variable-length messaging)。

(8) 动态内存管理服务提供大小可变的和固定大小的块分配。

(9) 中断调度程序处理低级的保存/恢复操作,可完全用 C 语言写中断服务程序。

(10) 系统服务支持中断的启用/禁用和中断向量的阻塞,包括多路复用中断向量到多个源。

4.1.2 SYS/BIOS 与 DSP/BIOS 的区别

(1) SYS/BIOS 可用于包含 DSP 在内的其他处理器。

(2) SYS/BIOS 在 XDCtools 中使用配置技术。

(3) 兼容 DSP/BIOS 5.4 或更早版本的应用程序,但不再支持 PIP 模块。

(4) Task 和 SWI 最高有 32 级优先级。

（5）提供了新的定时器模块，应用程序可直接配置和使用定时器。

（6）所有的内核对象可以被静态或者动态建立。

（7）额外的堆管理器，称为 HeapMultiBuf，能够快速精确的分配可变大小的内存，减少内存碎片。

（8）内存管理器更灵活，支持并行堆，开发人员也可以方便地添加自定义堆。

（9）Event object 支持 task 挂起多个事件，包括 semaphores，mailboxes，message queues 和用户定义的事件。

（10）Gate object 支持优先级继承。

（11）Hook function 可用于 HWI,SWI,task 等。

（12）可在操作系统中构建参数检查接口，系统调用参数值无效时启用。

（13）允许 SYS/BIOS APIs 按照标准模式处理错误，可高效地处理程序错误，不需要捕捉返回代码。此外，用户可以方便地在 SYS/BIOS 发生错误时，停止应用程序的运行，因为所有错误可以被传递到一个处理句柄中。

（14）系统日志和执行图的实时分析（RTA）工具支持动态和静态创建的任务。

（15）日志记录功能新增时间戳，高达 6word 的 log 入口，如果需要，额外的存储可将事件记录到多个日志。

（16）除了总的 CPU 负载还支持每个任务的 CPU 负载统计。

4.1.3 SYS/BIOS 与 XDCtools 的关系

XDCtools 是一个独立的软件组件，提供 SYS/BIOS 需要的底层工具。需要和 SYS/BIOS 共同安装使用。且它们两的版本需要兼容匹配。XDCtools 对于 SYS/BIOS 很重要，是因为：

（1）XDCtools 提供配置 SYS/BIOS 和 XDCtools 模块的技术。

（2）XDCtools 可生成配置文件，生成源代码文件之后构建并连接到程序中。

（3）XDCtools 提供了大量的模块和 APIs，在 SYS/BIOS 中用于内存分配、日志记录、系统控制等。

XDCtools 有时候也被称为"RTSC"，这个名称常用在 Eclipse.org ecosystem 中的开源工程中，用来为嵌入式系统提供可以重用的软件组件（称为"packages"）。

表 4-1 给出 SYS/BIOS 提供的包和模块组件。

表 4-1 **SYS/BIOS 提供的包和模块**

包	描　　述
ti. sysbios. benchmarks	Contains specifications for benchmark tests. Provides no modules, APIs, or configuration.
ti. sysbios. family. *	Contains specifications for target/device-specific functions.
ti. sysbios. gates	Contains several implementations of the IGateProvider interface for use in various situations. These include GateHwi, GateSwi, GateTask, GateMutex, and GateMutexPri.

（续　表）

包	描　　　述
ti. sysbios. hal	Contains Hwi，Timer，and Cache modules.
ti. sysbios. heaps	Provides several implementations of the XDCtools IHeap interface. These include HeapBuf（fixed-size buffers），HeapMem（variable-sized buffers），and HeapMultiBuf（multiple fixed-size buffers）.
ti. sysbios. interfaces	Contains interfaces for modules to be implemented，for example，on a device or platform basis.
ti. sysbios. io	Contains modules for performing input/output actions and interacting with peripheral drivers.
ti. sysbios. knl	Contains modules for the SYS/BIOS kemel，including Swi，Task，Idle，and Clock. See Chapter 3 and Chapter 5. Also contains modules related to inter-process communication：Event，Mailbox，and Semaphore.
ti. sysbios. utils	Contains the Load module，which provides global CPU load as well as thread-specific load.

　　用于创建一个应用程序所需要的工具如图 4 - 1 所示，xdc. runtime package 包含 SYS/BIOS 用到的模块和外设接口。

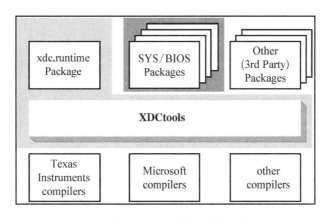

图 4 - 1　创建一个应用程序所需要的工具

　　应用程序的配置存储在一个或多个 .cfg 脚本文件中。经过 XDCtools 的分析，生成相应的 C 源代码，C 头文件和连接命令文件，然后构建并连接到最终的应用程序。图 4 - 2 为一个典型的 SYS/BIOS 应用程序的构建流程。

　　.cfg 文件配置使用简单的 JavaScript 的语法设置属性和调用方法。JavaScript 和 XDCtools 提供的脚本对象合称为 XDCscript。

　　创建和修改配置文件有两种不同的方式：

● 直接用文本的编辑器或 CCS 的 XDCscript 的编辑器写入 .cfg 文件。

● 使用 CCS 中嵌入的可视化配置工具（XGCONF）（见图 4 - 3）。

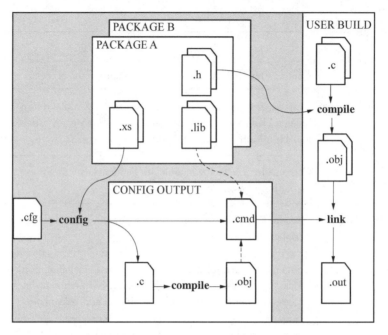

图 4-2　典型的 SYS/BIOS 应用程序的构建流程

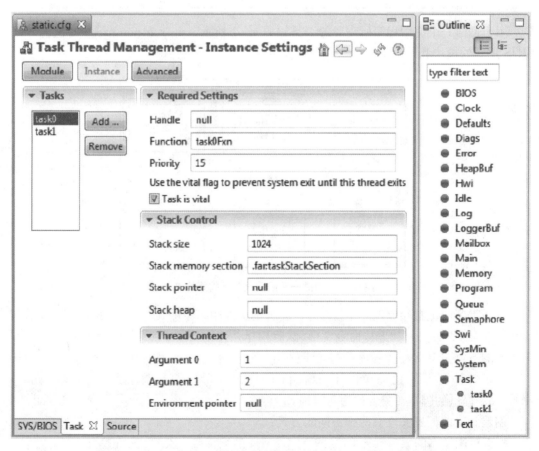

图 4-3　使用 CCS 中嵌入的可视化配置工具(XGCONF)修改配置文件

“task0”在配置工具中的设置任务实例对应于以下 XDCscript 代码：

```
var Task = xdc.useModule('ti.sysbios.knl.Task');
Task.numPriorities = 16;
Task.idleTaskStackSize = 1024;

var takParams = new Task.Params;
takParams.arg0 = 1;
takParams.arg1 = 2;
takParams.priority = 15;
takParams.stack = null;
takParams.stackSize = 1024;
var task0 = Task.create('&task0Fxn', takParams);
```

XDCtools 模块和 runtime APIs

XDCtools 包含提供基本系统服务的 SYS/BIOS 模块。大多数模块位于 XDCtools 的 xdc.runtime package 中。默认情况下，所有的 SYS/BIOS 应用程序在构建时自动添加 xdc.runtime 包。

XDCtools 提供的 C 代码和配置文件的功能可大致分为四类。表 4-2 列出的是 xdc.runtime package 中的模块。

表 4-2　C 代码和配置中使用的 XDCtools 模块

分　类	模　块	描　　　述
System Services	System	Basic low-level "system" services. For example, character output, printf-like output, and exit handling. See Section 8.3. Proxies that plug into this module include xdc.runtime.SysMin and xdc.runtime.SysStd.
	Startup	Allows functions defined by different modules to be run before main().
	Defaults	Sets event logging, assertion checking, and memory use options for all modules for which you do not explicitly set a value.
	Main	Sets event logging and assertion checking options that apply to your application code.
	Program	Sets options for runtime memory sizes, program build options, and memory sections and segments. This module is used as the "root" for the configuration object model. This module is in the xdc.cfg package.
Memory Management	Memory	Creates/frees memory heaps statically or dynamically.
Diagnostics	Log and Loggers	Allows events to be logged and then passes those events to a Log handler. Proxies that plug into this module include xdc.runtime.LoggerBuf and xdc.runtime LoggerSys.
	Error	Allows raising, checking, and handling errors defined by any modules.
	Diags	Allows diagnostics to be enabled/disabled at either configuration-or runtime on a per-module basis.

（续　表）

分　类	模　块	描　　　　述
Diagnostics	Timestamp and Providers	Provides time-stamping APIs that forward calls to a platform-specific time stamper (or one provided by CCS).
	Text	Provides string management services to minimize the string data required on the target.
Synchronization	Gate	Protects against concurrent access to critical data structures.
	Sync	Provides basic synchronization between threads using wait() and signal() functions.

4.2　SYS/BIOS 配置和构建

4.2.1　创建 SYS/BIOS 工程

创建方法：

（1）TI 资源管理器。启动 CCS 时可使用这个窗口创建工程并进行所有设置。适用于 CCSv5.3 和更高版本。

（2）CCS 新工程向导。从菜单栏中选择 File ＞ New ＞ CCS Project。需要设置设备和平台。适用于 CCSv5.2 和更高版本(CCSv5.2 之前的版本不支持 SYS/BIOSv6.34 或更高版本)。

4.2.1.1　用 TI 资源管理器创建 SYS/BIOS 工程

（1）打开 CCS。

（2）如果看不到 TI Resource Explorer 区域(见图 4-4)，请确保在 CCS Edit perspective 下选择菜单栏 View ＞ TI Resource Explorer。

（3）展开 SYS/BIOS 显示 SYS/BIOS ＞ *family* ＞ *board*，Family board 就是用户使用的平台。选择你所想要创建的例子。在实例列表那一页的上方有关于所选实例的介绍。在刚开始学习 SYS/BIOS 的时候，可以选择 Generic Examples 下的 Log Example。

在开始创建用户的应用工程时，用户可以根据目标应用使用内存的大小，选择"Minimal"或者"Typical"例程。对于某些系列的设备，与设备相关的 SYS/BIOS 模板也被提供(如果你使用了 IPC，就可以使用 IPC 模板)。

（4）单击 TI Resource Explorer 右侧的 Step 1，将示例工程导入到 CCS。这将在 Project Explorer View 中增加一个新的工程。

Step 1:　　▶ Import the example project into CCS

（5）构建的工程需要以＜example_name＞_＜board＞为格式确定工程的名字。用户可以扩展开工程，以便查看或者改变源代码和配置文件。

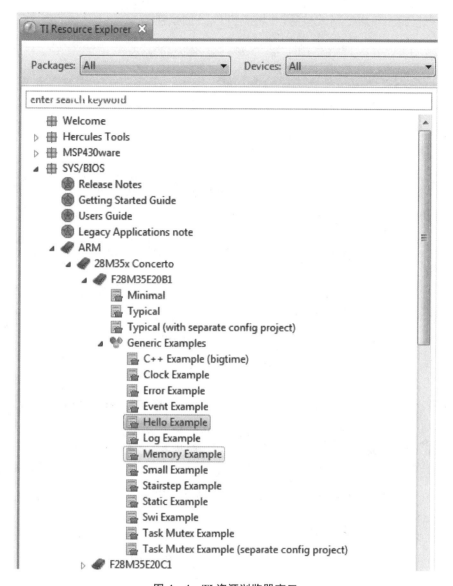

图 4 - 4　TI 资源浏览器窗口

（6）当在 TI Resource Explorer 中选择一个实例之后，这一页会提供其他的连接，以帮助完成与实例相关的通用的操作。

（7）构建工程时单击 Step 2。如果要改变构建选项（如构建器，连接器，RTSC(XDCtools)），右键单击该工程，选择"Properties"。

Step 2:　🔧 Build the imported project

（8）单击 Step 3 更改连接方式。如果要用 simulator，而不需要硬件连接，双击工程中的 ＊. CCXML 文件，打开目标配置文件编辑器。根据需要更改"Connection"，然后单击"save"。

Step 3:　🔧 Debugger Configuration

（9）单击 Step 4 启动调试会话，并切换到 CCS 调试视图。

Step 4: 🔧 <u>Debug the imported project</u>

4.2.1.2　使用新工程向导创建 SYS/BIOS

在 CCSV5.2 或者更高版本上，可以用一下方法建立使用 SYS/BIOS 的工程。

（1）打开 CCS，选择 File ＞ New ＞ CCS Project（见图 4－5）。

（2）在新工程的对话框中输入工程名。工程默认路径与当前工作台相同。

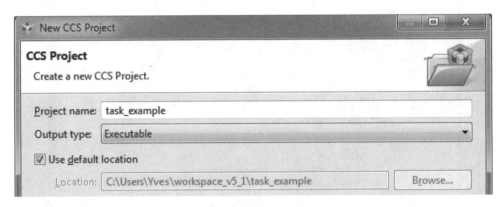

图 4－5　新建 CCS 工程窗口

（3）在 Family 下拉菜单中选择平台型号；在 Variant 选择详细的设备型号。比如你可以选择 C2000 或者 C6000。

（4）在 Variant 这一栏，选择类型或者在左边过滤一下。这样会缩短设备变量下拉域的大小。然后选择确实使用到的设备，如选择"Generic devices" 下的"Generic C64x＋ Device"。

（5）在 Connection 下拉菜单选择连接方式（如 simulator，emulator，Data Snapshot Viewer 等）。

（6）如果需要使用非默认设置，包括设备的大小端模式（endianness），Code-generation tools、output format，Runtime support library 等，点击"Advanced settings"左侧的箭头，在列表中进行更改（见图 4－6）。通常是不需要修改这些选项的。

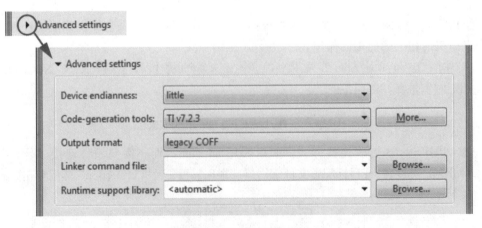

图 4－6　高级设置窗口

　　注意：在你开始使用 SYS/BIOS 时，你是不能指定你自己的 Linker command 文件的。一个 linker command file 在你构建工程的时候会被创建并自动使用。当你对 SYS/BIOS 学习了解更多是，你可以添加自己的 linker command file，但是必须保证与系统自己创建的文件不冲突。

　　（7）在 Project templates 区展开 SYSBIOS 工程实例进行选择（见图 4 - 7）。

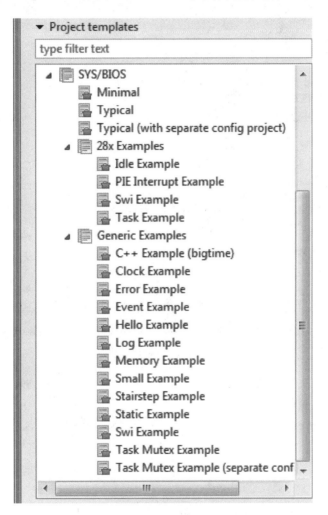

图 4 - 7　新建 SYS/BIOS 工程的模板

　　（8）单击"Next"到 RTSC 配置页面。

　　（9）在 RTSC 配置设置中，选中需要的 SYS/BIOS（见图 4 - 8），XDCtools 及其他组件的版本。默认情况下选择最新版本。

　　（10）Target 设置基于前面设备配置（见图 4 - 9），在这里无需更改。

　　（11）如果 Platform 没有自动填充，Platform 需要在下拉菜单中选择与设备适用的平台。

　　（12）Build-profile 决定程序连接的库，这里推荐使用"release"设置，即使你仍然处在创建和调试程序阶段。

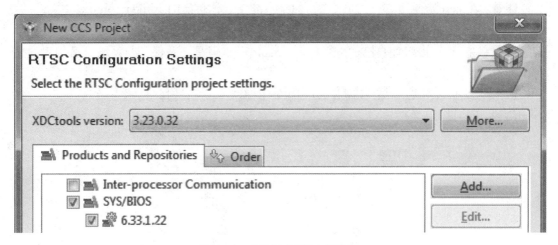

图 4-8 SYS/BIOS 版本的选择

图 4-9 目标板配置

(13) 单击"Finish"完成工程创建,并将其添加到 C/C++工程列表中。

4.2.1.3 在工程中添加 SYS/BIOS 支持

通过以上两种方法创建的工程,会自动添加配置文件,同时 SYS/BIOS 支持也被使能。如果创建时使用空的 CCS 工程模板,可以选择 File > New > RTSC Configuration File 添加 SYSBIOS。如果工程不支持 RTSC 使能,系统会问你是否在当前工程中使用使能支持 RTSC,选择 Yes。

4.2.1.4 创建一个单独配置工程

如果想在单独的工程中,保存配置文件,例如多个应用程序使用相同的配置,可以创建两个单独的工程: C source code project 和 Configuration project。

配置工程可以被主工程引用,这会导致在构建主工程时,配置工程会被自动构建进去。创建新的 CCS 工程时,选择 SYS/BIOS > Typical (with separate config project),可以创建两个工程,他们的引用关系已经被创立。

4.2.2 配置 SYS/BIOS 应用程序

用户可以通过修改工程中的 *.cfg 配置文件来配置 SYS/BIOS 的应用(见图 4-10)。这些.cfg 配置文件使用 XDCscript 语言进行编写,他们是 Java 脚本的超集(superset)。用户可以用文本编辑器编辑这些文件,CCS 也提供图形配置编辑器 XGCONF。

XGCONF 是很有用的,因为它为我们提供了简单的方式,去观察可用的选项以及用户当前的配置。当已经完成配置之后,由于一些模块以及语句是在后台被激活的,XGCONF 是一个非常有用的工具来看这些内部活动的作用。

举个例子,下面这张图给出 CCS 使用 XGCONF 配置工具,完成静态 SYS/BIOS Swi 的配置实例。

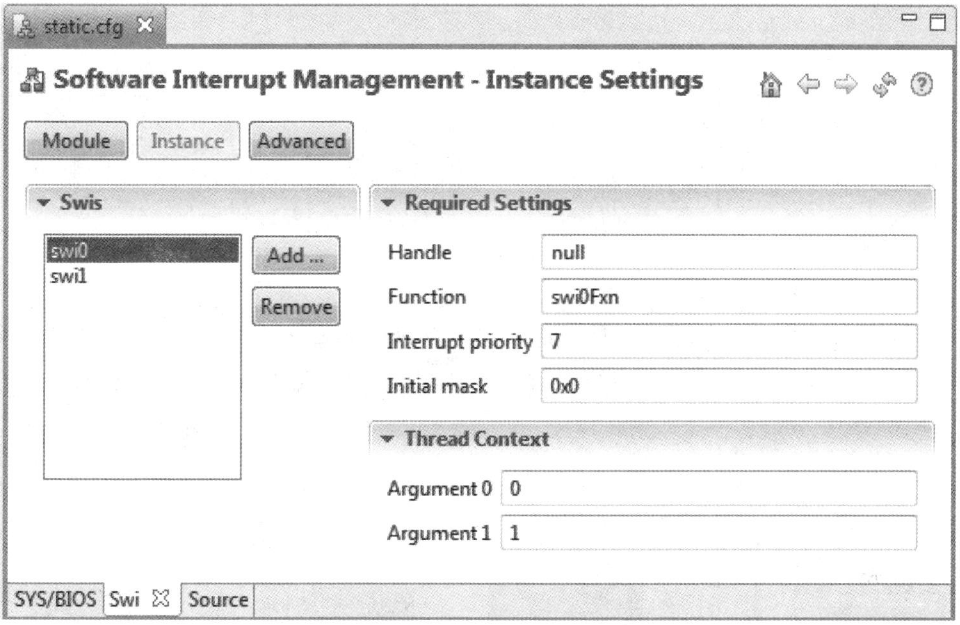

图 4-10　*.cfg 文件视图

使用 Source tab,可以看到其对应的 SWI 创建代码如下:

```
var Swi = xdc.useModule ('ti.sysbios.kn1.Swi');

/* Create a Swi Instance and manipulate its instance parameters. */
var swiParams = new Swi.Params;
swiParams.arg0 = 0;
swiParams.arg1 = 1;
swiParams.priority = 7;
Program.global.swi0 = Swi.create('&swi0Fxn', swiParams);

/* Create another Swi Instance using the default instance parameters */
Program.global.swi1 = Swi.create('&swi1Fxn');
```

4.2.2.1　用 XGCONF 打开配置文件

(1) 确保在 CCS 的 C/C++视图中,如果不在,请单击 C/C++图标进入 C/C++视图。

(2) 在 Project Explorer 树下,双击.cfg 文件。当 XGCONF 被打开,CCS 的状态条会显

示配置正在被处理,且为有效。

(3) XGCONF 打开后显示 Welcome 页面,这个页面提供链接到 SYS/BIOS 文档资源(见图 4 - 11)。

(4) 单击 System overview,可以方便显示程序使用的主要模块。

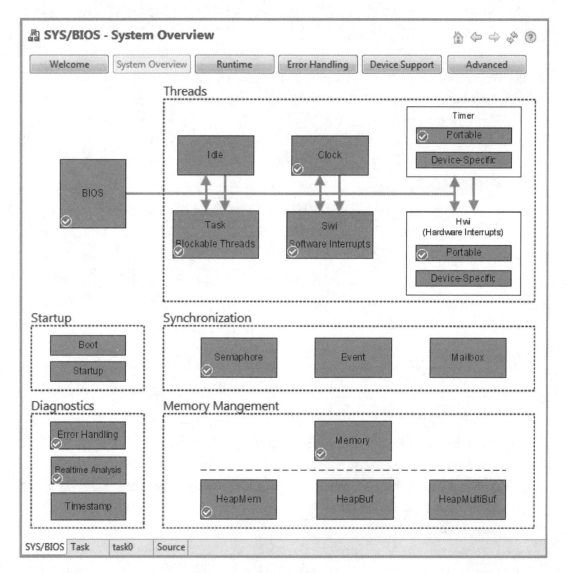

图 4 - 11　SYS/BIOS 的系统视图

注意:如果配置是在一个文本编辑器中显示的,而不是在 XGCONF 中显示的话,右击 .cfg 文件同时选择 Open with→XGCONF。

你可以同时打开多个配置文件。但是,多个配置文件使用 XGCONF 会造成资源紧张,可能会降低系统的运行速度。

4.2.2.2　用 XGCONF 执行的配置任务

下面给出可以用 XGCONF 执行的配置任务:

- 生成更多的可用模块。
- 查找模块。
- 添加模块都配置。
- 从配置中删除模块。
- 添加实例到配置。
- 从配置中删除实例。
- 改变模块的属性值。
- 改变实例的属性值。
- 获取模块的帮助信息。
- 配置内存映射以及段的分配。配置文件允许用户指定哪些段和堆可以被 SYS/BIOS 的模块使用，而不是放置在目标板上。
- 保存配置或者退回到最近保存的文件。
- 确定配置中的错误。

4.2.2.3　保存配置文件

更新配置后，按 Ctrl+S 或者选择 File > Save 进行保存。

在代码框中，右击选择 Revert File 重新加载最近保存的配置文件，Save 保存当前配置文件。

4.2.2.4　XGCONF 视图

XGCONF 工具由组合在一起使用的几个面板组成，如图 4-12 所示。

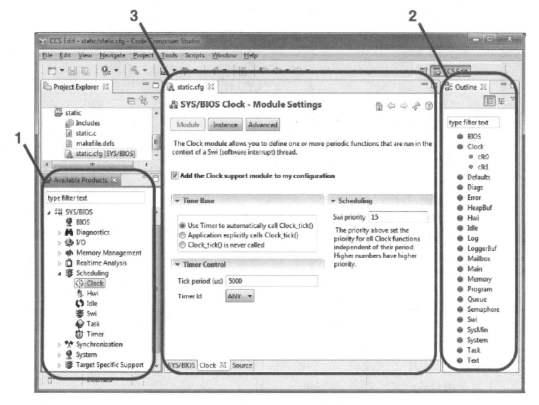

图 4-12　XGCONF 的界面图

（1）Available Products view：可以在此添加模块到配置中。

（2）Outline view：显示当前配置包含的模块。

（3）Property view：显示当前所选模块或者实例的设置，并可进行更改。

（4）Problems view：提示错误和警告信息。如果在验证过程中，检测到配置中有错误以及警告，则显示出来。

4.2.2.5 使用 Available Products 视图

图 4-13 给出用户的配置中可以使用的包（packages）和模块的列表，可用的模块在这个树中被列出来，不能用的在树中被隐藏起来。

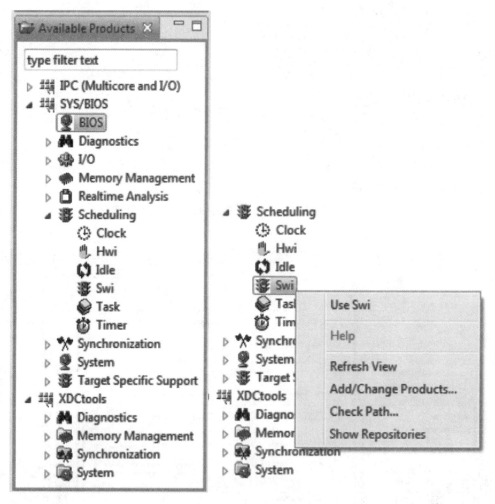

图 4-13 可得到的产品视图

在这里，可以实现查找模块，增加模块和实例到配置，管理已有的产品列表等。

4.2.2.6 使用 Outline 视图

这个视图给出用户配置文件.cfg 中的可以用的模块与实例，有两种途径可以查看：

（1）显示用户的配置。单击 ▦ 按钮。

（2）显示配置结果。单击 ▦ 按钮。

新建一个实例也很简单,如图 4 - 14 所示:给出新建一个 New Semaphore 的过程。

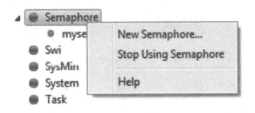

图 4 - 14　新建一个设备的视图

在这个视图中,可以获取帮助信息,通过右击模块的名称,从上拉菜单中选择 Help。关于 SYS/BIOS 和 XDC tools 的配置帮助在在线帮助的红色部分(XDC 脚本),而对于每个模块的帮助则在蓝色部分,给出各个模块的 C 语言 APIs。

模块前面蓝色小球表示这是目标模块,他可以在嵌入式目标板的运行状态下提供可以引用的数据与代码。红色小球表示这个模块是 meta-only 模块,表示这个模块只存在配置中,并不直接存在目标板中。在这里,也可以停止一个模块或者删除一个模块。

4.2.2.7　使用 Property 视图

有几种方法可以看到模块或者实例的属性:

(1) System Overview。

(2) Module,Instanced, or Basic。

(3) Advanced。

(4) Source。

所有的能看到的属性页,都可以通过从 Property View 的底端的 tab 键来切换访问。

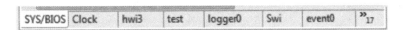

用户可以使用 🏠 ⬅ ➡ 在各个模块的属性页之间切换。Home 图标表示可以返回到 BIOS 的系统 Overview。对于数字域,用户可以右击这个域,同时选择 Set Radix 用来确定用十进制还是二进制显示这个区域。我们也可以进入 System Overview Block Diagram,如图 4 - 15 所示。

也可进入 Module 和 Instance 以及 Advanced 选项页,如图 4 - 16 和图 4 - 17 所示。

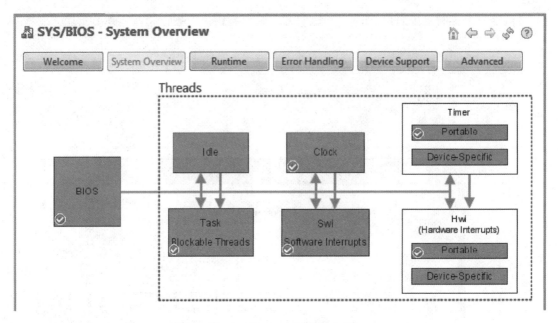

图 4 - 15　System Overview Block Diagram

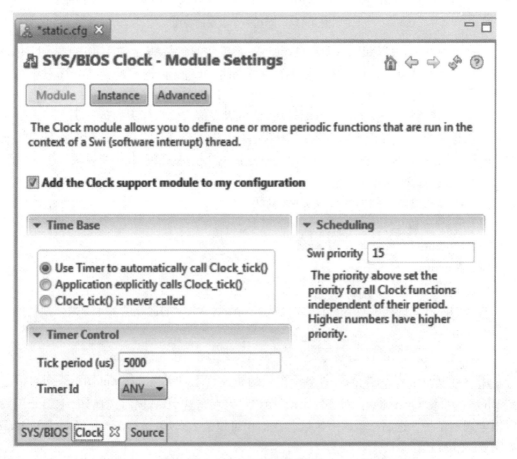

图 4 - 16　Module 选项页

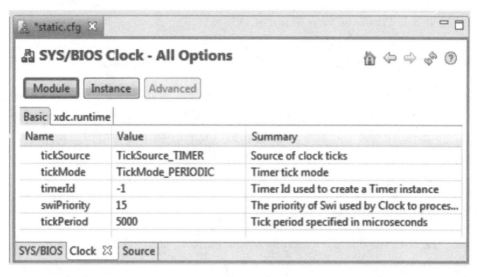

图 4 - 17　Advanced 选项页

此外,也可通过选择 Source tab,使用文本编辑器来编辑配置脚本。

4.2.2.8　使用 Problem 视图

Problem 视图(见图 4 - 18)显示构建或者验证过程中检测到的错误或者警告。当配置中有错误或者警告时,会自动显示。

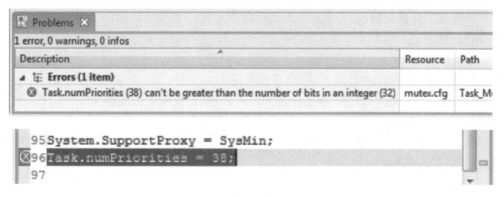

图 4 - 18　问题视图

4.2.2.9　寻找和定位错误

在以下情况对配置进行检查(语义检查、有效值检查、数据类型检查等):

● 在配置中添加\删除可以使用的模块。

● 在配置中添加\删除实例。

● 保存配置\单击刷新按钮。

也可单击 Refresh 🔄 按钮,通过保存配置来强行进行错误检查。检查意味着语法检测,以保证引用的对象是确实存在的。同时也会保证其属性是否在一个合理的范围内,也会检查数据类型是否设置合理。在代码框编辑配置文件时,只有保存配置时进行检查。

配置检查时在右下角出现窗口。

检查完毕后在 Problems view 中显示错误信息。

4.2.2.10　访问全局命名空间

许多配置实例中将变量定义在"Program. global"命名空间。例如

    Program.global.myTimer = Timer.create(1, "&myIsr", timerParams)。

Program 模块是 XDCtools 创建的配置对象的根目录,被配置脚本的隐藏使用。Program. global 中定义的变量是全局符号,并可以在 C 代码中直接引用。它在一个产生的头文件中被声明。如果要使用这些变量,用户的 C 代码需要包含以下头文件:

    ♯include <xdc/cfg/global.h>

C 代码可以直接访问这些全局符号,比如:

    Timer_reconfig(myTimer, tickFxn, &timerParams, &eb);

如果不想♯include 整个 global. h,也可以直接声明具体的外部句柄,例如:在 C 代码中添加如下声明,允许用户静态地配置 myTimer 这个对象。

    ♯include <ti/sysbios/hal/Timer.h>
    extern Timer_Handle myTimer。

4.2.3　构建 SYS/BIOS 程序

如果配置文件做过修改,在构建工程的时候配置文件将被重新构建。

构建步骤:

(1) 选择 Project > Build Project。

(2) 在 Console 视图中检查日志,是否发生错误。

(3) 构建完成后在 C/C++视图中展开调试目录,查看构建生成的文件。

4.2.3.1　了解构建流程

SYS/BIOS 程序的构建开始处增加了对.cfg 配置文件的处理。构建时在命令行中可以看到运行 XDCtools 的"xs"组件:

    'Invoking: XDCtools'

    "<xdctools_install>/xs" -- xdcpath = "<sysbios_install>/packages;" xdc.tools.configuro

    -o configPkg -t ti.targets.arm.elf.M3 -p ti.platforms.concertoM3: F28M35H52C1

    -r release -c "C: /ccs /ccsv5 /tools /compiler /tms470" "... /example.cfg"

在 CCS 中 Project > Properties 选择 CCS Build > XDCtools 目录可以控制命令行选项,如图 4-19 所示。

4.2.3.2　与 CCS 工程属性一起工作的规则

如果用户建立的 CCS 工程包含配置文件,右击工程名选择"Properties"可更改工程属性:在 CCS General 目录中"General"用于构建器设置、RTSC 用于"configure"选择。

如果.cfg 文件中有特殊平台配置,则必须更改 CCS General > RTSC 中与平台相关的设置。

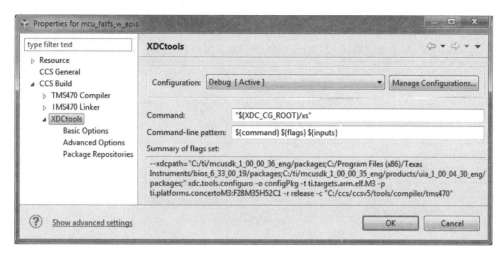

图 4-19　改变命令行选项的窗口

4.2.3.3　用 GCC 构建应用程序

这一部分主要介绍如何在 Windows 或者 Linux 系统中应用程序的构建。这里不再详细介绍。

4.2.3.4　CCS 运行和调试程序

创建默认目标配置：

(1) 选择 File > New > Target Configuration File。

(2) 键入文件名,Finish。

(3) 选择连接方式。在设备栏选择所需设备型号。

(4) 选择 File > Save 或单击 save 保存。

(5) 右击目标配置文件,选择 Set as Default Target 设置默认调试目标。

调试程序步骤：

(1) 选择 Target > Debug Active Project 或单击 Debug 加载程序并切换到调试界面。

(2) 可以设置断点。按 F8 运行。

(3) 使用 XDCtools 和 SYSBIOS 中的多种工具进行调试：

● RTOS Object Viewer (ROV);

● Real-Time Analysis Tools (RTA);

● System Analyzer。

4.2.3.5　编译器和链接器的优化

用户可以通过选择不同的编译以及连接选项以优化自己的代码,使得执行效率更高,代码量更小,或者可以得到更多的调试信息。

可以在以下位置选择编译器和连接器的优化选项：

● Build-Profile：创建 CCS 工程或修改 CCS 通用设置时出现该项,建议使用"release"。"debug"选项主要在 TI 内部使用,"release"选项生成一个较小的可执行文件并且仍然可以进行调试。此处的设置主要影响 Codec Engine 和一些设备驱动的构建。

● Configuration：Properties 对话框顶部的下拉菜单,可以选择和自定义多个构建配置。

● BIOS. lib Type configuration parameter：在 XGCONF 或编辑.cfg 文件时进行设置,

可从两个预编译的 SYS/BIOS 库选择，或自定义 SYS/BIOS 库，如表 4 - 3 所示。

表 4 - 3　SYS/BIOS 自带以及用户定义的库

BIOS. lib Type	Compile Time	Logging	Code Size	Runtime Performance
Instrumented (BIOS. Lib Type_Instrumented)	Fast	On	Good	Good
Non-Instrumented (BIOS. Lib Type_NonInstrumented)	Fast	Off	Better	Better
Custom (BIOS. Lib Type_Custom)	Fast (slow first time)	As configured	Best	Best
Debug (BIOS. Lib Type_Debug)	Slower	As configured	–	–

● Instrumented(默认)：该选项与预构建的测试设备可用的 SYS/BIOS 库连接，所有的 Asserts 和 Diags 都已被检查，生成的代码对与 C28x、MSP430 来说过大，但构建时间短，便于使用和调试。

● Non-Instrumented：该选项与预构建的测试设备关闭的 SYS/BIOS 库连接，Asserts 和 Diags 的检查不编译在库中，运行性能和代码长度得到优化，构建时间短，便于使用。

● Custom：该选项构建的 SYS/BIOS 库包含程序所需的模块和外设接口，运行性能最好，代码长度最短。

● Debug：不推荐。(TI 内部开发人员使用)

4.3　SYS/BIOS 启动过程

SYS/BIOS 的启动逻辑上分为两段："main()"函数被调用前的操作和"main()"函数被调用后的操作。两段过程中有多处控制点供用户插入启动功能。

"before main()"完全受控于 XDCtools runtime package，包含：

● CPU 重置后立即执行目标 CPU 初始化(初始位置 c_int00)；

● 在 cinit()之前运行重置功能"reset functions"(xdc. runtime. Reset 模块实现)；

● 运行 cinit()初始化 C 运行环境；

● 运行用户提供的"first functions"(xdc. runtime. Startup 提供)；

● 运行所有模块初始化；

● 运行用户提供的"last functions"(xdc. runtime. Startup 提供)；

● 运行 pinit()；

● 运行 main()。

"after main()"由 SYSBIOS 控制，在 main()函数结尾处调用的 BIOS_start()初始化，包括：

● 启动函数：运行用户提供的"start functions"；

● 硬件中断使能；

● 时钟启动；

● 软件中断使能；
● 任务启动；

4.4　应用程序接口的硬件抽象层

SYS/BIOS 可以配置和管理中断、缓存和时钟。这些模块直接对设备硬件进行编程，并在硬件抽象层 HAL 中汇总。本章介绍中断使能和禁止、中断向量阻塞、中断的多路复用、缓存失效或写回。

HAL APIs 分为两种：
● 所有设备通用的 APIs
● 仅限指定设备或 ISA 家族的特殊 APIs

通用 APIs 涵盖了大多数的应用情况。开发者通过使用通用 APIs 可以轻松实现不同 TI 设备的程序移植，在通用 APIs 不能满足指定设备的硬件特点时，可用指定设备的 APIs。

4.5　SYS/BIOS 实例

(1) File→New 新建一个 CCS project(见图 4 - 20)。

图 4 - 20　新建 SYS/BIOS 工程

（2）在 Select a wizard 中选择 CCS project（见图 4 - 21）。

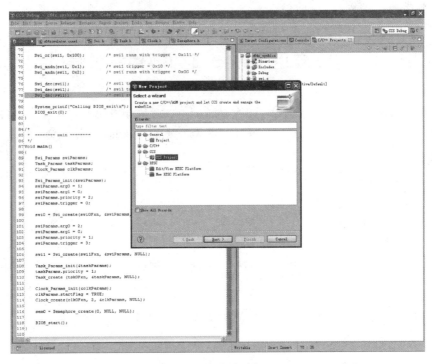

图 4 - 21 选择 CCS project

（3）Project name 中选择 C64_sim_sysbios（见图 4 - 22）。

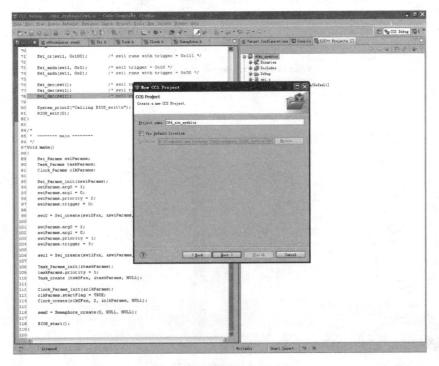

图 4 - 22 给 Project 起名

（4）Project type 中选择　C6000（见图 4 - 23）。

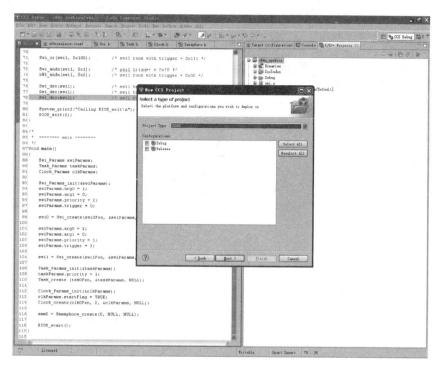

图 4 - 23　选择工程的类型

（5）Project setting 如图 4 - 24 所示。

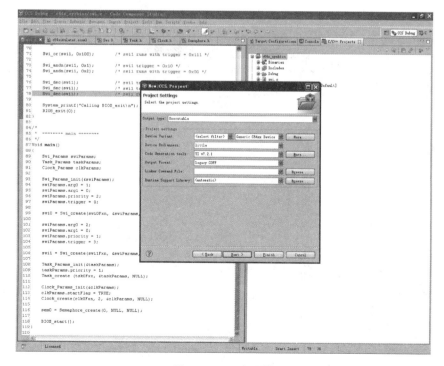

图 4 - 24　工程配置

（6）在 Project template 中选 Sys/bios→Generic example→Swi example（见图 4 - 25）。

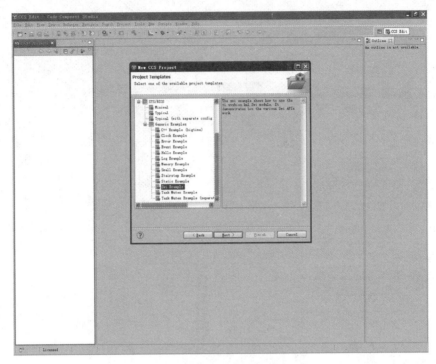

图 4 - 25　选择 SWI 模板作为例子

（7）在 RTSC platform 中选择 ti. platform. sim64xx（见图 4 - 26）。

图 4 - 26　选择 RTSC 平台

（8）单击 swi. cfg 文件可以看到 sys/bios 的配置（见图 4 - 27）。

图 4 - 27　SWI. cfg 的视图

（9）配置目标板文件 c64_sim_sysbios. ccxml（见图 4 - 28）。

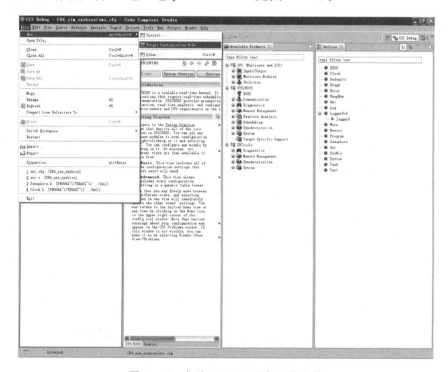

图 4 - 28　新建 CCXML 目标配置文件

（10）选择 TI 的 simulator 64xx 模板（见图 4 - 29）。

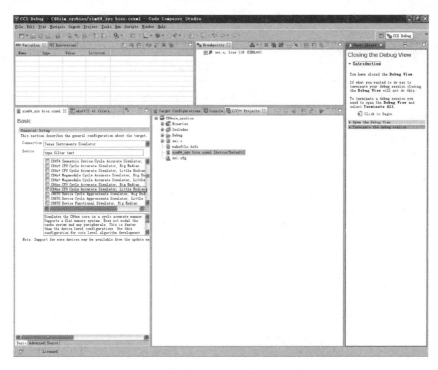

图 4 - 29　配置 ＊.CCXML 目标配置文件

（11）Build project（见图 4 - 30）。

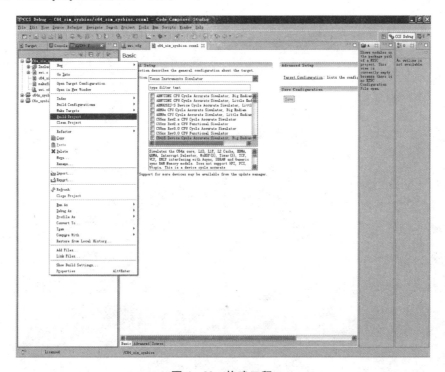

图 4 - 30　构建工程

(12) Debug 的 project(见图 4 - 31 和图 4 - 32)。

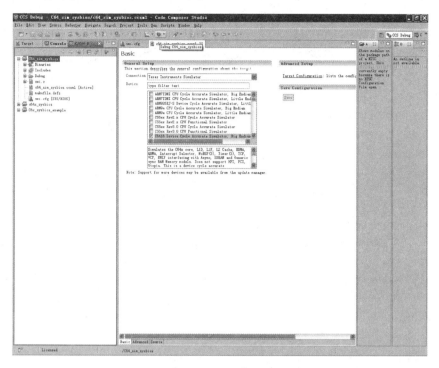

图 4 - 31　调试工程

图 4 - 32　程序运行到 Main 入口

单击 Resume 或者按 F8 看到如图 4 - 33 所示的运行结果：

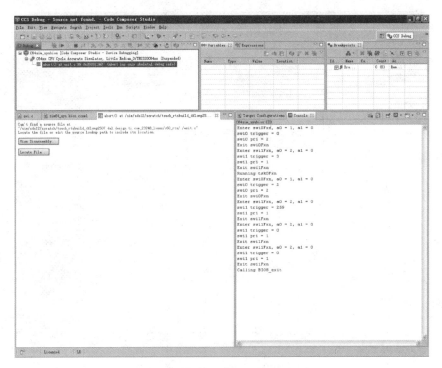

图 4 - 33　Console 窗口中的运行结果

上述例子的源代码解析：

```
/*  = = = = = = = = swi.c = = = = = = = =
 *   The swi example shows how to use the SYS /BIOS Swi module. It
 *   demonstrates how the various Swi APIs work.  */
# include <xdc /std.h>
# include <xdc /runtime /System.h>
# include <ti /sysbios /BIOS.h>
# include <ti /sysbios /knl /Swi.h>
# include <ti /sysbios /knl /Task.h>
# include <ti /sysbios /knl /Clock.h>
# include <ti /sysbios /knl /Semaphore.h>
# include <xdc /cfg /global.h>
Swi_Handle swi0, swi1;
Semaphore_Handle sem0;
/*  = = = = = = = = = swi0Fxn = = = = = = = =  */
Void swi0Fxn(UArg arg0, UArg arg1)
{
    System_printf("Enter swi0Fxn, a0 =  % d, a1 =  % d\n", (Int)arg0, (Int)arg1);
```

```
    System_printf("swi0 trigger = % d\n", Swi_getTrigger());
    System_printf("swi0 pri   = % d\n", Swi_getPri(swi0));
    System_printf("Exit swi0Fxn\n");
}
/* = = = = = = = = = swi1Fxn = = = = = = = = */
Void swi1Fxn(UArg arg0, UArg arg1)
{
    System_printf("Enter swi1Fxn, a0 = % d, a1 = % d\n", (Int)arg0, (Int)arg1);
    System_printf("swi1 trigger = % d\n", Swi_getTrigger());
    System_printf("swi1 pri   = % d\n", Swi_getPri(swi1));
    System_printf("Exit swi1Fxn\n");
}
/* = = = = = = = = = clk0Fxn = = = = = = = = */
Void clk0Fxn(UArg arg0)
{
    Swi_post(swi0);
    Swi_post(swi1);
    Semaphore_post(sem0);
}
/* = = = = = = = = = tsk0Fxn = = = = = = = = */
Void tsk0Fxn(UArg arg0, UArg arg1)
{
    UInt key;
    /* wait for swis to be posted from Clock function */
    Semaphore_pend(sem0, BIOS_WAIT_FOREVER);
    System_printf("Running tsk0Fxn\n");
    key = Swi_disable();          /* swis are disabled */
    Swi_inc(swi0);                /* swi0 trigger = 1 */
    Swi_inc(swi0);                /* swi0 trigger = 2 */
    Swi_restore(key);             /* swi0 runs */
    Swi_or(swi1, 0x100);          /* swi1 runs with trigger = 0x111 */
    Swi_andn(swi1, 0x1);          /* swi1 trigger = 0x10 */
    Swi_andn(swi1, 0x2);          /* swi1 runs with trigger = 0x00 */
    Swi_dec(swi1);                /* swi1 trigger = 2 */
    Swi_dec(swi1);                /* swi1 trigger = 1 */
    Swi_dec(swi1);                /* swi1 runs with trigger = 0 */
    System_printf("Calling BIOS_exit\n");
    BIOS_exit(0);
```

```
}
/* = = = = = = = = = main = = = = = = = = */
Void main()
{
    Swi_Params swiParams;
    Task_Params taskParams;
    Clock_Params clkParams;
    Swi_Params_init(&swiParams);
    swiParams.arg0     = 1;
    swiParams.arg1     = 0;
    swiParams.priority = 2;
    swiParams.trigger  = 0;
    swi0 = Swi_create(swi0Fxn, &swiParams, NULL);
    swiParams.arg0     = 2;
    swiParams.arg1     = 0;
    swiParams.priority = 1;
    swiParams.trigger  = 3;
    swi1 = Swi_create(swi1Fxn, &swiParams, NULL);
    Task_Params_init(&taskParams);
    taskParams.priority = 1;
    Task_create(tsk0Fxn, &taskParams, NULL);
    Clock_Params_init(&clkParams);
    clkParams.startFlag = TRUE;
    Clock_create(clk0Fxn, 2, &clkParams, NULL);
    sem0 = Semaphore_create(0, NULL, NULL);
    BIOS_start();
}
```

第5章 多核 DSP 的软件
仿真与实例精解

Code Composer Studio(CCStudio)是一个专用于德州仪器(TI)嵌入式处理器系列的集成开发环境(IDE)。CCStudio 中包含一整套用于开发和调试嵌入式应用的工具。它包括每个 TI 设备系列的编译器,源代码编辑器,项目构建环境,调试器,分析器,模拟器,实时操作系统和许多其他功能。直观的 IDE 提供的用户界面引导用户通过向导实现开发。友好的工具和界面让用户比以往任何时候都更快地上手,并把功能添加到他们的应用当中。

Code Composer Studio 是基于 Eclipse 的开源软件框架。Eclipse 软件框架最初是用来作为创建一个开放框架的开发工具。Eclipse 提供了一个用于建设软件开发环境的优秀软件框架,它正成为众多嵌入式软件供应商所使用的标准框架。CCStudio 将 Eclipse 软件框架和 TI 的嵌入式调试功能的优点相结合,因此为嵌入式开发人员提供了功能极为丰富的开发环境。

以下是 Code Composer Studio IDE 一些主要特点:

1) 资源管理器

资源管理器使用户能够快速访问常用任务,如创建新的项目,以及使用户能够浏览 ControlSUITE,StellarisWare 提供的部分示例。

2) Grace™— 外设生成代码

Grace 可以让 MSP430 用户使用外围设备在几分钟之内生成代码,而且生成的代码是完全带注释,简单易读懂的 C 代码。

3) SYS/BIOS

SYS/BIOS 是一种广泛应用于 TI 数字信号处理器(DSP),ARM 微处理器,微控制器的先进的实时操作系统。它是专为需要实时调度,同步的嵌入式应用而设计,提供了抢占式多任务处理,硬件抽象,和内存管理。

4) 编译器

Code Composer Studio 包含了用于 TI 的嵌入式设备架构的 C/C ＋＋ 编译器。C6000™和 C5000™数字信号处理器的编译器最大限度地表现出这些架构的性能潜力。TI 的 ARM 和 MSP430 微控制器的编译器,更适合其应用程序域的代码大小的同时也没有牺牲其性能。TI 的 C2000™实时微控制器的编译器充分利用了这个架构中许多性能和代码大小功能。TI 编译器提供的优化是世界一流的。C6000DSP 编译器的软件优化是该体系结构的性能成功的基石。还有许多其他的优化,包含通用和特定目标,提高所有 TI 编译器的性能。这种优化可以应用在多个层面:模块内,整个功能,部分文件,甚至整个文件。

5）Linux/Android 调试

Code Composer Studio 支持 Linux/Android 应用程序在运行和停止模式下进行调试。在运行模式下进行调试，可以进行一个或多个进程的调试。要做到这一点，CCStudio 上启动 GDB 调试器来控制目标端口（GDB 服务器进程）。在这期间，内核一直处于运行状态。在停止模式下进行调试，CCStudio 将停止该处理器采用的 JTAG 仿真器。内核和所有的进程都完全暂停。然后，它可以检查处理器和当前进程的状态。

6）系统分析器

系统分析器是一套使应用程序代码的性能和行为变得实时可视性的工具，并允许对软件和硬件仪器收集的信息进行分析。

7）图像分析仪

Code Composer Studio 能够以图形方式查看变量和数据，包括本地格式的视频和图像。

8）硬件调试

TI 嵌入式处理器，包含一系列先进的硬件调试功能。处理器的不同功能可以概括为：

● 非侵入式访问寄存器和存储器。

● 实时模式使后台代码挂起，而继续执行时间关键中断服务例程。

● 多核心业务，例如同步运行，步进和停止。还包括跨核心触发，它可以实现由一个核触发其他内核停止。

● 先进的硬件断点，观察点和统计计数器。

● 处理器跟踪可以用来调试复杂的问题，测试性能和监控活动。

5.1 CCS V5 的安装使用

CCSV5 相对于之前成熟使用的 CCSV3.3 在结构上有较大调整，根据我们使用的经验，将两个版本的区别简要介绍如下：

（1）安装好 CCSV5 之后，CCSV5 版本只生成一个 CCSV5 运行的图标。而 CCSV3.3 会生成两个图标，一个是 CCSV3.3 的运行图标，另外一个是 CCS Setup 图标。

（2）CCSV5 更加注重 Workspace 的管理。

（3）CCSV5 将程序的编辑（Edit）和调试（debug）分成两个界面来操作，且有切换按钮。

5.1.1 CCSV5.1 的下载

（1）登录 TI 官网，单击"工具与软件"选项卡，选择"开发工具包括 Code Composer Studio IDE"，进入如图 5-1 所示页面，点击 Code Composer Studio（CCStudio）。

（2）进入页面后，向下拖动，找到"立即订购"，单击"下载"按钮，如图 5-2 所示；进入 CCS 的下载页面，找到 5.1.1 版本，下载对应操作系统的软件即可，如图 5-3 所示。

（3）或者直接单击下载链接：

http://software-dl.ti.com/dsps/forms/self_cert_export.html? prod_no=CCS5.1.1.00031 _win32.zip&ref_url=http://software-dl.ti.com/dsps/dsps_public_sw/sdo_ccstudio/ CCSv5/CCS_5_1_1/。

图 5-1　开发工具界面

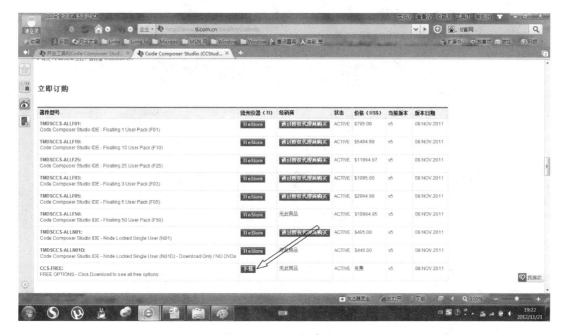

图 5-2　立即订购页面

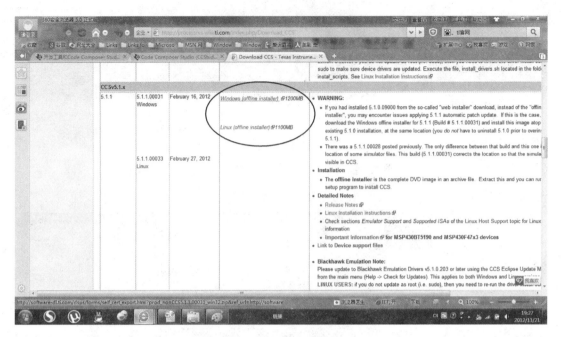

图 5-3   ccs 下载页面

（4）进入下载链接后 TI 会要求注册账户，注册成功之后即可下载。

5.1.2   CCSV5.1 的安装

（1）运行下载的安装程序 ccs_setup_5.1.1.00031.exe，当运行到如图 5-4 所示时，选择 Custom 选项，进入手动选择安装通道。

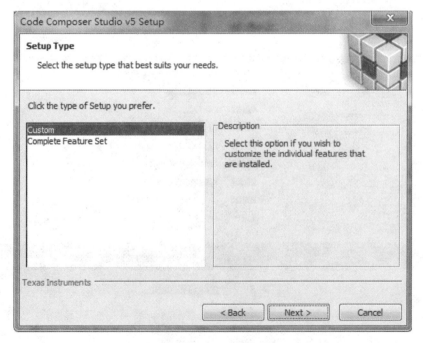

图 5-4   安装过程 1

（2）单击 Next 按钮,得到如图 5 - 5 所示的窗口,选择需要的芯片类型,本次选择了支持 C6000 Single Core DSPs 的选项。单击 Next,保持默认配置,继续安装。

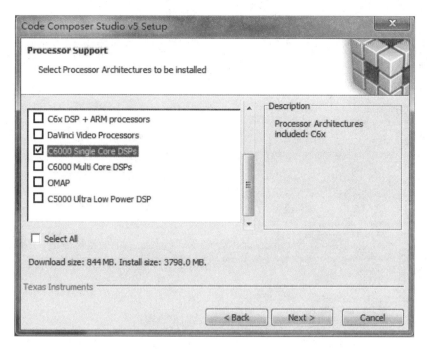

图 5 - 5　安装过程 2

（3）软件安装完成后,单击 Finish 按钮,将运行 CCS,弹出如图 5 - 6 所示窗口,若要改变默认路径,则单击 Browse 按钮,将工作区间链接到所需文件夹,一般不勾选"Use this as the default and do not ask again"。

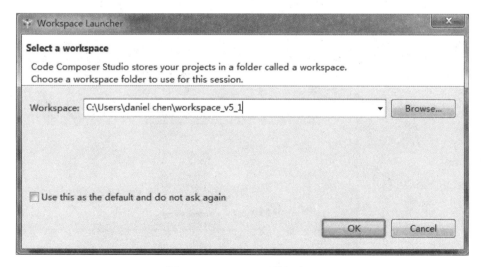

图 5 - 6　Workspace 选择窗口

（4）单击 OK 按钮,第一次运行 CCS 需进行软件许可的选择,如图 5 - 7 所示。

若有 License,可以选择 ACTIVATE 进行激活;此处选择了 EVALUATE 进行免费试

用;若要长期的免费使用,可以选择 FREE LICENSE,但是使用的功能会受到限制;最后的
CODE SIZE LIMITED(MSP430)选项,对于 MSP430,CCS 免费开放 16 KB 的程序空间,单
击 Finish 按钮,即可进入 CCSV5.1 软件开发集成环境,如图 5-8 所示。

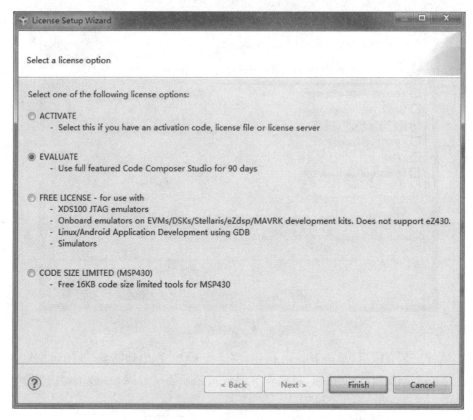

图 5-7　软件许可选择窗口

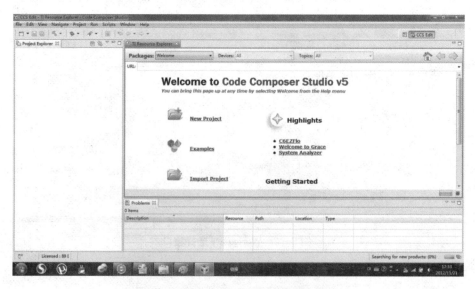

图 5-8　CCSV5 软件开发集成环境界面

5.1.3 CCSV5.1 的使用

5.1.3.1 新建工程

（1）首先打开 CCSV5.1 并确定工作区间，然后选择 File→New→CCS Project 弹出如图 5-9 所示的对话框。

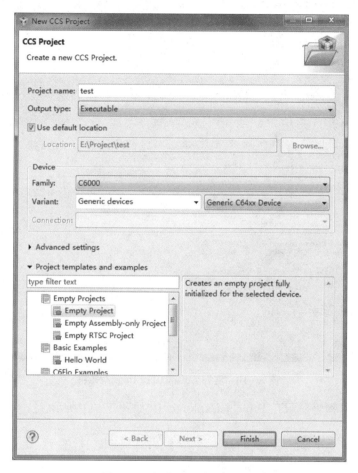

图 5-9 新建 CCS 工程对话框

（2）在 Project name 中输入新建工程的名称，在此输入 test。

（3）在 Output type 中有两个选项：Executable 和 Static library，前者为构建一个完整的可执行程序，后者为静态库。在此保留：Executable。

（4）在 Device 部分选择器件的型号：在此 Family 选择 C6000；Variant 选择 Generic devices，芯片选择 Generic C64xx Device；Connection 保持默认。

（5）在 Project templates and examples 这一栏，可以选择 Basic Example 下的 Hello word，建立一个 Hello world 的实例程序。

（6）单击 Advanced settings 按钮可以展开设置，Device endianness 选择 little，Runtime support library 选择 rts6400.lib，如图 5-10 所示。

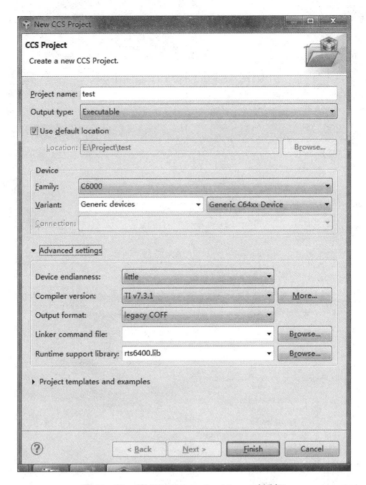

图 5 - 10　展开 Advanced settings 对话框

（7）创建的工程将显示在 Project Explorer 中，如图 5 - 11 所示。

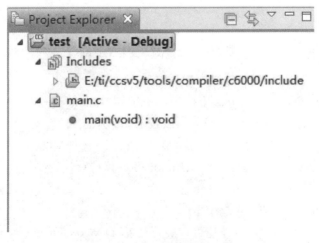

图 5 - 11　初步创建的新工程

（8）若要新建或导入已有 .h 或 .c 文件，方法步骤与 CCS v3.3 一致，此处不再赘述。

5.1.3.2　调试工程

1）创建目标源文件

（1）在系统自动生成的 Hello world 工程中，可以添加用户自己需要测试的简单代码，如图 5－12 所示。

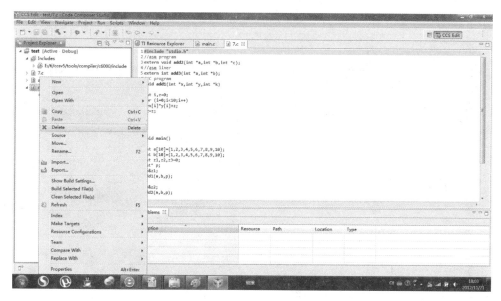

图 5－12　加入用户自己的测试代码

（2）创建目标配置文件步骤如下：右键单击项目名称，并选择 NEW→Target Configuration File，如图 5－13 所示。

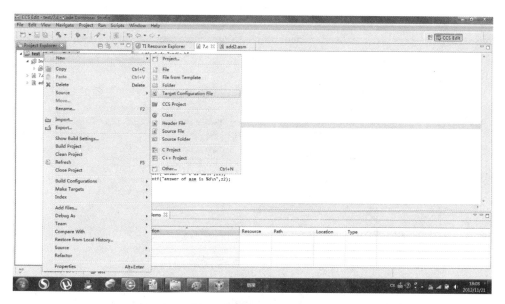

图 5－13　创建新的目标

（3）在 File name 中键入后缀为.ccxml 的配置文件名，此处命名为 C6416.ccxml，如图 5－14 所示。

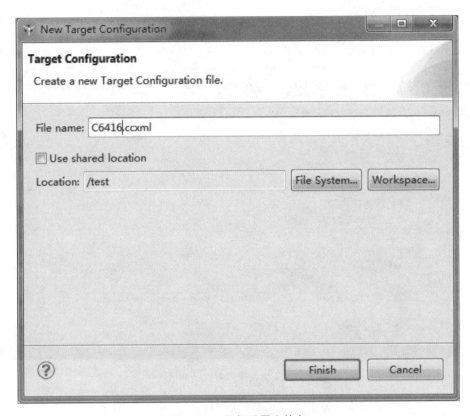

图 5－14　目标配置文件名

（4）单击 Finish 按钮，将打开目标配置编辑器，如图 5－15 所示。

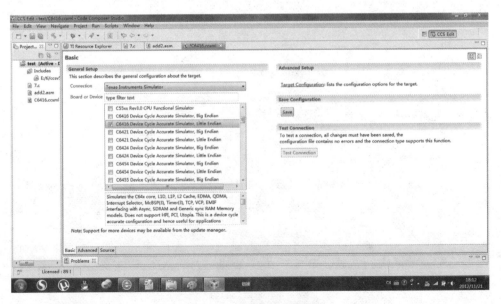

图 5－15　目标配置编辑器

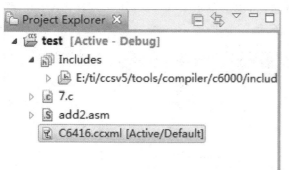

图 5‑16　项目与配置后的目标文件

（5）将 Connection 选项改为：Texas Instruments Simulator，在 Board or Device 菜单中选择芯片型号，在此选择 C6416 Device Cycle Accurate Simulator，Little Endian。配置完成之后，单击 Save，配置将自动设为活动模式。如图 5‑16 所示，一个项目可以有多个目标配置，但只有一个目标配置在活动模式。要查看系统上所有现有目标配置，只需要去 View→Target Configurations 查看。

2）启动调试器

（1）首先将 test 工程进行编译通过：选择 Project→Build All，编译目标工程。

编译结果，如图 5‑17 所示，表示编译没有错误产生，可以进行下载调试；如果程序有错误，将会在 Problems 窗口显示，根据显示的错误修改程序，并重新编译，直到无错误提示。

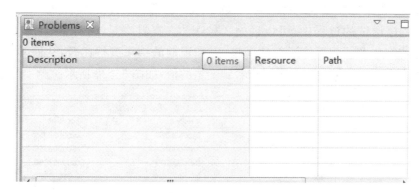

图 5‑17　test 工程调试结果

（2）单击绿色的 Debug 按钮 ![] 进行下载调试，得到如图 5‑18 所示的界面。

图 5‑18　调试窗口界面

（3）运行程序之前，需要先将程序 load 进去，单击菜单 Run→Load→Load Program，弹出如下对话框，单击 OK 即可。如图 5‑19 所示。

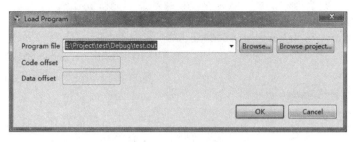

图 5‑19　加载程序对话框

（4）单击运行图标 ▯▶ 运行程序，观察显示的结果。在程序调试的过程中，可通过设置断点来调试程序：选择需要设置断点的位置，右击鼠标选择 Breakpoints→Breakpoint，断点设置成功后将显示图标 🔖，可以通过双击该图标来取消该断点。程序运行的过程中可以通过单步调试按钮 🔧 🔧 🔧 🔧 🔧 配合断点单步的调试程序，单击重新开始图标 🔄 定位到 main()函数，单击复位按钮 🔧 复位。可通过中止按钮 ▮ 返回到编辑界面。

（5）在程序调试的过程中，可以通过 CCSV5.1 查看变量、寄存器、汇编程序或者是 Memory 等的信息 显示出程序运行的结果，以和预期的结果进行比较，从而顺利地调试程序。单击菜单 View→Variables，可以查看到变量的值，如图 5‑20 所示。

Name	Type	Value	Location
a	int[10]	0x00008060	0x00008060
b	int[10]	0x00008088	0x00008088
p	int *	0x00000000	0x000080B8
z1	int	0	0x000080B0
z2	int	0	0x000080B4

图 5‑20　变量查看窗口

（6）单击菜单 View→Registers，可以查看到寄存器的值，如图 5‑21 所示。

Name	Value	Description
Core Registers		
Timer Registers		
L2 Registers		
RegisterPairs		
Interrupt Registers		
EDMA Registers		
QDMA Registers		
Serial Port Registers		
EMIF Registers		
GPIO Registers		
PCI/UTOPIA Registers		
VCP/TCP Registers		

图 5‑21　寄存器查看窗口

（7）单击菜单 View→Memory Browser，可以得到内存查看窗口，如图 5‑22 所示。

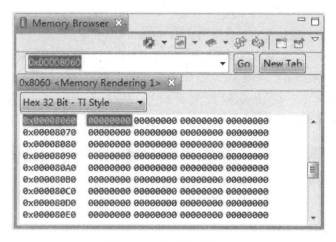

图 5‑22　内存查看窗口

5.1.3.3　新建含 bios 的工程

（1）首先打开 CCSV5.1 并确定工作区间，然后选择 File→New→CCS Project 弹出如图 5‑23 所示对话框。

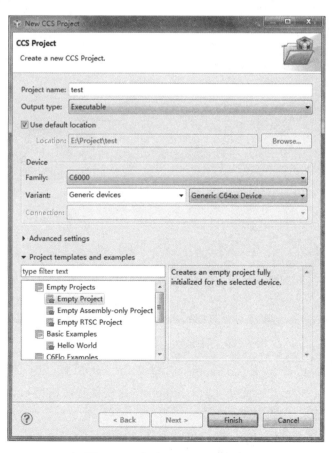

图 5‑23　新建 CCS 工程对话框

（2）在 Project name 中输入新建工程的名称，在此输入 bios_example。

（3）在 Output type 中有两个选项：Executable 和 Static library，前者为构建一个完整的可执行程序，后者为静态库。在此保留：Executable。

（4）在 Device 部分选择器件的型号：在此 Family 选择 C6000；Variant 选择 Generic devices，芯片选择 Generic C64xx Device；Connection 保持默认。

（5）单击 Advanced settings 可以展开设置，Device endianness 选择 little，Runtime support library 选择 rts6400.lib，如图 5 - 24 所示。

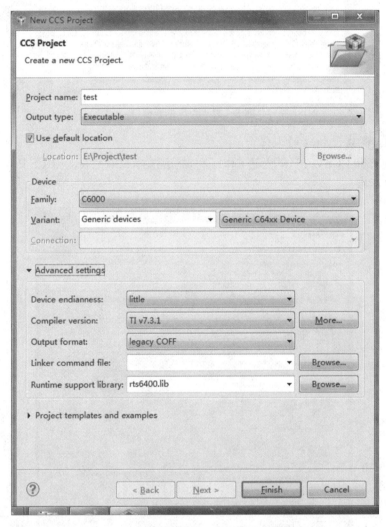

图 5‐24 展开 Advanced settings 对话框

（6）Project templates and example 选择 DSP/BIOS v5. xx Examples → sim6416 Examples→mailbox example（此处选取 mailbox 作为实例程序讲解），如图 5 - 25 所示，然后单击 Finish 完成新工程的创建。

（7）如果需要更改 bios 的一些设置。双击 Project Explorer 中 bios_example 下的 mailbox. tcf 文件，如图 5 - 26 所示。

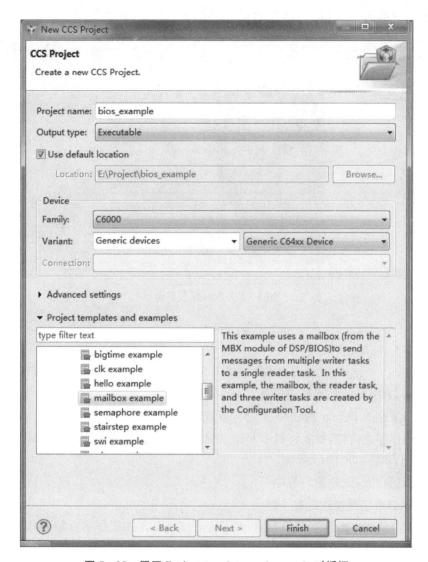

图 5‑25 展开 Project templates and example 对话框

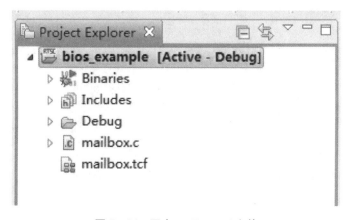

图 5‑26 双击 mailbox. tcf 文件

（8）双击之后会弹出 bios 的配置界面，如图 5－27 所示。

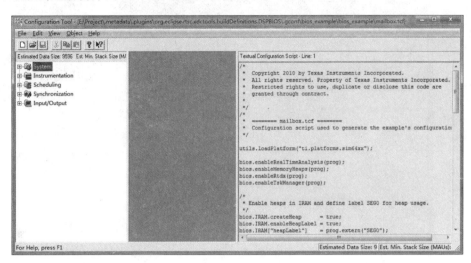

图 5－27　bios 配置界面

5.1.3.4　调试含 bios 的程序（mailbox 示例）

（1）如前所述，创建目标配置文件。

（2）将 bios_example 工程进行编译通过：选择 Project→Build All，编译目标工程（一般情况此工程可以编译通过，无错误提示）。

（3）单击绿色的 Debug 按钮 进行下载调试，进入调试界面。

（4）运行程序之前，需要先将程序 load 进去，单击菜单 Run→Load→Load Program，弹出如下对话框，单击 OK 即可。

（5）单击运行图标 运行程序。

以上与第二节中所描述的是一致的。

（6）但是界面内一般没有结果显示，为了查看 mailbox 的工程运行结果，需要单击菜单 Tools→ROV，弹出 ROV 界面，选择 LOG→trace，如 5－28 所示，即可看到运行结果。或者单击菜单 Tools→RTA→PrintfLogs，也可看到结果，如图 5－29 所示。

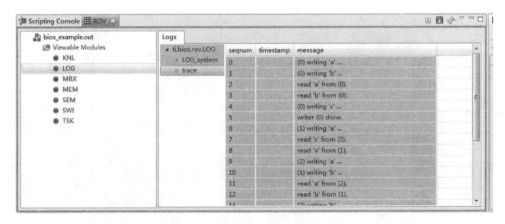

图 5－28　ROV 界面

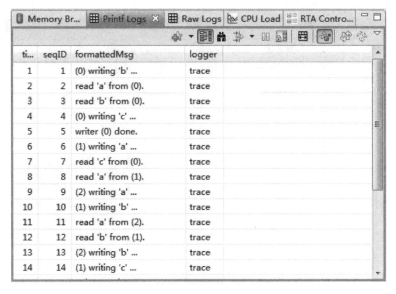

图 5‑29　PrintfLogs 界面

（7）为了更好地观察和了解程序中每个 task 的状态和运行情况，单击菜单 Tools→ROV，弹出 ROV 界面，选择 TSK，如图 5‑30 所示，可以看到 reader0，write1 等 task 的状态，配合断点使用，就可以方便调试程序。

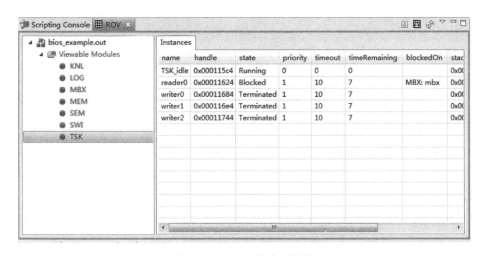

图 5‑30　TSK 状态对话框

5.2　新建一个 Hello world 的多核程序

5.2.1　本地 CCSV5 的安装以及注意事项

（1）如果用户的 CCS 安装文件在光盘上或者在本地机上，安装略有不同。如图 5‑31 所示，打开 CCS5.1 安装包，单击 CCS_setup5.1 进行安装。

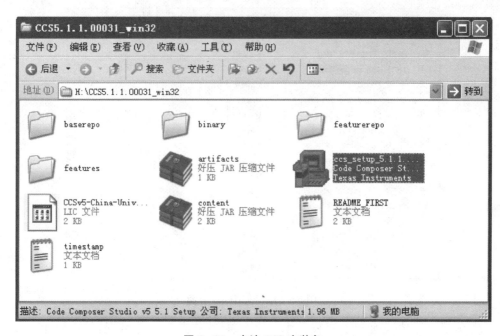

图 5‑31 本地 CCS 安装包

（2）安装（见图 5‑32）。

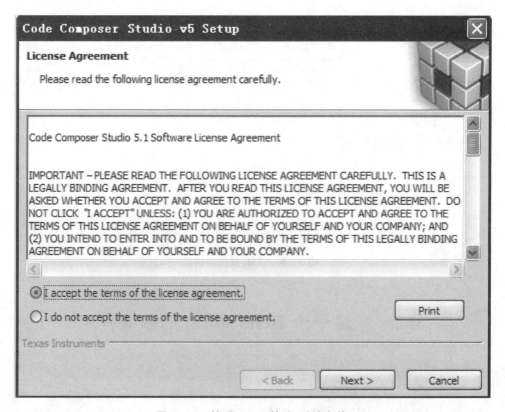

图 5‑32 接受 license 协议，继续安装

（3）默认路径是安装在 C 盘，可以更改到其他盘，但是路径名称一定要是英文的（见图 5‐33）。

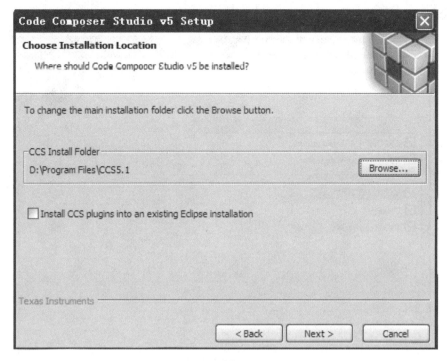

图 5‐33　选择安装路径

（4）单击 Custom 安装，这样可以根据项目安装所需内容（见图 5‐34）。

图 5‐34　选择安装类型（如果计算机资源允许，建议全部安装）

（5）根据自己需要选择要安装的内容，CCS5.1 支持从 msp430 系列 MCU、ARM、C2000、C6000 单/多核、Davinci 等一系列处理器（见图 5 - 35）。

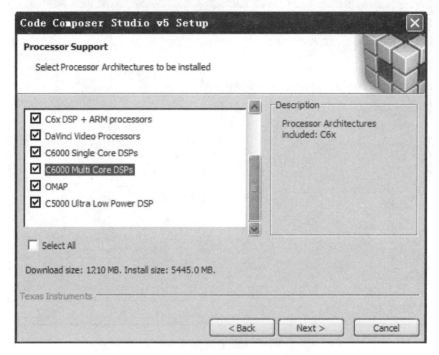

图 5 - 35　选择支持的处理器

（6）支持多种型号仿真器，根据需要进行选择安装（见图 5 - 36）。

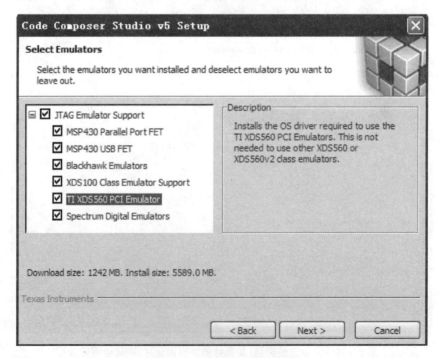

图 5 - 36　选择支持的仿真器

(7) 安装成功,单击 finish 按钮,进入启动界面,会弹出 workspace 的路径选择框,可以根据自己喜好去选择,但是要保证路径是英文路径(见图 5-37 和图 5-38)。

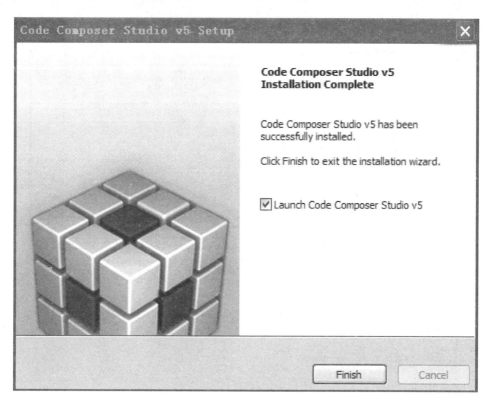

图 5-37 安装完成

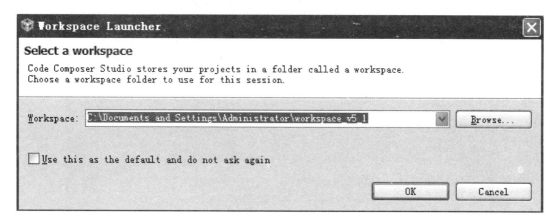

图 5-38 新建一个 Workspace

(8) 第一次进入软件会弹出激活窗口(见图 5-39)。

单击下一步按钮,添加 license 文件,完成激活操作(见图 5-40 和图 5-41)。

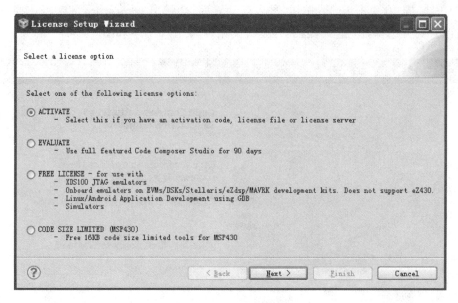

图 5 - 39　License 激活

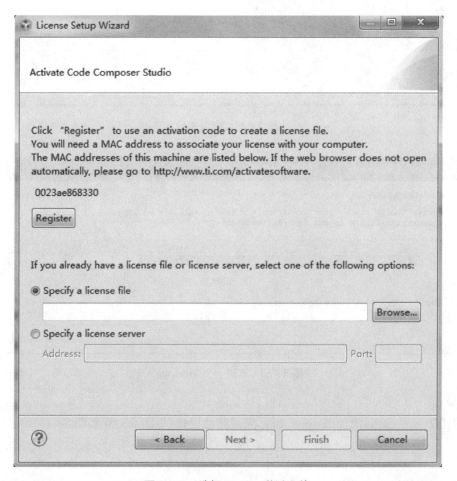

图 5 - 40　选择 License 激活文件

图 5‑41　成功新建一个 Workspace

5.2.2　新建一个 Hello world 的多核程序

（1）单击 Project→New CCS Project（见图 5‑42）。

图 5‑42　在 Workspace 中新建一个 Project

(2) 选择新建一个名为"multicore"的 project,如图 5 - 43 所示,选择 basic examples 中的"Hello world"示例,单击 finish 按钮。

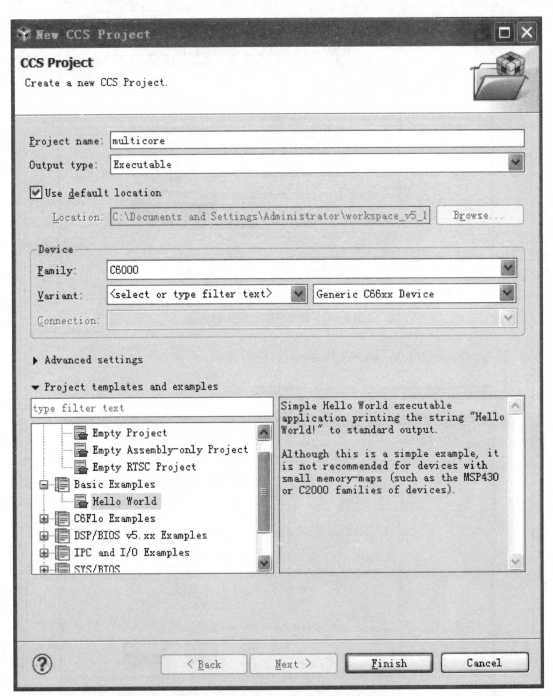

图 5 - 43　选择配置

(3) 新建一个目标配置文件,文件名最好不要与工程名区分开来。

建好之后会弹出目标板选择框(见图 5 - 44 和图 5 - 45)。

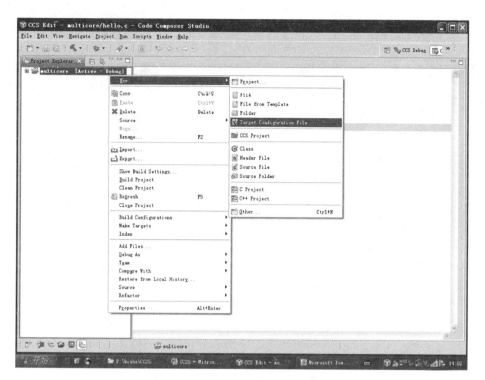

图 5‑44　＊.CCXML 目标板配置

图 5‑45　给 ＊.CCXML 目标板配置文件起名

（4）将 Connection 配置为 Texas Instruments Simulator；Board or Device 选为 C6678，little Endian。单击保存按钮，再返回 main. c 文件进行 debug 操作（见图 5-46）。

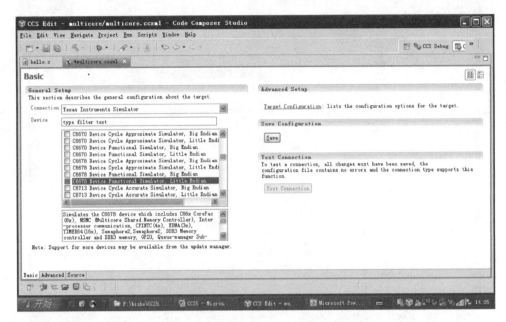

图 5-46 给 * . CCXML 目标板配置并保存

（5）进行 Debug 操作时，将 C6678 的 8 个核全选上，单击 OK 按钮（见图 5-47）。

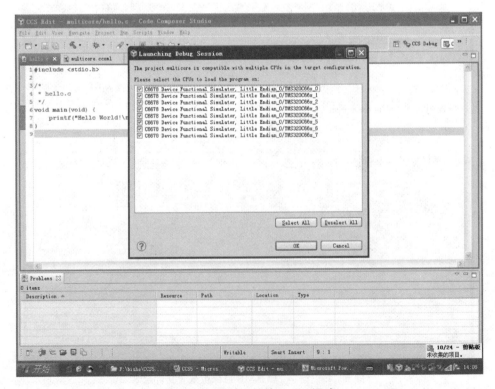

图 5-47 启动 8 核的 Debug 调试

（6）将 C6678 的 8 个核全选，右键单击，选择 Group core(s)，然后单击 Resume 按钮（见图 5 - 48）。

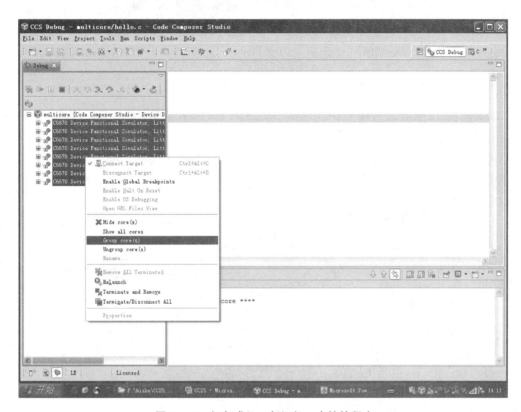

图 5 - 48　打包成组一起运行 8 个核的程序

（7）Console 中将会看到 8 个核均显示出"Hello world"（见图 5 - 49）。

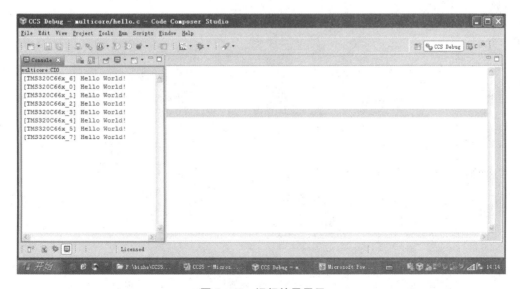

图 5 - 49　运行结果显示

5.3 多核 DSP 实现大尺寸快速傅里叶变换(VLFFT)实例精解

5.3.1 概述

本实例在 TI 最新款多核 DSP(包括 C6678 和 C6670)上实现大尺寸单精度浮点 FFT 运算。本实例把需要输入的数据放在外部储存器上,并把需要计算的原始数据分配给不同的 DSP 内核。不同的 DSP 内核进行计算然后把输出的数据输出到外部储存器上。该软件可以配置不同的内核参与计算,并且可以计算以下尺寸的 FFT:16 K,32 K,64 K,128 K,256 K,512 K,1024 K。

本实例可以在以下的 EVM 和 simulators 上运行:C6678 EVM,C6678 Functional Simulator,C6670 EVM,C6670 Functional Simulator。

该项目中共有如下几个文件夹:

- custom
- doc
- evmc6670l
- evmc6678l
- vlfftApps
- vlfftEDMA
- vlfftInc
- vlfftSrc

(1) custom 文件夹包含 6670 和 6678 的所需要的 platform,如图 5-50 所示。

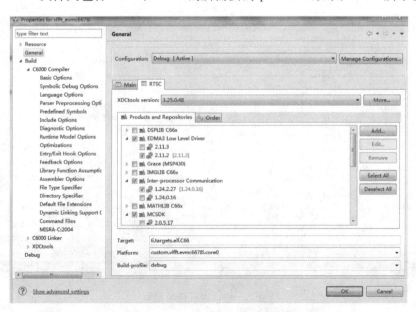

图 5-50 custom 文件夹下的内容

（2）doc 包含说明文档 Very Large FFT Multicore DSP Implementation Demo Guide。

（3）evmc6670l 和 evmc6678l 中包含了 C6670 和 C6678 的 project 文件以及 debug 的 out 文件和 map 文件等。

（4）vlfftApps 文件夹中包含了三个源文件，如下所示：

```
genTestData.c
system_trace.c
vlfftApps.c
```

其中 genTestData.c 包含生成 vlfft 原始数据的代码。VlfftApps.c 中有该项目的 main 函数，master core 执行的函数以及 slave cores 执行的函数。

（5）vlfftEDMA 中包含与 edma 相关的一个头文件和两个源文件，如下所示：

```
vlfftEdmaConfig.c
vlfftEdmaInit.c
vlfftEdmaLLD.h
```

（6）vlfftInc 中包含该项目所需要的头文件，包括 config 的头文件，消息队列的头文件以及 DMA 所需要的头文件等，如下所示：

```
system_trace.h
vlfft.h
vlfftconfig.h
vlfftDebug.h
vlfftDMAResources.h
vlfftMessgQ.h
```

（7）vlfftSrc 中包含了运算 fft 的源文件，如下所示：

```
dft.c
dmaParamInit.c
DSPF_sp_mixedRadix_fftSPXSP.sa
DSPF_sp_radix4_fftSPxSP.asm
genTwiddle.c
messgQUtil.c
multiTwiddle_1_sa.sa
multTwiddle.c
transpose_2Cols_rowsX8_cplxMatrix_sa.sa
transpose_2Rows_8XCols_cplxMatrix_sa.sa
tsc_h.asm
vlfft_1stIter.c
vlfft_2ndIter.c
vlfftParamsInit.c
vlfftUtil.c
```

5.3.2 要求

本实例需要 TI 最新的多核 SDK 2.0(MCSDK 2.0)，且包括如下的软件：

- CCSV5；
- DSP/BIOS 6.0；
- IPC；
- EDMA LLD (Enhanced Direct Memory Access Low Level Driver)。

5.3.3 软件设计

在多核 DSP 上实现大尺寸 FFT 软件设计的目的是通过把计算任务分配给不同的内核，充分运用 DSP 的数学计算能力，来实现运算的最优效果。按时间抽取 FFT 的算法是把一维的非常大尺寸的 FFT 计算转换为二维的 FFT 计算。对于非常大的 N，它可以被分解为N＝N1 * N2，把一维 FFT 变成二维的 FFT 计算，可以采取以下的步骤：

(1) 按行计算 N1 点的 FFT，计算 N2 次。

(2) 乘以相位因子。

(3) 按行存储计算结果，形成一个 N2 * N1 的矩阵。

(4) 按行计算 N2 点的 FFT，计算 N1 次。

(5) 按列储存结果，形成一个 N2 * N1 的矩阵。

在实际计算过程中，每个内核需要计算 N2/NUM_OF_CORES_FOR_COMPUTE 个 N1 点的 FFT 和 N1/NUM_OF_CORES_FOR_COMPUTE 个 N2 点的 FFT。Core0 作为主核，其他的内核作为子核。IPC 用于实现处理器之间的通信。除了上面列出的 FFT 计算，Core0 也负责同步所有的子核。

在整个计算过程中，主核 core0 的软件线程和所有子核的软件线程如下所示。

5.3.3.1　Master Core (core0)的软件线程

(1) FFT 计算开始。

(2) 主核 core0 向所有子核发送指令，使得所有子核处在 IDLE 状态。

(3) 主核等待所有子核处于 IDLE 状态。

(4) 主核发送指令使所有子核开始第一步的迭代运算。

(5) 主核开始第一步迭代运算：

- 主核 core0 从 L2 SRAM 中取出它要计算的 N2/NUM_OF_CORES_FOR_COMPUTE 列数据。

- 主核 core0 计算 N2/NUM_OF_CORES_FOR_COMPUTE 列 N1 个点的 FFT。

- 对输出乘以相位因子。

- 在外部储存器 DDR 中按行储存 N2/NUM_OF_CORES_FOR_COMPUTE 个 N1 个点的 FFT，最终形成 N2 * N1 的矩阵。

(6) 主核等待所有的子核计算完毕第一次迭代计算。

(7) 主核发送指令使所有子核开始第二步的迭代运算。

(8) 主核开始第二步迭代运算：

● 主核 core0 从 L2 SRAM 中取出它要计算的：

N1/NUM_OF_CORES_FOR_COMPUTE 列数据。

● 主核 core0 计算 N1/NUM_OF_CORES_FOR_COMPUTE 列 N2 个点的 FFT。

● 在外部储存器 DDR 中按行储存 N1/NUM_OF_CORES_FOR_COMPUTE 个 N2 个点的 FFT，最终形成 N2 * N1 的矩阵。

(9) 主核等待其他的核完成第二步迭代运算。

(10) FFT 计算结束。

5.3.3.2　Slave cores 子核的软件线程

(1) 每个子核等待主核的命令。

(2) 收到主核进行第一步迭代运算的命令之后，每个子核开始第一步迭代运算。

● 子核从 L2 SRAM 中取出它要计算的 N2/NUM_OF_CORES_FOR_COMPUTE 列数据。

● 子核计算 N2/NUM_OF_CORES_FOR_COMPUTE 列 N1 个点的 FFT。

● 对输出乘以相位因子。

● 在外部储存器 DDR 中按行储存 N2/NUM_OF_CORES_FOR_COMPUTE 个 N1 个点的 FFT，最终形成 N2 * N1 的矩阵。

(3) 每个子核向主核发送信息，完成第一步迭代运算。

(4) 每个子核等待主核的命令。

(5) 收到主核进行第二步迭代运算的命令之后，每个子核开始第二步迭代运算。

● 子核从 L2 SRAM 中取出它要计算的 N1/NUM_OF_CORES_FOR_COMPUTE 列数据。

● 子核计算 N1/NUM_OF_CORES_FOR_COMPUTE 列 N2 个点的 FFT。

● 在外部储存器 DDR 中按行储存 N1/NUM_OF_CORES_FOR_COMPUTE 个 N2 个点的 FFT，最终形成 N2 * N1 的矩阵。

(6) 每个子核向主核发送信息，完成第二部迭代运算。

根据 N1 和 N2 的大小，每个核上计算 FFT 的数目：N1/NUM_OF_CORES_FOR_COMPUTE 和 N2/NUM_OF_CORES_FOR_COMPUTE 被分为几个小的数据块，每个数据块包含 8 个 FFT，这样做可以更好地适应有限的外部储存器。

在实际的实现过程中，每个数据块由 DMA 从外部储存器中取出然后放入 L2 SRAM 中，并且由 DMA 把 FFT 计算的结果放入外部储存器中。EDMA 中共有 16 个 DMA 存取数据。每个内核用两个 DMA 来在外部储存器(DDR)和内部储存器(L2 SRAM)中存取数据。

下面列出了软件计算 N=N1 * N2 尺寸的 FFT 时内存的使用情况。

5.3.3.3　外部储存器(DDR)

输入缓冲区：1 个大小为 N 的复杂单精度浮点数矩阵。

输出缓冲区：1 个大小为 N 的复杂单精度浮点数矩阵。

临时缓冲区：1 个大小为 N 的复杂单精度浮点数矩阵。

5.3.3.4　L2 SRAM

2 个大小为 16 K 的复杂单精度浮点数矩阵。

1 个大小为 8 K 的复杂单精度浮点数矩阵。

2 个大小为 1 K 的复杂单精度浮点数矩阵。

2 个大小为 N2 的复杂单精度浮点数矩阵(相位因子)。

1 个大小为 N1 的复杂单精度浮点数矩阵(相位因子)。

5.3.4　生成指导

这个大尺寸 FFT 计算实例来自 TI 提供针对 C6678 和 C6670EVM 平台的示例工程。下面列出了编译和生成项目的步骤。

(1) 定义一个 windows 系统环境变量,TI_MCSDK_INSTALL_DIR,并且使这个变量指向 MCSDK2.0 的安装路径。

(2) ccs5 中导入工程,vlfft_evmc66781 或者 vlfft_evmc66701,这个工程在以下目录中\demo\vlfft\

(3) 编译 C6678 EVM,打开文件 vlfftconfig. h(目录为\demo\vlfft\vlfftInc),把常量 EIGHT_CORE_DEVICE 设为 1,常量 FOUR_CORE_DEVICE 设为 0。

(4) 编译 C6670 EVM,打开文件 vlfftconfig. h(目录为\demo\vlfft\vlfftInc),把常量 EIGHT_CORE_DEVICE 设为 0,常量 FOUR_CORE_DEVICE 设为 1。

(5) 配置 FFT 的大小,打开文件 vlfftconfig. h(目录为\demo\vlfft\vlfftInc),把下列某一个常量设为 1,其他的设为 0:

VLFFT_16 K;

VLFFT_32 K;

VLFFT_64 K;

VLFFT_128 K;

VLFFT_256 K;

VLFFT_512 K;

VLFFT_1024 K。

(6) 配置参与计算的 DSP 内核,打开文件 vlfftconfig. h(目录为\demo\vlfft\vlfftInc),把常量 NUM_OF_CORES_FOR_COMPUTE 定义为以下的数字:

4 - core device: 1,2,4;

8 - core device: 1,2,4,8。

(7) 在 ccs5 中单击 debug 或者 release 按钮。

在 debug 模式下:vlfft_evmc66781. cfg(目录为:.. \demos\vlfft\evmc66781)或者 vlfft_evmc66701. cfg(目录为:.. \demos\vlfft\evmc66701)中第 92 行到第 95 行中的 4 行应该被注释掉。

```
var MessageQ = xdc.module('ti.sdo.ipc.MessageQ');

var Notify = xdc.module('ti.sdo.ipc.Notify');

Notify.SetupProxy = xdc.module('ti.sdo.ipc.family.c647x.NotifyCircSetup');

MessageQ.SetupTransportProxy =

xdc.module('ti.sdo.ipc.transports.TransportShmNotifySetup');
```

在 release 模式下：vlfft_evmc6678l. cfg（目录为：..\demos\vlfft\evmc6678l）或者 vlfft_
evmc6670l. cfg（目录为：..\demos\vlfft\evmc6670l）中第 92 行到第 95 行中的 4 行应该保留。

```
var MessageQ = xdc.module('ti.sdo.ipc.MessageQ');
var Notify = xdc.module('ti.sdo.ipc.Notify');
Notify.SetupProxy = xdc.module('ti.sdo.ipc.family.c647x.NotifyCircSetup');
MessageQ.SetupTransportProxy =
xdc.module('ti.sdo.ipc.transports.TransportShmNotifySetup')。
```

(8) 单击 ccs5 中的 build 按钮。

5.3.5　运行指导

(1) 在 C6678 functional simulator 上运行代码，载入 vlfft_evmc6678l. out（目录为：
\vlfft\evmc6678l\\Debug 或者\vlfft\evmc6678l\Release）到所有的内核上。不管有多少内
核被分配计算 FFT，所有的内核都要载入 vlfft_evmc6678l. out。在所有的内核上运行代码。

(2) 在 C6678 EVM 上运行代码，用 GEL 文档初始化 EVM 的 PLL 和 DDR3，载入 vlfft_
evmc6678l. out（目录为：\vlfft\evmc6678l\\Debug 或者\vlfft\evmc6678l\Release）到所有的
内核上。不管有多少内核被分配计算 FFT，所有的内核都要载入 vlfft_evmc6678l. out。在
所有的内核上运行代码。

在 simulator 上运行时，完整的工程以及. ccxml 文件的配置如图 5 - 51 所示。

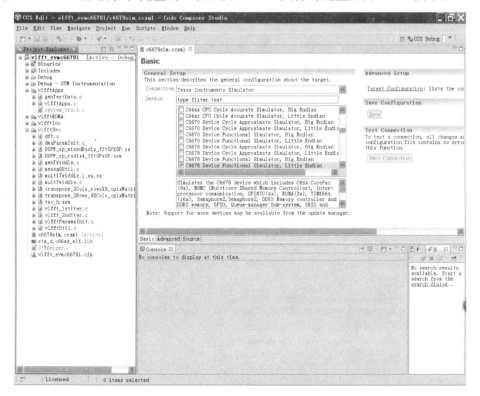

图 5 - 51　CCXML 文件的配置

Build 之后的工程界面如图 5 - 52 所示。

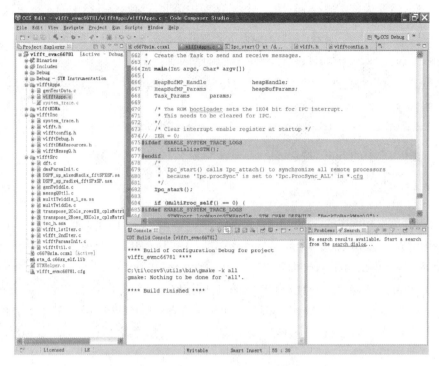

图 5 - 52　Build 成功之后的界面

Debug 之后的工程界面如图 5 - 53 所示。

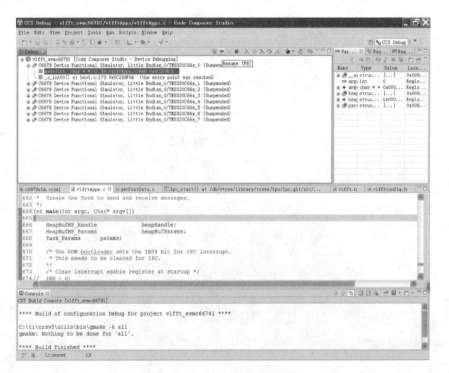

图 5 - 53　Debug 之后的界面

将所有的核 group,然后运行 resume(F8)之后的结果(见图 5 - 54):

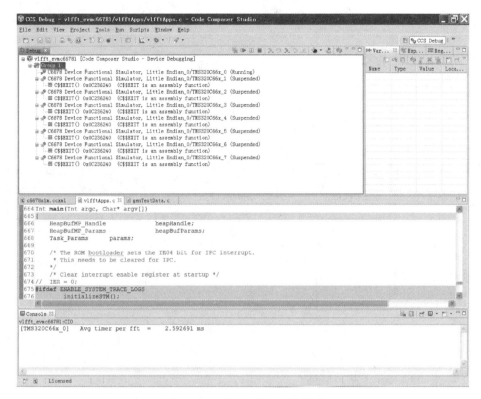

图 5 - 54　成功运行之后的界面

5.3.6　代码介绍

注:为方便介绍代码,本节对代码模块注释做了编号,文中圈内数字(例如①)表示注释的编号,见下文。

5.3.6.1　main 函数①

(1) 准备阶段:

● 多个 cores 同步②;

● 清理寄存器③。

(2) 任务执行:

● 判断 cores 的 ID:④;

● 如果为 0,表明是 master core,则执行 vlfft_master⑤;

● 否则,表明是 slave core,则执行 vlfft_slave⑥。

(3) BIOS⑦:

流程如图 5 - 55 所示。

5.3.6.2　vlfft_master 函数⑧

(1) 初始化参数。

(2) 生成测试数据⑨。

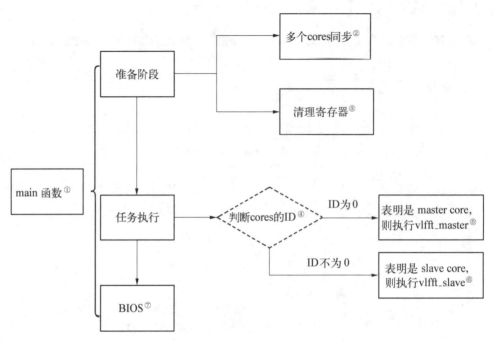

图 5-55　main 函数流程

（3）向 slave cores 发出的同步信息[10]。

（4）等待 slave cores 发回信息[11]。

（5）执行过程。

● 开始计时[12]。

● 向 slave cores 发出开始执行 vlfft 的第一次循环的指令[13]。

● 开始执行第一次循环[14]。

● 收到 slave cores 完成第一次循环的信息[15]。

● 向 slave cores 发出开始执行 vlfft 的第二次循环的指令[16]。

● 开始执行第二次循环[17]。

● 收到 slave cores 完成第二次循环的信息[18]。

● 计时结束[19]。

（6）计算平均执行时间并输出[20]。

流程如图 5-56 所示。

5.3.6.3　vlfft_slave 函数[21]

（1）初始化参数。

（2）进入消息循环[22]。

● 判断消息内容。

● core0 传递消息为 $VLFFT\_DO\_NOTHING$ 时，返回 core0 idle 消息。

● core0 传递消息为 $VLFFT\_PROCESS\_1stITER$ 时，进行第一次迭代计算。

● core0 传递消息为 $VLFFT\_PROCESS\_2stITER$ 时，进行第二次迭代计算。

● core0 传递消息为 $VLFFT\_EXIT$ 时，slave core 退出。

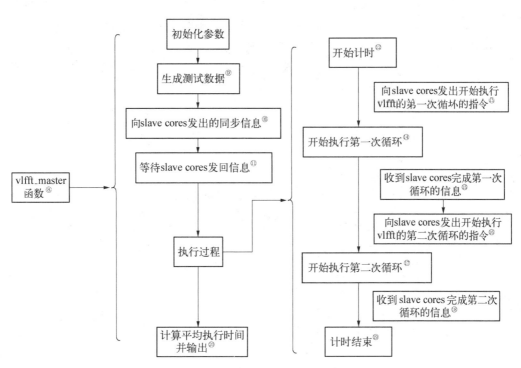

图 5－56　vlfft_master 函数流程

流程如图 5－57 所示。

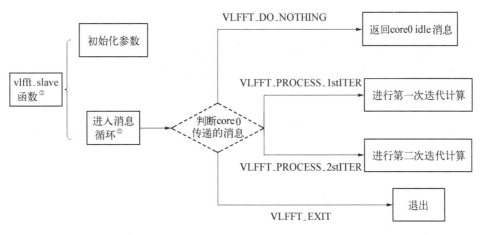

图 5－57　vlfft_slave 函数流程

5.3.7　程序解读

① main 函数：在目录..\vlfftApps\vlfftApps. c 中有 main（）函数：

Int main（Int argc, Char * argv［］）

② 多个 cores 同步：在目录..\vlfftApps\vlfftApps. c 中 main（）函数下的 Ipc_start（）函数：

调用函数 Ipc_start（）；启动系统进程间通信 IPC（Inter-Process Communication，进程间通信），该函数只能被调用一次，如果成功运行返回值为 Ipc_S_ALREADYSETUP，该函数的作用是在芯片共享储存区域创造 GateMP(管理各种门电路的储存空间)和 HeapMemMP(管理多核处理器共享空间中能够使用的固定长度的寄存器)的存储空间。

/ ＊ 以上内容详见 ipc_1_24_00_16_packages/ti/ipc/HeapBufMp. h,该文档的作用为: Multi-processor fixed-size buffer heap implementation,其中的 Heap implementation that manages fixed size buffers that can be used in a multiprocessor system with shared memory. ＊/

③ 清理寄存器:在目录..\vlfftApps\vlfftApps. c 中的 clearRegisters()函数。

voidclearRegisters(Int phase)函数

在程序启动的时候清除中断始能寄存器。

④⑤⑥ 判断 cores 的 ID,并分别指派给不同的核执行不同的任务:在目录..\vlfftApps\vlfftApps. c 中 main()函数里面的如下代码段:

```
if (MultiProc_self() = = 0) {
    Task_create(vlfft_master, &params, NULL);
}
else {
    Task_create(vlfft_slave, &params, NULL);
}
```

(1) MultiProc_self()函数:函数原型在目录 ipc_1_24_00_16/packages/ti/ipc/MultiProc. h 中。

该函数的作用是得到多核处理器中正在运行的处理器的 id,返回值就是 Executing processor's id。

(2) Task_create()函数:该函数的原型为 bios_6_35_01_29/packages/ti/sysbios/ knl/ Task. h 中的 ti_sysbios_knl_Task_create()函数。

该函数的作用是分配初始化一个对象并返回句柄,即让 core0 执行 vlfft_master()函数, 让其他的 slave cores 执行 vlfft_salve()函数(Allocate and initialize a new instance object and return its handle)。

⑦ 启动 SYS/BIOS,在 main()函数中的 BIOS_start()函数。

⑧ vlfft_master()函数在目录..\vlfftApps\ vlfftApps. c 下。

Void vlfft_master(UArg arg0, UArg arg1)

⑨ 生成测试数据:

生成测试数据的函数为 genFFTTestData(inData);

在目录..\vlfftApps\ genTestData. c 中有获得数据计算 fft 数据的函数,genFFTTestData() 函数为该项目中使用的函数,函数内容如下:

```
voidgenFFTTestData(float  ＊ inData) {
Int32 i;
for(i = 0; i<VLFFT_SIZE ＊ 2;  i + + )
    inData[i] = 0;
for(i = 0; i<VLFFT_N2; i + + ) {
# if USE_BDTI_FFT
    inData[2 ＊ i] = 0.0;
```

```
        inData[2 * i + 1] = 1.0;
    #else
        inData[2 * i]   = 1.0;
        inData[2 * i + 1] = 0.0;
    #endif
    }
    Edma3_CacheFlush((unsignedint) inData, VLFFT_N1 * VLFFT_N2 * BYTES_PER_
COMPLEX_SAMPLE);
}
```

其中最后一个函数 Edma3_CacheFlush()定义在 bios6_edma3_drv_sample.h 中,该函数的作用是如果缓存区在 ddr 中,那么该函数用来清除缓存。缓存地址起始位置在 indata处,缓存长度为 VLFFT_N1 * VLFFT_N2 * BYTES_PER_COMPLEX_SAMPLE,即参与计算的数据长度。

⑩ 向 slave cores 发出的同步信息:

执行该步骤的函数为:

broadcastMessages (&messageQParams, VLFFTparams. maxNumCores, VLFFTparams. maxNumCores, *VLFFT_DO_NOTHING*);

broadcastMessages()函数的定义在\vlfftSrc\messgQUtil.c 中,定义如下:

voidbroadcastMessages(vlfftMessageQParams_t * messageQParams, const UInt32 maxNumCores, const UInt32 numCoresForFftCompute, const vlfftMode cmd),其作用为向 core 1 到 core numCoresToCompute - 1 发送 cmd 指令。原有代码的指令就是向其他所有的 core 处于 idle 状态。

⑪ 等待 slave cores 发回信息:

执行该步骤的函数为: getAllMessages(&messageQParams,VLFFTparams. maxNumCores,VLFFTparams. maxNumCores);

getAllMessages()函数的定义在\vlfftSrc\messgQUtil.c 中,定义如下:

Int32 getAllMessages (vlfftMessageQParams_t * messageQParams, const UInt32 maxNumCores, const UInt32 numCoresForFftCompute)

该函数的作用得到所有 slave cores 发回的信息。

⑫ 开始计时:

在该函数中定义了一个 fftTime 变量,该变量的作用是记录 fft 计算的时间。

⑬ 向 slave cores 发出开始执行 vlfft 的第一次循环的指令:

执行该步骤的函数同样为:

broadcastMessages (&messageQParams, VLFFTparams. numCoresForFftCompute, VLFFTparams. numCoresForFftCompute, *VLFFT_PROCESS_1stITER*)函数,只不过在最后的 cmd 指令为执行 vlfft 的第一次迭代过程而不是 *VLFFT_DO_NOTHING*。

⑭ 开始执行第一次循环:

```
ptrIn = inData;
ptrOut = workBufExternal;
VLFFT_1stIter(ptrIn, ptrOut, &VLFFTparams, &VLFFTbuffers, &DMAparams, 0);
```

以上为执行第一次 vlfft 循环的函数，ptrIn 为指向输入数据的指针，ptrOut 为指向输出结果的指针。

该函数非常复杂，具体内容参见\vlfftSrc\vlfft_1stIter. c 中关于该函数的定义。

⑮ 收到 slave cores 完成第一次循环的信息：

执行该步骤的函数同样为：

```
getAllMessages ( &messageQParams, VLFFTparams. numCoresForFftCompute, VLFFTparams.
numCoresForFftCompute);
```

⑯ 向 slave cores 发出开始执行 vlfft 的第二次循环的指令。

⑰ 开始执行第二次循环。

⑱ 收到 slave cores 完成第二次循环的信息：

这三步的与上面的三步执行过程相同。

⑲ 计时结束：

```
fftTime + = (double)(timer1 - timer0) /1000000.0;
```

其中 timer0 为计算开始时间，timer1 为计算结束时间。

⑳ 计算平均执行时间并输出：

```
broadcastMessages(&messageQParams, VLFFTparams.maxNumCores,
VLFFTparams.maxNumCores, VLFFT_EXIT);
```

在计算输出时间之前，向所有的 slave cores 发出退出的指令。

```
printf(" Avg timer per fft = %f ms \n", fftTime );
```

这段代码输出了计算的时间，这也是这个项目中唯一的输出项。

㉑ vlfft_slave()函数在目录.. \vlfftApps\ vlfftApps. c 下。

```
Void vlfft_slave(UArg arg0, UArg arg1)
```

㉒ 进入消息循环：

```
while(1)
{
status = MessageQ_get(messageQ, (MessageQ_Msg * )&msg, MessageQ_FOREVER);
mode = msg→mode;
if(mode = = VLFFT_DO_NOTHING )
{
    msg→mode = VLFFT_PROCESS_1stITER ; //VLFFT_OK;
}
if(mode = = VLFFT_PROCESS_1stITER )
```

```
    {
#if ENABLE_VLFFT_PROCESSING
        vlfftEdmaConfig_1stIter(&DMAparams);
        ptrIn   = inData;
        ptrOut = workBufExternal;
        VLFFT_1stIter(ptrIn, ptrOut, &VLFFTparams, &VLFFTbuffers, &DMAparams,
    coreNum);
#endif
        msg→mode   = VLFFT_OK;
    }
if(mode = = VLFFT_PROCESS_2ndITER )
    {
#if ENABLE_VLFFT_PROCESSING
        vlfftEdmaConfig_2ndIter(&DMAparams);
        ptrIn = workBufExternal;
        ptrOut = outData;
        VLFFT_2ndIter(ptrIn, ptrOut, &VLFFTparams, &VLFFTbuffers, &DMAparams,
    coreNum);
#endif
        msg→mode   = VLFFT_OK;
    }
if(mode = = VLFFT_EXIT ){
        System_exit(0);
    }
    status = MessageQ_put(core0QueueId, (MessageQ_Msg)msg);
}
```

介绍两个函数：

（1）MessageQ_get()，该函数的原型在 MessageQ. h 中，原型如下：

```
Int MessageQ_get(MessageQ_Handle handle, MessageQ_Msg * msg, UInt timeout)
```

该函数的作用是从消息队列中获得一个消息，三个参数分别为：MessageQ_Handle handle，消息队列的句柄；MessageQ_Msg * msg，消息指针；UInt timeout 等待消息的最长时间。

（2）MessageQ_put()，该函数原型同样在 MessageQ. h 中，原型如下：

```
Int MessageQ_put(MessageQ_QueueId queueId, MessageQ_Msg msg)
```

该函数的作用是向消息队列中放入一个消息，其中两个参数分别为：MessageQ_QueueId queueId，目标消息队列，即要插入消息放入的消息队列；MessageQ_Msg msg，要插入消息队列的消息信息。

代码解释

（1）首先进入到了一个消息循环 while(1)中。

（2）从消息队列中得到消息的类型。

VLFFT_DO_NOTHING：得到该消息的时候，把 msg 中的消息类型改为 *VLFFT_PROCESS_1stITER* 并返回给 core0，表明 slave core 进入 idle 状态。

VLFFT_PROCESS_1stITER：得到该消息时，进行第一次 fft 迭代运算，并把 msg 中的消息类型改为 *VLFFT_OK*，并且把该消息返回 core0，表明结束第一次迭代运算。

VLFFT_PROCESS_2stITER：得到该消息时，进行第二次 fft 迭代运算，并把 msg 中的消息类型改为 *VLFFT_OK*，并且把该消息返回 core0，表明结束第二次迭代运算。

VLFFT_EXIT：得到该消息时，该 slavecore 执行 System_exit(0)函数，该函数的作用是结束目前该 slave core 上正在运行的程序，使 slave core 处于挂起状态。

5.3.8 结果展示

从图 5-58 可以看出，随着数据量的增加，vlfft 的平均运行时间会增加。而且，当数据的大小在 512 K 以上时，当 cores 的个数增加一倍时，vlfft 的平均运行时间大约会减少一半，这一点从表 5-1 和图 5-58 中也可以较清晰地看出来。

表 5-1　在 6678 中运行的时间　　　　　　　　　　（单位 ms）

数据大小	16 K	32 K	64 K	128 K	256 K	512 K	1 024 K
8 cores	0.179 905	0.215 022	0.284 031	0.690 648	1.362 6	1.391 85	2.589 408
4 cores	0.157 534	0.229 155	0.643 742	1.306 262	1.397 27	2.617 72	4.962 158
2 cores	0.219 801	0.362 285	0.613 69	1.276 443	2.699 135	5.138 959	9.828 763
1 cores	0.374 847	0.660 417	1.162 314	2.487 812	5.332 956	10.213 15	19.592 14

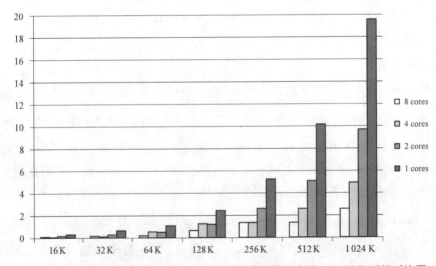

图 5-58　6678 中使用不同的 cores 个数，不同的数据大小的 vlfft 运行时间对比图

从图 5 - 59 和表 5 - 2 可以看出,随着数据量的增加,vlfft 的平均运行时间会增加。而且,当数据的大小在 64 K 以上时,当 cores 的个数增加一倍时,vlfft 的平均运行时间大约会减少一半,这一点从图 5 - 44 中也可以较清晰地看出来。

表 5 - 2　在 6670 中运行的时间　　　　　　　　　　(单位 ms)

数据大小	16 K	32 K	64 K	128 K	256 K	512 K	1 024 K
4 cores	0. 144 752	0. 214 342	0. 347 496	0. 666 146	1. 341 272	2. 557 628	4. 939 037
2 cores	0. 195 621	0. 336 504	0. 601 752	1. 238 273	2. 587 814	5. 021 51	9. 784 097
1 cores	0. 327 611	0. 609 983	1. 139 647	2. 412 588	5. 112 525	9. 979 287	19. 504 47

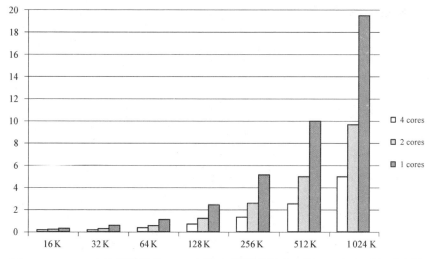

图 5 - 59　6670 中使用不同的 cores 个数,不同的数据大小的 vlfft 运行时间对比图

图 5 - 60~图 5 - 62 比较 6678 和 6670 在使用相同的 cores 的个数的情况下运行 vlfft 的结果。

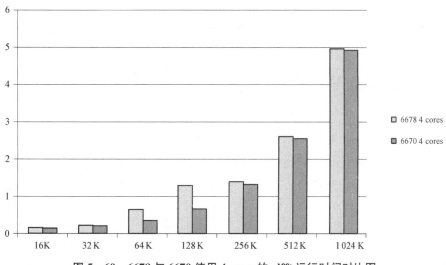

图 5 - 60　6678 与 6670 使用 4 cores 的 vlfft 运行时间对比图

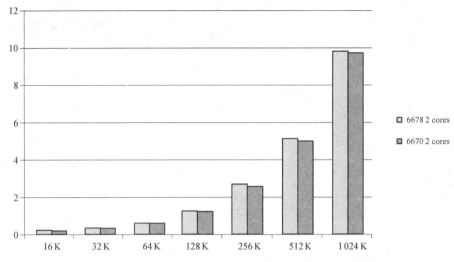

图 5 – 61　6678 与 6670 使用 2 cores 的 vlfft 运行时间对比图

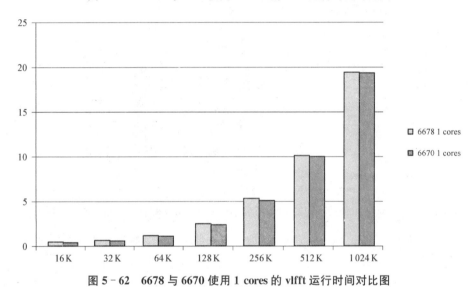

图 5 – 62　6678 与 6670 使用 1 cores 的 vlfft 运行时间对比图

从图 5 – 60～图 5 – 62 中可以看出，在使用相同的 cores 的个数时，6678 和 6670 计算相同数据大小的 fft 的运行时间基本一致，因此，两者的运算能力基本相同。

5.3.9　遇到的问题及解决方案

图 5 – 63　代码文件无法导入

（1）加载程序时，遇到与 RTSC 相关的错误，或者 CCS 无法自动识别安装目录中新添加的 BIOS 组件。

解决方法：安装 CCS 时，右击安装文件，选择"以管理员模式运行"。

（2）加载程序时，部分代码文件无法识别，如图 5 – 63 所示。原因是该程序文件所在目录中无法找到这些文件。

解决方法：在每个文件属性中找到相应的目录，单击 edit 按钮即可找到目录，如图 5 – 64 所示。

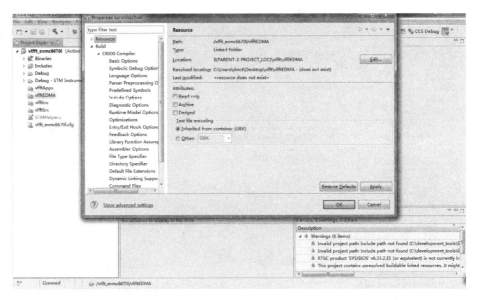

图 5‐64　添加代码文件内容

（3）EDMA3，IPC 等无法识别或者相关组件无法找到。

解决方法：在项目"属性"的 general 一栏中，选择 RTSC 标签，添加相关组件的路径，如图 5‐65 所示：

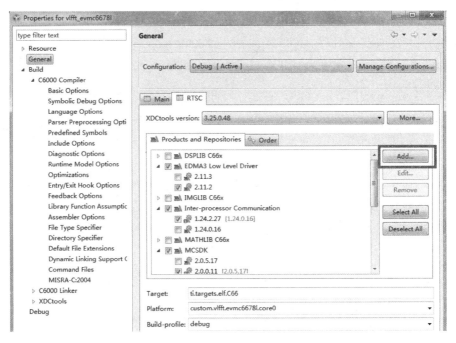

图 5‐65　添加 EDMA3、IPC 等相关组件的路径

（4）某些头文件无法找到。

解决方法：在项目"属性"的 Build 栏目中的 C6000 Compiler 选型中，点击 Include Options，将相关路径添加进去即可，如图 5‐66 所示。

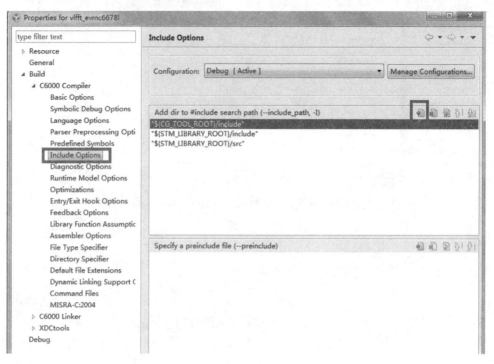

图 5‑66   导入头文件

（5）debug 模式下无法进入 main 函数。

解决方法：在项目"属性"的 Build 栏目中的 C6000 Compiler 选型中，单击 Basic Options 按钮，将 Debugging Model 选项改为 Full symbol debug，如图 5‑67 所示。

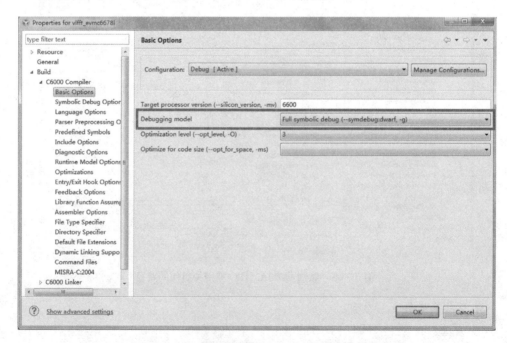

图 5‑67   Debug 模式下进入 main 函数设置方法

（6）编译完成后，进入 debug 模式，加载完所有的 cores 之后，出现 Can't find a source file，No source available for "0x802861ac"等错误。

解决方法：将所有的核全部选中，右击，选择 Group Core(s)，然后运行（见图 5-68）。

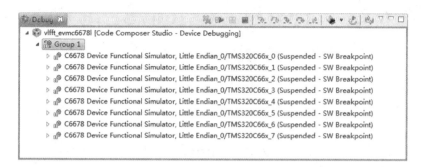

图 5 - 68　Group Core(s)运行图片

第6章 TMDXEVM6678L EVM 及硬件仿真实例精解

6.1 TMDXEVM6678L EVM 介绍

6.1.1 概述

6.1.1.1 主要特点

TMDXEVM6678L 是一款高性能、高效率的独立开发平台,能够让用户为 TI 公司的 TMS320C6678 DSP 进行评估并开发应用。评估模块(EVM)也可以成为 TMS320C6678 的硬件参考设计平台。评估板的系统布局如图 6-1,图 6-2 所示。

TMDXEVM6678L EVM 的主要特点如下:

- TI 的多核 DSP——TMS320C6678。
- 512 M 的 DDR3-1333 外部存储。
- 64 M NAND Flash。
- 16 M SPI NOR Flash。
- 2 个千兆以太网口,提供 10/100/1 000 Mbps 的数据率,分别在 AMC/RJ-45 连接器上。
- 170 pin B+型 AMC 接口,包含 SRIO、PCIe、千兆以太网和 TDM。
- HyperLink 高性能连接器。
- 用于启动的 128 K-byte I2C EEPROM。
- 2 个用户 LED 灯,5 组 DIP 开关,4 个软件控制的 LED 灯。
- RS232 串口接口。
- 80-pin 扩展接口(包括 EMIF、TIMER、SPI、UART)。
- 使用高速 USB2.0 接口的板上 XDS100 型仿真器。
- 支持所有类型外部仿真器的 TI 60-Pin JTAG 接口。

6.1.1.2 功能概述

TMS320C66x 系列 DSP(包括 TMS320C6678)是 TMS320C6000 平台中性能最高的定点/浮点 DSP。TMS320C6678 基于第三代高性能 Veloci TI 超长指令集架构,特别适用于高密度的有线/无线媒体网关基础设施,它为 IP 边界网关、视频转码及译码、视频服务器、智能语音及视频识别等应用提供了一个理想的解决方案。

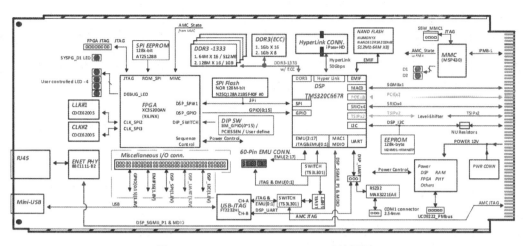

图 6－1　TMDXEVM6678L EVM 系统框图

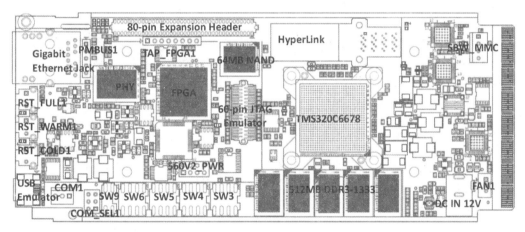

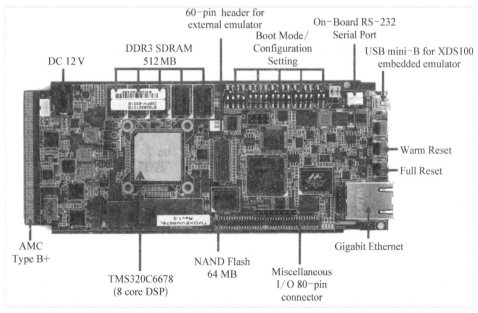

图 6－2　TMDXEVM6678L EVM 布局

6.1.1.3　开发环境

TMDXEVM6678L 使用 CCS 进行开发,在开发板上有自带的仿真电路以及外部仿真器接口,CCS 可以通过随开发板提供的 USB 连接线与板上仿真电路连接,或者直接使用外部仿真器与开发板进行连接。

基于 SYS/BIOS 操作系统的开发,可以使用 TI 公司提供的多核软件开发套件(MCSDK)。MCSDK 提供高度优化的平台专用基础驱动程序包,可在 C66x 多核器件上进行开发。MCSDK 使开发人员能够对评估平台的硬件和软件功能进行评估,以快速在 TI 高性能多核 DSP 上开发多核应用。

CCS 仿真步骤:

(1)开发板上电。

(2)使用 USB 线连接 PC 与开发板。

(3)在主机上打开 CCS 开发环境。

6.1.1.4　电源

TMDXEVM6678L 可由一个+12 V/3.0 A(36 W)直流电电源供电,可将该外部电源与开发板上的直流电源插孔连接。在开发板内部,+12 V 输入电压通过 DC-DC 变压器转换成个器件所需要的电压。TMDXEVM6678L 也可从 AMC 边缘连接器获得电源,当开发板插入 AMC 背板时,就不需要外接+12 V 的电源了。

6.1.2　TMDXEVM6678L 开发板介绍

6.1.2.1　内存映射

内存映射如表 6-1 所示。

表 6-1　内存映射

地 址 范 围	字节	内 存 块 描 述
0x00800000 - 0x0087FFFF	512 K	Local L2 SRAM
0x00E00000 - 0x00E07FFF	32 K	Local L1P SRAM
0x00F00000 - 0x00F07FFF	32 K	L1D SRAM
0x01800000 - 0x01BFFFFF	4 M	C66x CorePac Registers
0x01E00000 - 0x01E3FFFF	256 K	Telecom Serial Interface Port (TSIP) 0
0x01E80000 - 0x01EBFFFF	256 K	Telecom Serial Interface Port (TSIP) 1
0x02000000 - 0x0209FFFF	640 K	Packet Accelerator Subsystem Configuration
0x02310000 - 0x023101FF	512	PLL Controller
0x02320000 - 0x023200FF	256	GPIO
0x02330000 - 0x023303FF	1 K	SmartRlex
0x02350000 - 0x02350FFF	4 K	Power Sleep Controller (PSC)
0x02360000 - 0x023603FF	1 K	Memory Protection Unit (MPU) 0

（续　表）

地　址　范　围	字节	内　存　块　描　述
0x02368000 - 0x023683FF	1 K	Memory Protection Unit（MPU）1
0x02370000 - 0x023703FF	1 K	Memory Protection Unit（MPU）2
0x02378000 - 0x023783FF	1 K	Memory Protection Unit（MPU）3
0x02530000 - 0x0253007F	128	I2C Data & Control
0x02540000 - 0x0254003F	64	UART
0x02600000 - 0x02601FFF	8 K	Secondary Interrupt Controller（INTC）0
0x02604000 - 0x02605FFF	8 K	Secondary Interrupt Controller（INTC）1
0x02608000 - 0x02609FFF	8 K	Secondary Interrupt Controller（INTC）2
0x0260C000 - 0x0260DFFF	8 K	Secondary Interrupt Controller（INTC）3
0x02620000 - 0x026207F	2 K	Chip - Level Registers（boot cfg）
0x02640000 - 0x026407FF	2 K	Semaphore
0x02700000 - 0x02707FFF	32 K	EDMA Channel Controller（TPCC）0
0x02720000 - 0x02727FFF	32 K	EDMA Channel Controller（TPCC）1
0x02740000 - 0x02747FFF	32 K	EDMA Channel Controller（TPCC）2
0x02760000 - 0x027603FF	1 K	EDMA TPCC0 Transfer Controller（TPTC）0
0x02768000 - 0x027683FF	1 K	EDMA TPCC0 Transfer Controller（TPTC）1
0x02770000 - 0x027703FF	1 K	EDMA TPCC1 Transfer Controller（TPTC）0
0x02778000 - 0x027783FF	1 K	EDMA TPCC1 Transfer Controller（TPTC）1
0x02780000 - 0x027803FF	1 K	EDMA TPCC1 Transfer Controller（TPTC）2
0x02788000 - 0x027883FF	1 K	EDMA TPCC1Transfer Controller（TPTC）3
0x02790000 - 0x027903FF	1 K	EDMA TPCC2 Transfer Controller（TPTC）0
0x02798000 - 0x027983FF	1 K	EDMA TPCC2 Transfer Controller（TPTC）1
0x027A0000 - 0x027A03FF	1 K	EDMA TPCC2 Transfer Controller（TPTC）2
0x027A8000 - 0x027A83FF	1 K	EDMA TPCC2 Transfer Controller（TPTC）3
0x027D0000 - 0x027D3FFF	16 K	TI Embedded Trace Buffer（TETB）core 0
0x027E0000 - 0x027E3FFF	16 K	TI Embedded Trace Buffer（TETB）core 1
0x027F0000 - 0x027F3FFF	16 K	TI Embedded Trace Buffer（TETB）core 2
0x02800000 - 0x02803FFF	16 K	TI Embedded Trace Buffer（TETB）core 3
0x02810000 - 0x02813FFF	16 K	TI Embedded Trace Buffer（TETB）core 4
0x02820000 - 0x02823FFF	16 K	TI Embedded Trace Buffer（TETB）core 5
0x02830000 - 0x02833FFF	16 K	TI Embedded Trace Buffer（TETB）core 6

（续　表）

地 址 范 围	字节	内 存 块 描 述
0x02840000 – 0x02843FFF	16 K	TI Embedded Trace Buffer（TETB）core 7
0x02850000 – 0x02857FFF	32 K	TI Embedded Trace Buffer（TETB）— system
0x02900000 – 0x02907FFF	32 K	Serial RapidIO（SRIO）Configuration
0x02A00000 – 0x02BFFFFF	2 M	Queue Manager Subsystem Configuration
0x08000000 – 0x0800FFFF	64 K	Extended Memory Controller（XMC）Configuration
0x0BC00000 – 0x0BCFFFFF	1 M	Multicore Shared Memory Controller（MSMC）Config
0x0C000000 – 0x0C3FFFFF	4 M	Multicore Shared Memory
0x10800000 – 0x1087FFFF	512 K	Core0 L2 SRAM
0x10E00000 – 0x10E07FFF	32 K	Core0 L1P SRAM
0x10F00000 – 0x10F07FFF	32 K	Core0 L1D SRAM
0x11800000 – 0x1187FFFF	512 K	Core1 L2 SRAM
0x11E00000 – 0x11E07FFF	32 K	Core1 L1P SRAM
0x11F00000 – 0x11F07FFF	32 K	Core1 L1D SRAM
0x12800000 – 0x1287FFFF	512 K	Core2 L2 SRAM
0x12E00000 – 0x12E07FFF	32 K	Core2 L1P SRAM
0x12F00000 – 0x12F07FFF	32 K	Core2 L1D SRAM
0x13800000 – 0x1387FFFF	512 K	Core3 L2 SRAM
0x13E00000 – 0x13E07FFF	32 K	Core3 L1P SRAM
0x13F00000 – 0x13F07FFF	32 K	Core3 L1D SRAM
0x14800000 – 0x1487FFFF	512 K	Core4 L2 SRAM
0x14E00000 – 0x14E07FFF	32 K	Core4 L1P SRAM
0x14F00000 – 0x14F07FFF	32 K	Core4 L1D SRAM
0x15800000 – 0x1587FFFF	512 K	Core5 L2 SRAM
0x15E00000 – 0x15E07FFF	32 K	Core5 L1P SRAM
0x15F00000 – 0x15F07FFF	32 K	Core5 L1D SRAM
0x16800000 – 0x1687FFFF	512 K	Core6 L2 SRAM
0x16E00000 – 0x16E07FFF	32 K	Core6 L1P SRAM
0x16F00000 – 0x16F07FFF	32 K	Core6 L1D SRAM
0x17800000 – 0x1787FFFF	512 K	Core7 L2 SRAM
0x17E00000 – 0x17E07FFF	32 K	Core7 L1P SRAM
0x17F00000 – 0x17F07FFF	32 K	Core7 L1D SRAM

(续　表)

地 址 范 围	字节	内 存 块 描 述
0x20000000 - 0x200FFFFF	1 M	System Trace Manager (STM) Configuration
0x20B00000 - 0x20B1FFFF	128 K	Boot ROM
0x20BF0000 - 0x20BF03FF	1 K	SPI
0x20C00000 - 0x20C000FF	256	EMIF - 16 Configuration
0x21000000 - 0x210000FF	256	DDR3 EMIF Configuration
0x21400000 - 0x214003FF	1 K	HyperLink Configuration
0x21800000 - 0x21807FFF	32 K	PCIe Configuration
0x21400000 - 0x214003FF	1 K	HyperLink Config
0x40000000 - 0x4FFFFFFF	2 M	HyperLink data
0x60000000 - 0x6FFFFFFF	256 M	PCIe Data
0x70000000 - 0x73FFFFFF	64 M	EMIF16 CS2 Data NAND Memory
0x74000000 - 0x77FFFFFF	64 M	EMIF16 CS3 Data NAND Memory
0x78000000 - 0x7BFFFFFF	64 M	EMIF16 CS4 Data NOR Memory
0x7C000000 - 0x7FFFFFFF	64 M	EMIF16 CS5 Data SRAM Memory
0x80000000 - 0x8FFFFFFF	256 M	DDR3_ Data
0x90000000 - 0x9FFFFFFF	256 M	DDR3_ Data
0xA0000000 - 0xAFFFFFFF	256 M	DDR3_ Data
0xB0000000 - 0xBFFFFFFF	256 M	DDR3_ Data
0xC0000000 - 0xCFFFFFFF	256 M	DDR3_ Data
0xD0000000 - 0xDFFFFFFF	256 M	DDR3_ Data
0xE0000000 - 0xEFFFFFFF	256 M	DDR3_ Data
0xF0000000 - 0xFFFFFFFF	256 M	DDR3_ Data

6.1.2.2　启动模式与启动配置开关设置

TMDXEVM6678L 有 5 组用于配置的 DIP 开关(见图 6 - 3),分别为 SW3、SW4、SW5、SW6 和 SW9,共 18 个开关。这些开关决定了开发板启动时的启动模式、启动配置(见表 6 - 2)、启动设备、Endian 模式、CorePac 内核 PLL 时钟选择、PCIe 模式选择。

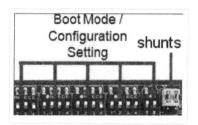

图 6 - 3　启动配置开关

表 6 - 2 启动配置

Boot Mode	DIP SW3 (Pin1，2，3，4)	DIP SW4 (Pin1，2，3，4)	DIP SW5 (Pin1，2，3，4)	DIP SW6 (Pin1，2，3，4)
NOR boot on image 0(default)	(off，off，on，off)	(on，on，on，on)	(on，on，on，off)	(on，on，on，on)
NOR boot on image 1	(off，off，on，off)	(off，on，on，on)	(on，on，on，off)	(on，on，on，on)
NAND boot on image 0	(off，off，on，off)	(on，off，on，on)	(on，on，on，off)	(on，on，on，on)
NAND boot on image 1	(off，off，on，off)	(off，off，on，on)	(on，on，on，off)	(on，on，on，on)
TFTP boot	(off，off，on，off)	(on，on，off，on)	(on，on，on，off)	(on，on，on，on)
POST boot	(off，off，on，off)	(on，on，on，on)	(on，on，on，on)	(on，on，on，on)
ROM SRIO Boot	(off，off，on，on)	(on，on，on，off)	(on，off，on，on)	(off，on，on，on)
ROM Ethernet Boot	(off，on，off，on)	(on，on，off，on)	(on，on，off，off)	(off，on，on，on)
No boot	(off，on，on，on)	(on，on，on，on)	(on，on，on，on)	(on，on，on，on)

6.1.2.3 JTAG 仿真概述

TMDXEVM6678L 有板上嵌入式 JTAG 仿真电路(见图 6 - 4)，可以使用 USB 连接线将主机与开发板连接。如果用户希望使用外部仿真器，EVM 提供了一个 TI 60 - pin JTAG接口，用于高速的实时仿真，可支持所有的标准 TI DSP 仿真器。

开发板上的嵌入式 JTAG 仿真器为默认地连接到 DSP 的仿真器，当有一个外部仿真器连接到开发板上时，开发板将自动地把仿真控制交给外部仿真器。如果两种仿真器同时被连接，外部仿真器有更高的优先权。

第三种仿真方法为使用 AMC 边缘连接器的 JTAG 端口，用户可以通过 AMC 背板连接到 DSP。

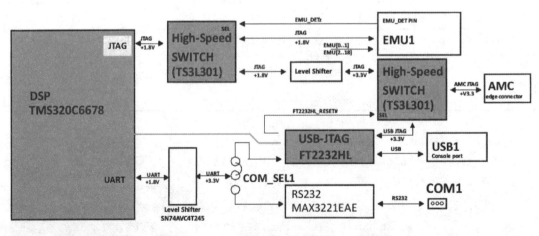

图 6 - 4 TMDXEVM6678 EVM JTAG 仿真

6.1.2.4　时钟域

通过启动时的配置,EVM 可以为 TMS320C6678 DSP 提供与其他设备不同的时钟,如图 6-5 所示。

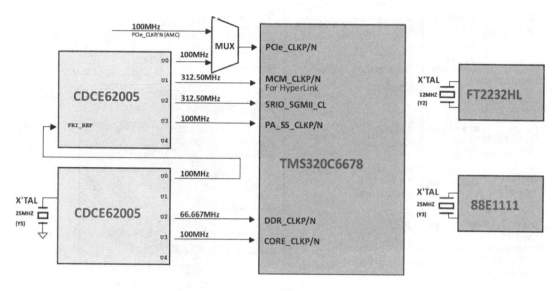

图 6-5　TMDXEVM6678L EVM 时钟域

6.1.2.5　I2C Boot EEPROM/SPI NOR Flash

TMS320C6678 的 I2C 模块可被 DSP 用于控制本地外设集成电路(DACs、ADCs 等),或者与系统中的其他控制器进行通信。I2C 总线被连接到了一个 SEEPROM 和 80-pin 扩展接口。I2C SEEPROM 有两个分区,分别存放 I2C 启动程序、PLL 初始化程序和第二级 Boot-loader 程序。

SPI 模块提供了 DSP 与其他 SPI 兼容设备的接口。此接口的主要作用是允许在启动时访问 SPI ROM。16 MB 的 NOR FLASH 连接在 DSP 的 CS0z,SPI 的 CS1z 可以用于让 DSP 访问 FPGA 中的寄存器。

6.1.2.6　FPGA

FPGA(Xilinx XC3S200AN)控制 DSP 的复位机制,通过开关 SW3、SW4、SW5、SW6、SW9 将启动模式以及启动配置的数据送入 DSP。FPGA 还提供了 AMC 连接器(见图 6-6)和 DSP 之间 TDM 帧同步和时钟的转换。FPGA 可通过其控制寄存器来控制 4 个用户 LED 灯和一个用户开关。所有的 FPGA 寄存器可通过 SPI 接口进行访问。

6.1.2.7　千兆以太网

TMDXEVM6678L 提供两个 SGMII 千兆以太网端口(见图 6-7)。其中 SGMII_1(EMAC1)路由到了一个千兆 RJ-45 连接器。SGMII_0(EMAC0)路由到了 AMC 边缘连接器的 Port0。

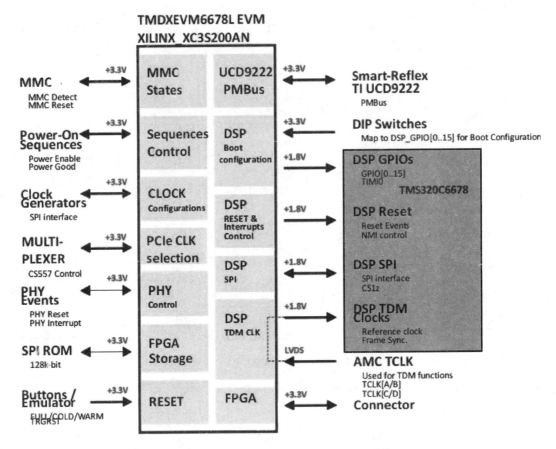

图 6-6 TMDXEVM6678L EVM FPGA 连接

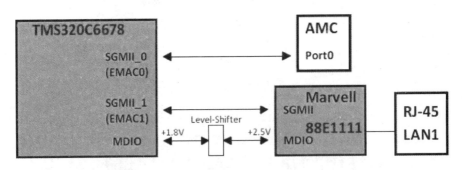

图 6-7 TMDXEVM6678 EVM 以太网路由

6.1.2.8 Serial RapidIO(SRIO)接口

RapidIO 是由 Motorola 和 Mercury 等公司率先倡导的一种高性能、低引脚数、基于数据包交换的互连体系结构,是为满足现在和未来高性能嵌入式系统需求而设计的一种开放式互连技术标准。RapidIO 主要应用于嵌入式系统内部互连,支持芯片到芯片、板到板间的通讯,可作为嵌入式设备的背板(Backplane)连接。SRIO 则是面向串行背板、DSP 和相关串行数据平面连接应用的串行 RapidIO 接口。

TMS320C6678 总共有 4 个 RapidIO 端口,所有的 SRIO 端口都被连接到了 AMC 边缘连接器,如图 6 - 8 所示。

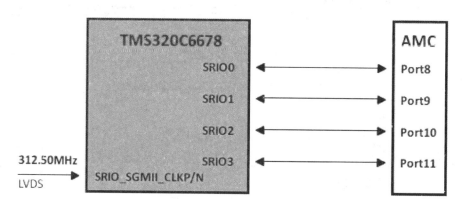

图 6 - 8　TMDXEVM6678L EVM SRIO 端口连接

6.1.2.9　DDR3 外部存储器接口

TMS320C6678 的 DDR3 接口可以连接 4 个 DDR3 1333 设备(见图 6 - 9),在使用 DDR3 EMIF 过程中可通过配置选择使用"narrow(16 - bit)","normal(32 - bit)"或者"wide (64 - bit)"模式。

6.1.2.10　16 - bit 异步外部存储器接口(EMIF - 16)

TMS320C6678 的 EMIF - 16 接口连接(见图 6 - 10)到 EVM 上的一个 512 Mbit (64 MB)NAND flash 和 80 - pin 扩展接口。EMIF16 模块提供了 DSP 与异步外部存储器的接口,例如 NAND flash 或 NOR flash。

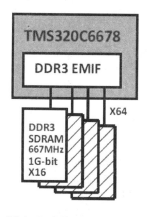

图 6 - 9　TMDXEVM6678L EVM SDRAM

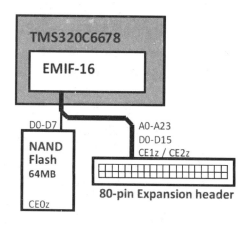

图 6 - 10　TMDXEVM6678L EVM EMIF - 16 连接

6.1.2.11　HyperLink 接口

TMS320C6678 为 companion chip/die interface 提供了 HyperLink 总线(见图 6 - 11)。这是一个 4 通道的 SerDes 接口,每通道速率可达 12.5 Gbps。这个接口被用于连接外部加速器。

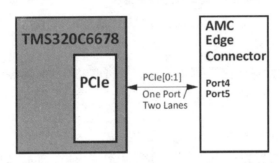

图 6‑11　TMDXEVM6678L EVM HyperLink 连接

6.1.2.12　PCIe 接口

PCI‑Express 是最新的总线和接口标准。TMDXEVM6678L 上的双通道 PCIe 接口可以连接 DSP 和 AMC 边缘连接器(见图 6‑12)。PCIe 接口是串行连接,提供了低引脚数、高稳定性、高速的数据传输,传输速率可达每通道 5.0 Gbps。

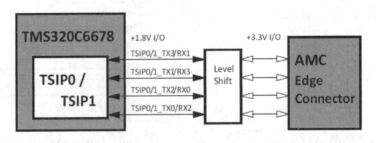

图 6‑12　TMDXEVM6678L EVM PCIe 端口连接

6.1.2.13　TSIP

TSIP 模块为电信串行数据流提供了一个无粘接接口。TSIP0 和 TSIP1 有 4 个通道(见图 6‑13),连接到一个电压转换器,将+1.8 V 转换为+3.3 V 后连接到 AMC 边缘连接器上。TSIP 可支持 8.192 Mbps,16.384 Mbps,32.768 Mbps 的数据率。TSIP 接口的 RX 和 TX 端口是交叉连接的,可支持交错式和单向的背板 TBM 总线。

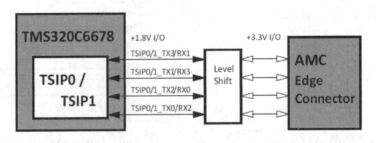

图 6‑13　TMDXEVM6678L EVM TSIP 连接

6.1.2.14　UART 接口

TMS320C6678 提供了一个串口,用于 UART 通信。这个串口可以连接 USB 或者 3‑pin(Tx,Rx,GND)串口接口,可通过 COM_SEL1 进行选择,如图 6‑14 所示。

6.1.2.15　MMC for IPMI

TMDXEVM6678L 使用模块管理控制器(MMC)来支持智能平台管理接口(IPMI)命

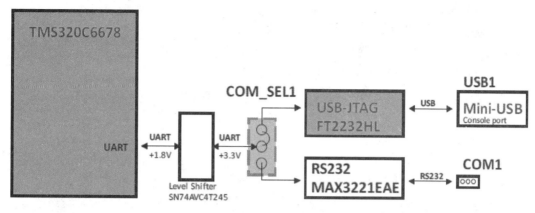

图 6 - 14 TMDXEVM6678L EVM UART 连接

令。该 MMC 基于 TI MSP430F5435 混合信号处理器(见图 6 - 15)。MMC 的主要作用是,当 EVM 插入 MicroTCA 机箱时,为 MCH 提供必要的信息,来为 EVM 提供有效负载电源。EVM 也提供了一个蓝色 LED(LED2)和一个红色 LED(LED1),当 MMC 上电初始化时,这两个 LED 会闪烁。

蓝色 LED(LED2):蓝色 LED 会在 EVM 插入 MicroTCA 机箱并上电时点亮,当 EVM 获得有效负载电源后,蓝色 LED 熄灭。

红色 LED(LED1):红色 LED 通常是不亮的,当出现错误时会点亮红色 LED。

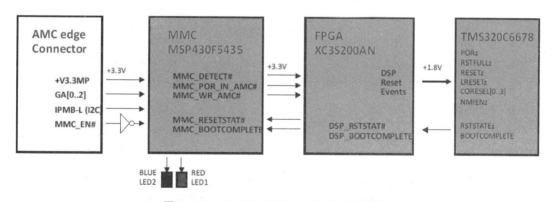

图 6 - 15 TMDXEVM6678L EVM MMC 连接

6.1.2.16 扩展接口

TMDXEVM6678L 有一个 80 - pin 的接口,连接到 EMIF,I2C,TIMI[1:0],TIMO[0:1],SPI,GPIO[15:0]和 UART 信号。其中,EMIF,I2C,TIMI[1:0],TIMO[0:1],SPI,GPIO[15:0]是 1.8 V 的电压,而 UART 信号的电压为 3.3 V。

6.1.3 FPGA 概述

FPGA(Xilinx XC3S200AN)用于控制 EVM 的电源时序,复位机制,DSP 启动模式配置以及时钟初始化。FPGA 还提供了 AMC 连接器和 DSP 之间 TDM 帧同步和时钟的转换。FPGA 可通过其控制寄存器来控制 4 个用户 LED 灯和一个用户开关。所有的 FPGA 寄存器可通过 SPI 接口进行访问。

TMDXEVM6678L EVM 上 FPGA 的主要特点：

- TMDXEVM6678L EVM 电源时序控制。
- TMDXEVM6678L EVM 复位机制控制。
- TMDXEVM6678L EVM 时钟发生器初始化和控制。
- TMS320C6678 DSP 使用 SPI 接口访问 FPGA 的配置寄存器。
- 为 TMS320C6678 DSP 提供影子寄存器，使之能访问时钟发生器的配置寄存器。
- 为 TMS320C6678 DSP 提供影子寄存器，使之能通过 PM 总线访问 UCD9222 设备。
- 为 TMS320C6678 DSP 提供用于 DSP 启动模式配置的开关。
- MMC 复位触发接口。
- 提供了 AMC 连接器和 DSP 之间 TDM 帧同步和时钟的转换。
- 提供以太网物理层中断(RFU)和复位控制接口。
- 支持复位按钮，用户开关和调试 LED。

6.1.4 BIOS MCSDK 2.0 简介

BIOS 多核开发套件(MCSDK)提供了核心基础构件块，以促进在 TI 高性能多核 DSP 上的应用软件开发。其基础组件包括：

- SYS/BIOS,TI 设备的轻量级实时嵌入式操作系统。
- 芯片支持库，驱动和基础平台工具。
- 处理器间通讯，可用于跨内核、跨设备通信。
- 基本的网络堆栈和协议。
- 优化的算法库，包括特定于应用程序与非特定于应用程序。
- 调试工具。
- 启动引导工具。
- 演示和示例。

本文档主要介绍了 BIOS MCSDK 的安装，通过 JTAG 下载现成的演示应用程序至 EVM，以及运行现成的演示应用程序：

- 安装 CCS。
- 安装 BIOS‐MCSDK 软件。
- 通过 CCS/JTAG 连接 EVM。
- 通过 JTAG 将现成的演示应用程序下载到 EVM 上。
- 运行现成的演示应用程序。

在阅读完本文档后，建议用户继续阅读 BIOS MCSDK 用户指南。

6.1.4.1 缩略语及其定义

缩略语及其定义如表 6‐3 所示。

表 6-3　缩略语及其定义

Acronym	Meaning
AMC	Advanced Mezzanine Card
CCS	Texas Instruments Code Composer Studio
CSL	Texas Instruments Chip Support Library
DDR	Double Data Rate
DHCP	Dynamic Host Configuration Protocol
DSP	Digital Signal Processor
DVT	Texas Instruments Data Analysis and Visualization Technology
EDMA	Enhanced Direct Memory Access
EEPROM	Electrically Erasable Programmable Read-Only Memory
EVM	Evaluation Module，hardware platform containing the Texas Instruments DSP
HUA	High Performance Digital Signal Processor Utility Application
HTTP	HyperText Transfer Protocol
IP	Internet Protocol
IPC	Texas Instruments Inter-Processor Communication Development Kit
JTAG	Joint Test Action Group
MCSA	Texas Instruments Multi-Core System Analyzer
MCSDK	Texas Instruments Multi-Core Software Development Kit
NDK	Texas Instruments Network Development Kit (IP Stack)
NIMU	Texas Instruments Network Interface Management Unit
PDK	Texas Instruments Programmers Development Kit
RAM	Random Access Memory
RTSC	Eclipse Real-Time Software Components
SRIO	Serial Rapid IO
TCP	Transmission Control Protocol
TI	Texas Instruments
UART	Universal Asynchronous Receiver/Transmitter
UDP	User Datagram Protocol

注意：使用 TMS 表示一个特定的 TI 设备（处理器）；使用 TMD 表示使用这个处理器的平台。如 TMS320C6678 表示 CC6678 DSP 处理器，而 TMDXEVM6678L 表示装有这款处理器的 EVM 硬件。

6.1.4.2　支持的设备/平台

本版本支持以下 TI 设备/处理器（见表 6-4）：

表 6-4 支持的设备和平台

Platform Development Kit	Supported Devices	Supported EVM
C6670	TMS320C6670，TMS320TCI6618	TMDXEVM6670L，TMDXEVM6670LE，TMDXEVM6670LXE，TMDXEVM6618LXE
C6678	TMS320C6678，TMS320TCI6608	TMDXEVM6678L，TMDXEVM6678LE，TMDXEVM6678LXE

6.1.4.3 套件里有什么

套件里包括：

- EVM 开发板：包括一个多核的片上系统。
- 通用电源：支持美国和欧洲的电源规格。
- 数据线：提供 USB，串口，以太网数据线，用于主机开发。
- 软件 DVD：软件安装程序，文档，出厂配置。
- EVM 使用指南：在开发板上运行一个预先烧进去的程序。

多核 EVM 套件软件 DVD 包括：

- BIOS 多核软件开发套件安装程序。
- Linux 多核软件开发套件压缩包。
- CCS 安装程序。
- 出厂配置恢复进程。

6.1.5 BIOS MCSDK 2.0 使用指南

这个部分将指导用户安装以及使用 BIOS MCSDK，包括如何烧写及运行现成的演示应用程序。在开始之前，请阅 EVM 用户指南，并把演示应用程序烧进设备。

使用步骤：

- 确保 EVM 硬件被设置好了。
- 安装 CCS 5.0。
- 安装 BIOS-MCSDK 2.0。
- 使用 JTAG 下载应用程序。
- 运行应用程序。

6.1.5.1 硬件设置

TMDXEVM6678L：

http：//processors.wiki.ti.com/index.php/TMDXEVM6678L_EVM_Hardware_Setup

TMDXEVM6670L：

http：//processors.wiki.ti.com/index.php/TMDXEVM6670L_EVM_Hardware_Setup

TMDXEVM6618LXE：

http：//processors.wiki.ti.com/index.php/TMDXEVM6618LXE_EVM_Hardware_Setup

6.1.5.2 安装 CCS

BIOS-MCSDK 2.0 使用 CCS 5.0。请按照 CCSv5 使用指南安装 CCS。

(http：//processors. wiki. ti. com/index. php/CCSv5_Getting_Started_Guide)

在安装 CCS 时,你可以选择安装什么。如果你选择自定义安装模式(见图 6 - 16),则下列组件必须安装,这样才能支持 MCSDK：

- SYS/BIOS 6。
- IPC。
- XDC。
- All C6 * DSP。

注意：在 Windows 7 中,安装及运行 CCS/BIOS MCSDK 要在管理员模式下进行,这将排除 CCS 启动和 RTSC 组件识别问题。

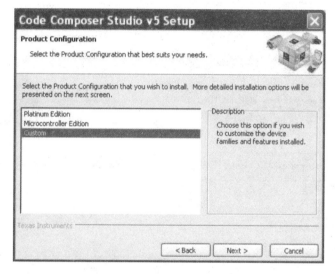

图 6 - 16　自定义安装

图 6 - 17 给出安装所要支持的芯片系列的选择

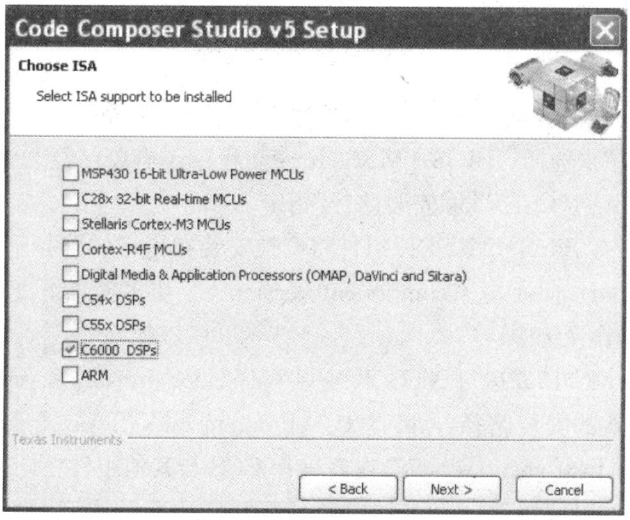

图 6 - 17　在选择 ISA 选项时选择 C6000 DSPs

6.1.5.3 安装 BIOS MCSKD

在安装 CCS 之后,下一步就是安装 BIOS - MCSDK。CCS 安装的一些组件将被 BIOS - MCSDK 安装程序更新,具体细节可查看 Release Notes。开发环境可以是 Windows 或者是 Linux。MCSDK 安装程序允许你选择安装路径。所有的组件会被安装在同样的目录下。

每个软件组件相当于一个 eclipse 插件。在安装 BIOS - MCSDK 之后,CCSv5 在启动时将识别出每个插件。在 CCSv5 窗口→Help→Help Contents 中有所有可用到的文档,用户可在帮助窗口中浏览这些文档。

注意:在启动 BIOS - MCSDK 安装程序是确保关闭了 CCS。

注意:由于 CCS5.1 的兼容性问题,MCSA 组件没有在安装时被设置成默认选择。如果使用 CCS 5.0.3,可以选择并安装这个组件。如果使用 CCS 5.1,MCSA 已经包括在 CCS 安装程序中了,如图 6 - 18 所示。

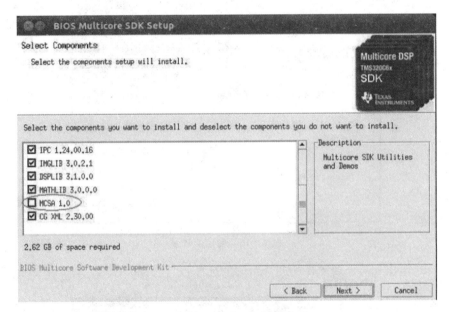

图 6 - 18　MCSA

BIOS - MCSDK 安装包括一些子组件,这些都应该被安装在同一个目录下,这个路径可以通过"目标文件夹"来选择。BIOS - MCSDK 安装程序还需要已经装好的 CCSV5.0 的路径(见图 6 - 19),可用过"CCSV5.0 安装路径"指定。

安装完成后,所有 BIOS - MCSDK 组件将会被安装在指定的路径下。每个目录有如下的格式:<component_name>_<component version>。更多信息请查看 Release Notes。

在 Windows 操作系统中:

要安装 BIOS - MCSDK,运行 MCSDK 安装程序(bios_mcsdk_<version>_setupwin32.exe)。推荐使用默认的安装路径(e.g.,"C:\Program Files\Texas Instruments" and "C:\Program Files\Texas Instruments\ccsv5")或者确保 CCS 与其他组件在同一路径下,这样能使 CCS 自动的发现这些组件。

在 Linux 操作系统中:略

```
+---bios_6_32_04_49
+---ccsv5
+---cg_xml
+---edma3_lld_02_11_02_04
+---imglib_c66x_3_0_1_0
+---ipc_1_23_01_26
+---mathlib_c66x_3_0_0_0
+---mcsdk_2_00_02_14
+---ndk_2_20_04_26
+---pdk_C6670_1_0_0_14
+---pdk_C6678_1_0_0_14
\---xdctools_3_22_01_21
```

图 6 - 19　BIOS MCSDK 安装(典型模式)之后的目录结构

注意：如果你在 Windows 7 上安装，改变默认路径为"C：\ Program Files\ Texas Instruments"。否则，一些 CCS 工程可能无法正确 build。

注意：MCSA(UIA＋DVT)会被安装在 CCSv5 的目录下。

注意：在 64 位机器上，BIOS - MCSDK 被默认安装在"C：\Program Files(x86)\Texas Instruments"。BIOS - MCSDK 中的一些工程假设默认的安装地址为"C：\Program Files\ Texas Instruments"。解决办法是将 BIOS - MCSDK 安装至"C：\Program Files\Texas Instruments"文件夹，所有的工程将会重新编译。

6.1.5.4　使用 JTAG 下载应用程序

本部分将会指导你如何将 JTAG 连接到 EVM 上，适合 TMDXEVMxxxxL EVM 上的板上 XDS100 仿真器。除了特别提到的以外，在 LE 或者 LXE 开发板上操作的步骤基本相同。想要获取更多关于仿真器的信息，请参考 XDS100 或者 XDS560 文档。一个目标配置文件将会告诉 CCS 如何与 EVM 连接，它会提供 EVM，SoC 以及接口的信息。如果没有这个文件，你将不能使用 CCS 通过 JTAG 下载或调试应用程序。

（1）设置 EVM 启动模式为"No Boot"并打开电源，设置方式可参考 EVM 硬件设置。

（2）第一次使用 CCSV5 的用户可参考"CCSV5 第一次使用指南"。

（3）上一步操作后将会打开 CCSV5 界面。

（4）创建一个新的目标配置，选择 File→New and clicking Target Configuration File。

（5）输入配置文件名(如 evmc6678l_xds100v1. ccxml)然后点击确定(该过程假设你使用的是板上 XDS100 - class USB 仿真器)。

（6）选择连接方式：如果是 XDS100，在下拉列表中选择"Texas Instruments XDS100v1 USB emulator"；如果是 XDS560，在下拉列表中选择"Blackhawk XDS560v2 - USB Mezzanine Emulator"。然后在设备搜索框中输入设备号码。在目标配置表中选择 EVM 设备并单击保存按钮。

（7）单击 View→Target configurations，可以看到可用的目标配置。上述步骤生成的配置文件(evmc6678l_xds100v1. ccxml)将出现在"User Defined"选项下。

（8）右键单击配置文件，然后选择"Launch Selected Configuration"。这将启动配置并打开调试窗口。

（9）右键单击 core0，选择 Connect Target 连接到目的 CPU。这个步骤需要板子已经上电并且 PC 已经通过 USB 连接到开发板。

（10）大多数的开发和调试需要用到 CCSV5。更多关于 CCSV5 的信息请参考 CCSV5 使用指南。

使用 GEL 文件来设置 EVM：

注意：相同的目标 GEL 文件可以用于同一款处理器的不同 EVM 模块(L,LE,LXE)。

在目标配置启动后，每个核都设置了一个 GEL 文件。在执行任何应用程序前应先执行 GEL 脚本。下面介绍如何装载和执行 GEL 脚本：

（1）单击需要装载 GEL 文件的核，选择 Tools→GEL Files(见图 6 - 20)。

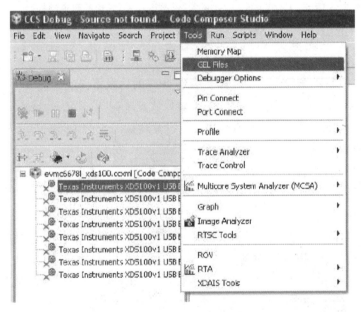

图 6 - 20　操作演示 1

（2）右键单击列表中的空白的第一行(见图 6 - 21)。

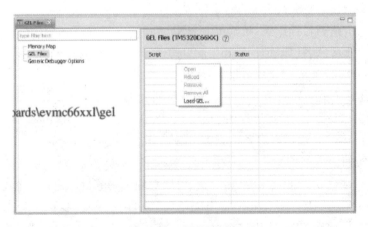

图 6 - 21　操作演示 2

（3）执行 Load GEL 命令。

（4）浏览并打开 GEL 文件。evmc66xxl. gel 文件在目录＜CCS Installation Directory＞\
ccs_base_5. ♯. ♯. ♯♯♯♯\emulation\boards\evmc66xxl\gel directory 中（见图 6－22）。

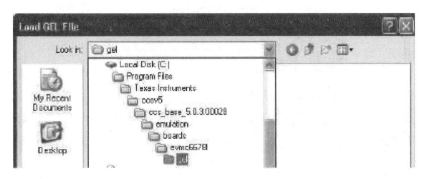

图 6－22　操作演示 3

（5）在 Scripts Menu 中运行 Global_Default_Setup（见图 6－23）。

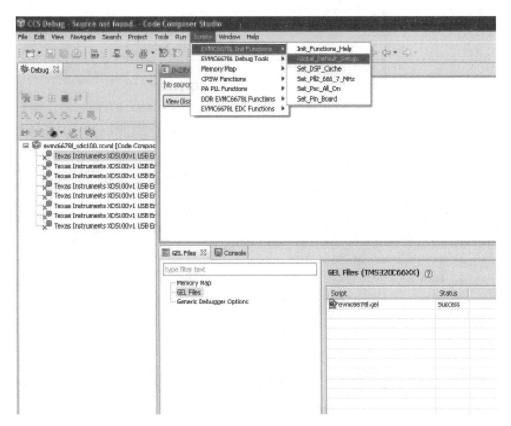

图 6－23　操作演示 4

6.1.5.5　运行演示应用程序

演示程序已经在 EVM 闪存中预先装载了。这个现成的演示程序是 High Performance
DSP Utility Application（HUA）。以下是如何使用 CCS 通过 JTAG 装载应用程序的步骤。

Windows 系统：

(1) 进入 CCS debug 窗口，选择 Run→Load→Load Program。Program File 路径为 C：\Program Files\Texas Instruments\mcsdk_2_♯♯_♯♯_♯♯\demos\hua\evmc66♯♯ l\Debug and select hua_evmc66♯♯l. out（默认路径）。这个程序将会被装载到选定的核上。

(2) 单击 Run→Resume 来在目标上运行演示程序。在 CCS 5.0 中点击 Target→Run。

Linux 系统：略

注意：HUA 是运行在静态 IP 还是在 DHCP 模式下取决于用户开关 2（请参考硬件设置部分及 HUA 演示指南中的静态 IP 配置部分）。

注意：该应用程序会同时向 CCS 控制台和 UART 写消息，因此用户可以使用 CCS 控制台或者串口程序来看到消息。当使用 DHCP 时，这是唯一可以得到 IP 地址的方法。

串口设置（见图 6 - 24）：

Baud Rate	115200
Data Bits	8
Stop Bits	1
Parity	None
Hardware Flow Control	None

图 6 - 24　串口设置

在程序开始运行之后，可以在 CCSv5 或者 UART 程序中看到如图 6 - 25 所示的文本：

```
[C66xx_0] Start BIOS 6
[C66xx_0] HPDSPUA version 2.00.00.11
[C66xx_0] Configuring DHCP client
[C66xx_0] QMSS successfully initialized
[C66xx_0] CPPI successfully initialized
[C66xx_0] PASS successfully initialized
[C66xx_0] Ethernet subsystem successfully initialized
[C66xx_0] eventId : 48 and vectId : 7
[C66xx_0] Registration of the EMAC Successful, waiting for link up ..
[C66xx_0] Service Status: DHCPC    : Enabled :          : 000
[C66xx_0] Service Status: THTTP    : Enabled            : 000
[C66xx_0] Service Status: DHCPC    : Enabled  : Running : 000
[C66xx_0] Network Added: If-1:10.218.112.167
[C66xx_0] Service Status: DHCPC: Enabled: Running: 017
```

图 6 - 25　控制台/串口文本

在这个例子中，通过 DHCP 获得的 IP 地址是 10. 218. 112. 167。你可以打开一个网页浏览器，然后在地址栏输入获得的 IP 地址，这样就可以打开 HUA 页面（见图 6 - 26）。

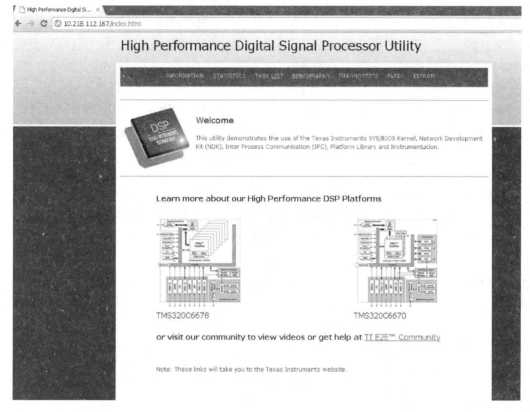

图 6 - 26　HUA 页面

欲获得更多 HUA 的信息,参考 HUA 演示指南(http://processors. wiki. ti. com/ index. php/MCSDK_HUA_Demonstration_Guide)

6.2　高性能 DSP 应用程序(HUA)例程精解

6.2.1　概述

高性能 DSP 应用程序(HUA)是对多核软件开发包(MCSDK)的一种即开即用的演示程序,其通过说明性的代码和网页来向用户演示如何将用户自己的 DSP 应用程序连接到多种多样的 TI MCSDK 软件单元,包括 SYS/BIOS、网络开发包 NDK、芯片支持库 CSL 以及平台库。这样演示的目的是为了说明 MCSDK 关键组件的整合并在评估板(EVM)上提供多核软件开发的框架。

本文涵盖了演示的多方面内容,包括对要求和软件设计的探讨、对建立和运行程序的说明以及纠错的步骤。目前,仅支持 SYS/BIOS 作为嵌入式的操作系统。

用户可以通过 PC 的网页浏览器来连接到演示用的应用程序。欢迎页面作为起点提供了通往更多 TI 多核 DSP 信息以及支持论坛的链接。

除此之外,在网页顶端有一系列的选项卡,它们实现了一些基本的功能,这包括:

● 信息:生成一个页面以展示一系列有关平台及其操作的信息,比如系统启动时间、平台设置、设备型号、核心数量、核心速度、软件单元版本和网络堆栈信息。所有这些收集的信息通过使用应用程序接口 API 来调用各种 MCSDK 软件单元。

● 统计:生成一个页面从网络堆栈报告标准以太网统计参数。

● 任务列表:生成一个页面来报告当前设备上活动的 SYS/BIOS 任务,包括任务优先级、任务状态、分配的堆栈空间以及每个任务使用的堆栈空间等信息。

● 标准参考(Benchmark):将用户带至一个含有所支持的用户在平台上可运行的 Benchmark 列表的页面。

● 诊断:将用户带至一个页面,其允许用户执行一系列对平台的诊断测试。

● 闪存:将用户带至一个展示闪存硬件信息的页面,并允许用户在平台上读写闪存。

● EEPROM:将用户带至一个可以对 EEPROM 进行读取的页面。

6.2.1.1 标准参考(Benchmark)

Benchmark 选项卡将用户带至一个含有所支持的用户在平台上可运行的 Benchmark 列表的页面。目前 2.0 版本有 2 种支持的 Benchmark。

● 网络吞吐量测试/Benchmark:其允许用户在 PC 与 EVM 之间设置并执行网络吞吐量的测试。用户可以设置方向(发送或接收);协议(UDP,TCP)以及发送数据的大小。测试结束后,例如数据丢失、测试时间和有效吞吐量等结果会被显示。

● 网络环回测试/Benchmark:其允许用户在测试装置和 EVM 之间设置并执行 UDP 和 TCP 的网络环回测试。本功能需要 UDP 数据包生成器(Smartbits)来测量 UDP 吞吐量。

UDP 测试设置如图 6 - 27 所示。

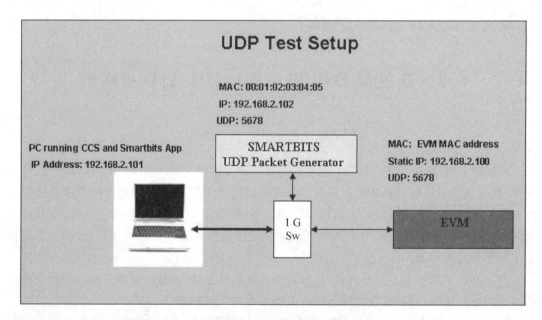

图 6 - 27 建立 UDP 测试示意图

TCP 测试设置如图 6 - 28 所示。

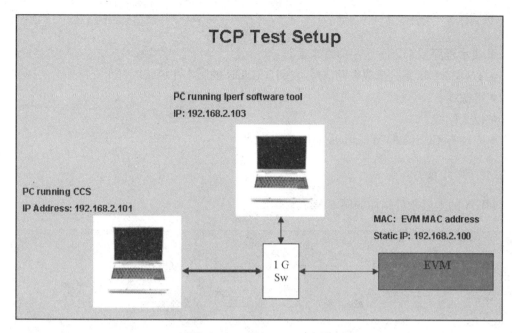

图 6-28　建立 TCP 示意图

此设置使用的一种发包命令举例：iperf - c 192.168.2.100 - i 10 - t 600 - w 64 K - d

注：TCP 测试同样可以不需要 IPERF 而在 EVM 仅通过以太网连接一台电脑的情况下进行。

6.2.1.2　诊断

诊断选项卡允许用户执行一系列对平台的诊断测试。这些诊断都以平台库的组成部分提供。支持的诊断测试包括：

● 外部 RAM 测试：通过写入与回读一系列测试序列（patterns）的过程来测试指定的外部 RAM 段。在测试后诊断程序会显示 PASS/FAIL 的指示。

● 处理器内存测试：通过写入与回读一系列测试序列（patterns）的过程来测试与用户指定的处理核心关联的内存。在测试后诊断程序会显示 PASS/FAIL 的指示。此诊断仅可以对核心 0 之外的核心执行，并且不适用于单核设备。

● 闪存 LED：允许用户开关平台上指定的 LED。

● UART 测试：允许用户向 UART 端口发送文本信息。本测试要求用户必须拥有连接到平台上 UART 端口的 PC 机。

6.2.1.3　闪存

闪存页面展示了有关闪存硬件的信息，并允许用户读写闪存。对于读取，用户可以指定读取的闪存块，然后可以按页翻阅读取的数据。对于写入，用户可以写入一个任意的文件（二进制 BLOB）或者可引导的镜像。可引导的镜像允许用户写入一个 EEPROM 引导装载器可以装载并执行的镜像。

6.2.1.4　EEPROM

EEPROM 页面允许用户读取 EEPROM 并翻阅 1 K 块中的数据。

6.2.2 要求

本演示程序要求以下这些部件来运行:

- TMS320C6x 系列低成本评估板(查阅 MCSDK 的版本注释获取对所支持平台的说明)。
- 电源线。
- 以太网线。
- 安装有 CCSv5 的 Windows 操作系统 PC。

6.2.3 软件设计

HUA 的上层软件结构如图 6-29。

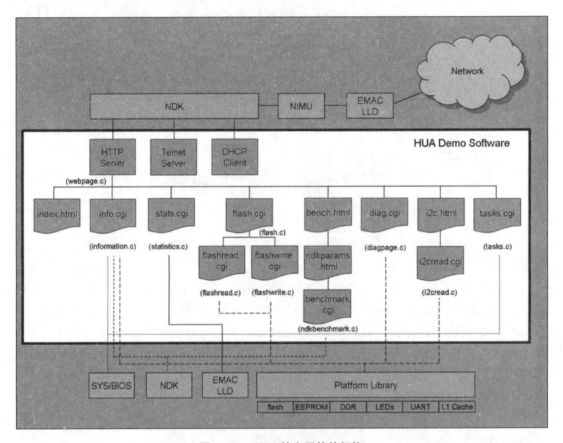

图 6-29 HUA 的上层软件架构

软件功能提供了 HTTP 和远程登录服务器。这些服务器使用标准的接口连接到 IP 堆栈(NDK),而 NDK 通过 NIMU 和 EMAC 驱动组件连接到以太网。

HTTP 服务器提供了允许在 EVM 上执行各种操作(如诊断)或者提供信息的页面(比如统计)。这些网页一些是通过 CGI-BIN 接口(.cgi)动态创建另一些则是直接调回的静态页面(.html)。

任务:由于是嵌入式系统,其使用 SYS/BIOS 来提供任务分配功能以及 OS 单元,例如信号和计时器等。其主线程为 hpdspuaStart 任务。此任务将设置 IP 堆栈并将系统带入自由运行的状态。

　　🔑注：应用程序的 main 程序仅启动 SYS/BIOS。SYS/BIOS 会依次运行任务。

　　平台初始化：平台初始化通过程序内名为 EVM_init()的功能实现。这一功能被设置为在启动之前就被 SYS/BIOS 调用。平台初始化设置 DDR、I2C bus、时钟以及所有其他依靠平台的项目。

6.2.4　Build 说明

　　按照以下步骤来重编译库(这些步骤保证用户安装了 MCSDK 以及所有需要的程序包)。打开 CCS→单击"Import Existing"选项卡并从"C：\Program Files\Texas Instruments\mcsdk_2_00_00_xx\demos\hua."导入工程。需要导入两个工程："hua_evmc6678l"和"hua_evmc6670l"。右单击每个工程→单击"Properties"按钮,打开属性窗口。在工程工作区右单击工程并依"Properties→General→RTSC→Products and Repositories→Other Repositories"次序,单击并确认"$(PROJECT_ROOT)/.."已显示工程应成功 build。

6.2.5　Run 说明

　　预编译库作为 MCSDK 版本的一部分提供。按照以下的流程来使用 CCS 装载镜像并运行示例。若需进一步设置细节请参考硬件设置指南。通过以太网电缆将评估板连接至集线器或者 PC。

　　如果用户开关 1 是关闭的则示例将在静态 IP 模式下运行,反之则在 DHCP 模式下。用户开关 1 的位置请查阅硬件设置部分。如果设置为静态 IP 模式,评估板 IP 将是 192.168.2.100,网管 IP 地址 192.168.2.101 而网络掩码为 255.255.254.0。如果设置为 DHCP 模式,则评估板会发出 DHCP 请求以从网络上的 DHCP 服务器获得 IP 地址。

　　在 CCS 窗口中启动目标板的配置文件。Debug 视图将会打开,所有核心的 Debug 视窗将会打开。连接至核心 0 并装载 demos\hua\evmc66xxl\Debug\hua_evmc66xxl.out。在核心 0 上运行 HUA,在 CIO 控制板窗口中,评估板应会打印出 IP 地址信息(比如：Network Added：If-1：192.168.2.100)。打开连接至集线器或者目标板的 PC 端网页浏览器。键入目标板的 IP 地址,则应能打开 HUA 示范页面。请根据网页上的说明来运行示范。

　　🔑注,如果用户希望在静态 IP 模式下运行示范,请确保 PC 主机在同一网段中或者可以连接至网关。图 6-30 是一个设置示例。

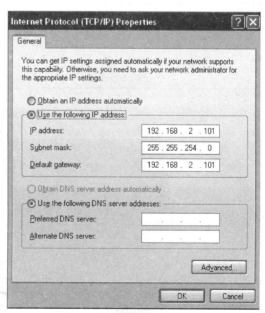

图 6-30　TCP/IP 的配置

在 windows 环境下

将 TCP/IP 设置为"有线网络链接"。

在 linux 环境下

运行以下的命令以在典型 linux 环境下设置静态 IP 地址。

sudo ifconfig eth0 192.168.2.101 netmask 255.255.254.0

6.2.6 操作步骤

本例程使用 TMDXEVM6678L、CCS5.0.3、MCSDK 2.00.05.17，以下是具体的操作步骤：

（1）硬件设置：

● 将开发板的启动模式设置为"No boot"模式，既将 SW3 的 1 置为 OFF 其余 SW3、SW4、SW5、SW6 开关都置为 ON（见图 6-31）。

● 演示程序将会用到 SW9 的 USER SWITCH 开关，用于控制程序获得 IP 地址的方法，开关为 ON 则使用 DHCP，开关为 OFF 则使用静态 IP。在本例中，使用静态 IP，所以将 SW 的 2 置为 OFF。开关实物图见图 6-32。

Boot Mode	DIP SW3 (Pin1, 2, 3, 4)	DIP SW4 (Pin1, 2, 3, 4)	DIP SW5 (Pin1, 2, 3, 4)	DIP SW6 (Pin1, 2, 3, 4)
NOR boot on image 0 (default)	(off, off, on, off)	(on, on, on, on)	(on, on, on, off)	(on, on, on, on)
NOR boot on image 1	(off, off, on, off)	(off, on, on, on)	(on, on, on, on)	(on, on, on, on)
NAND boot on image 0	(off, off, on, off)	(on, off, on, on)	(on, on, on, off)	(on, on, on, on)
NAND boot on image 1	(off, off, on, off)	(off, off, on, on)	(on, on, on, on)	(on, on, on, on)
TFTP boot	(off, off, on, off)	(on, on, off, on)	(on, on, on, off)	(on, on, on, on)
POST boot	(off, off, on, off)	(on, on, on, on)	(on, on, on, on)	(on, on, on, on)
ROM SRIO Boot	(off, off, on, on)	(on, on, off, on)	(on, on, on, on)	(off, on, on, on)
ROM Ethernet Boot	(off, on, on, on)	(on, on, on, on)	(on, on, off, off)	(off, on, on, on)
No boot	(off, on, on, on)	(on, on, on, on)	(on, on, on, on)	(on, on, on, on)

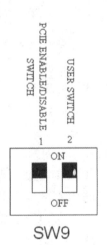

图 6-31 MCDSK 上的拨码开关含义列表

图 6-32 MCDSK 上的拨码开关实物图

（2）将 USB 仿真器及网线连接至 PC，插上电源上电。

（3）打开 CCS5.0.3。

（4）选择"File→New→Target Configuration File"（见图 6-33）。

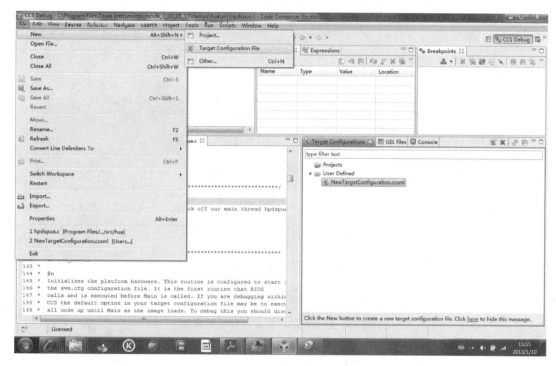

图 6-33　新建 HUA 的目标配置文件

（5）在对话框中输入配置文件的名字，单击确定按钮后，会弹出如下的对话框，按如图 6-34 所示的配置好后，单击保存按钮。

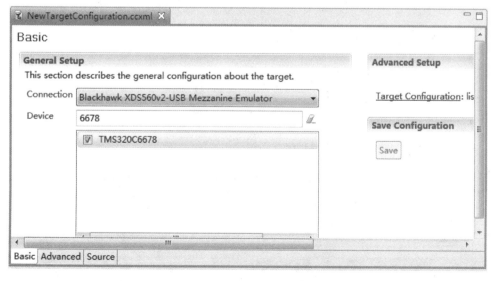

图 6-34　配置 HUA 的目标配置文件

(6) 选择"View→Target Configuration"查看配置文件,新建立的配置文件将会在 User Defined 文件夹中,如图 6-35 所示。

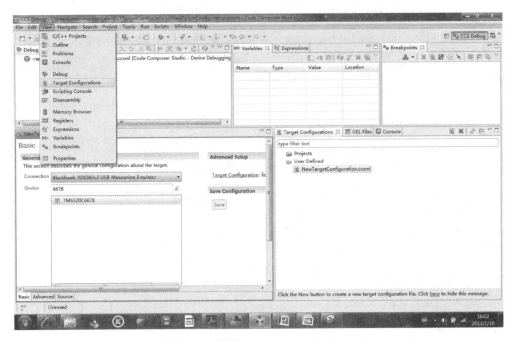

图 6-35 查看用户自定义的目标配置文件

(7) 右键单击配置文件,选择"Launch Selected Configuration",这个操作将会启动配置文件,并打开调试(debug)窗口(见图 6-36)。

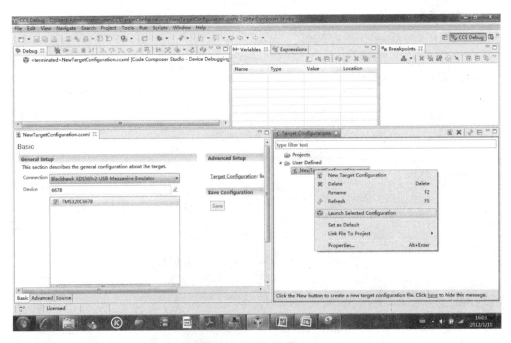

图 6-36 开始调试

（8）右键单击 core0（见图 6 - 37），选择"Connect Target"（见图 6 - 38），将 CCS 连接到指定 CPU（见图 6 - 39）。

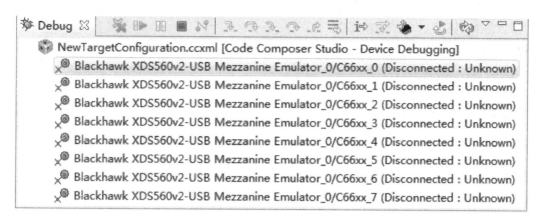

图 6 - 37　配置连接所有核

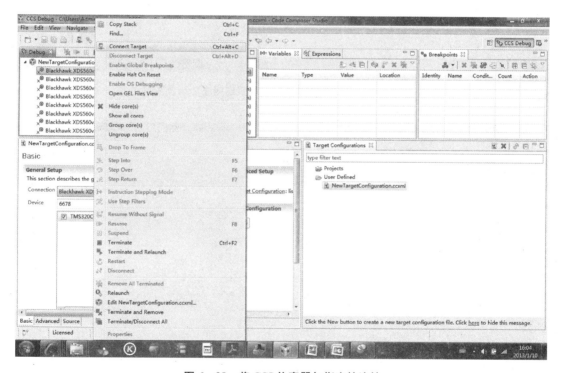

图 6 - 38　将 CCS 仿真器与指定核连接

（9）单击 core0，选择"Tools→GEL Files"，弹出 GEL Files 窗口（见图 6 - 40）。

（10）右键单击第一行，选择"Load GEL…"，需要使用的 GEL 文件在光盘中，路径为"..\c6678dsk\program_evm\gel\evmc6678l.gel"，单击加载按钮，如图 6 - 41～图 6 - 43 所示。

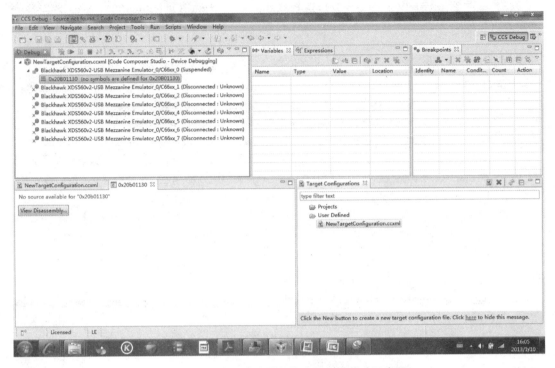

图 6-39　将 CCS 仿真器与指定核连接成功示意图

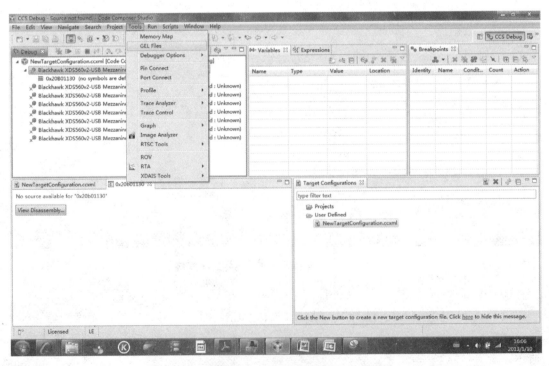

图 6-40　加载 GEL 文件(硬件仿真必须要加载)

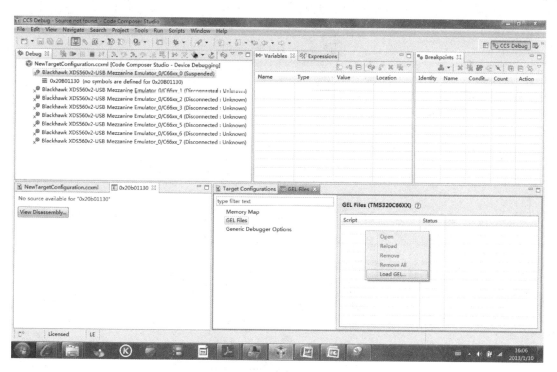

图 6 - 41　加载 CEL 文件 1

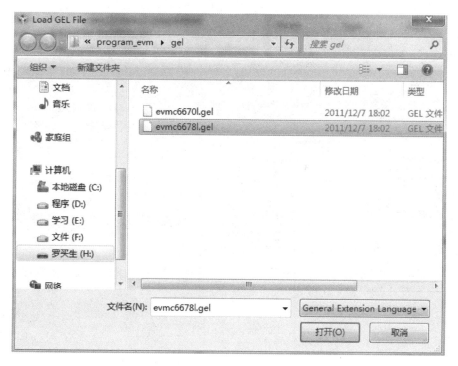

图 6 - 42　加载 CEL 文件 2

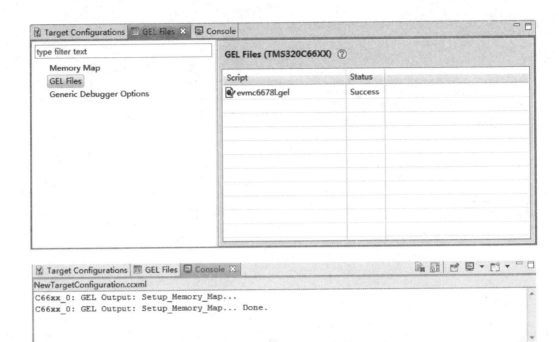

图 6-43　成功执行输出信息

（11）选择"Scripts→EVMC6678L Init Functions→Global_Default_Setup"（见图 6-44 和图 6-45）。

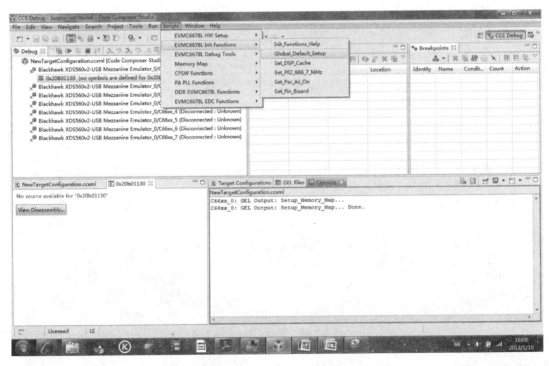

图 6-44　用 GEL 文件中的内容初始化 EVM 板

```
Target Configurations | GEL Files | Console ×

NewTargetConfiguration.ccxml
C66xx_0: GEL Output: PA PLL (PLL3) Setup ...
C66xx_0: GEL Output: PA PLL Setup... Done.
C66xx_0: GEL Output: DDR3 PLL (PLL2) Setup ...
C66xx_0: GEL Output: DDR3 PLL Setup... Done.
C66xx_0: GEL Output: DDR begin (1333 auto)
C66xx_0: GEL Output: XMC Setup ... Done
C66xx_0: GEL Output:
DDR3 initialization is complete.
C66xx_0: GEL Output: DDR done
C66xx_0: GEL Output: DDR3 memory test... Started
C66xx_0: GEL Output: DDR3 memory test... Passed
C66xx_0: GEL Output: PLL and DDR Initialization completed(0) ...
C66xx_0: GEL Output: configSGMIISerdes Setup... Begin
C66xx_0: GEL Output:
SGMII SERDES has been configured.
C66xx_0: GEL Output: Enabling EDC ...
C66xx_0: GEL Output: L1P error detection logic is enabled.
C66xx_0: GEL Output: L2 error detection/correction logic is enabled.
C66xx_0: GEL Output: MSMC error detection/correction logic is enabled.
C66xx_0: GEL Output: Enabling EDC ...Done
C66xx_0: GEL Output: Configuring CPSW ...
C66xx_0: GEL Output: Configuring CPSW ...Done
C66xx_0: GEL Output: Global Default Setup... Done.
```

图 6 - 45 用 GEL 文件中的内容初始化 EVM 板成功示意图

（12）选择"Run→Load→Load Program"，选择要运行的程序，程序路径为".. \Texas Instruments\mcsdk_2_00_05_17\demos\hua\evmc6678l\Debug\hua_evmc6678l. out"（见图 6 - 46～图 6 - 48）。

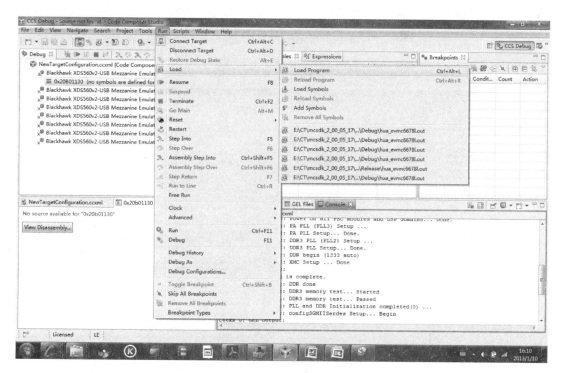

图 6 - 46 Load 执行程序

图 6-47   定位找到要 Load 并执行程序

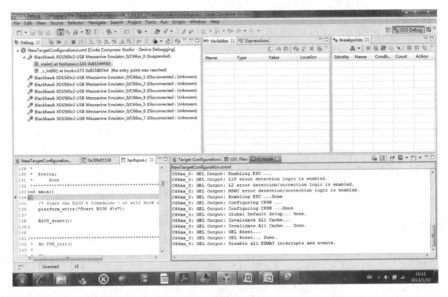

图 6-48   成功 Load 之后程序指针进入 main 入口

（13）选择"Run→Resume"，运行程序（见图 6-49 和图 6-50）。

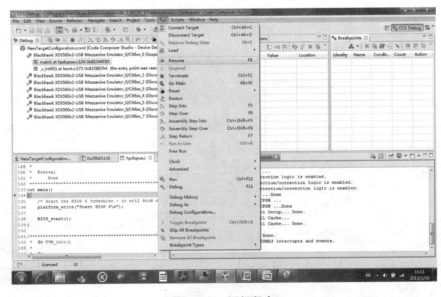

图 6-49   运行程序

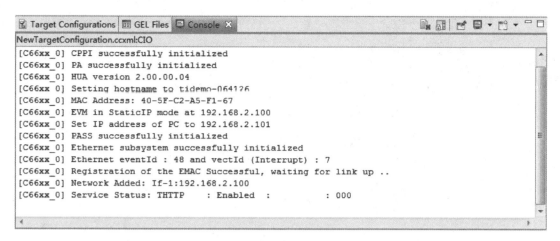

图 6-50　运行结果输出

（14）根据运行结果，配置 PC 的 IP 地址为 192.168.2.101（见图 6-51）。

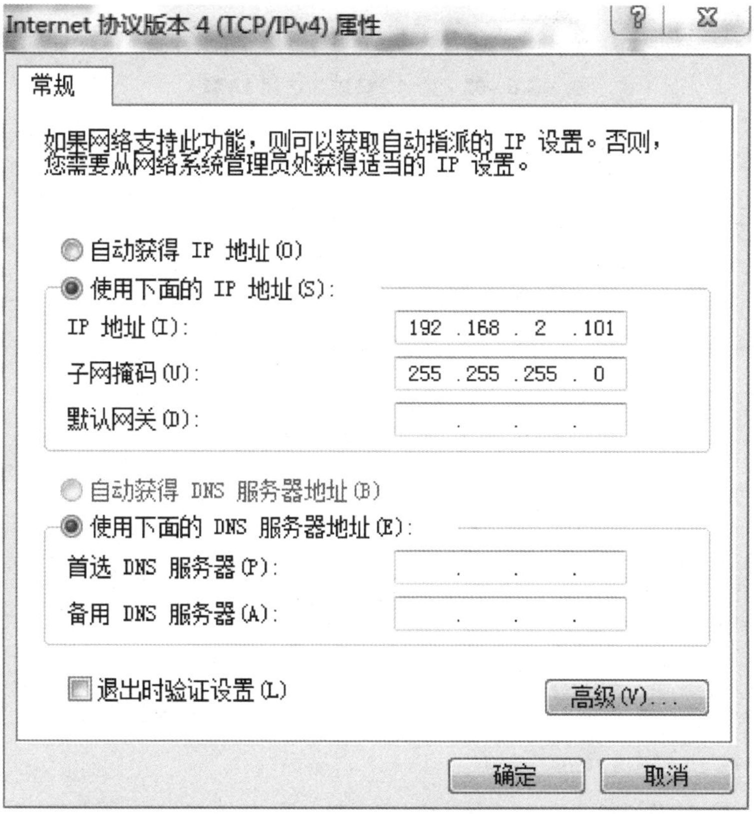

图 6-51　配置 PC 的 IP

（15）打开浏览器，在地址栏输入 192.168.2.100（见图 6-52）。

图 6 - 52 通过 PC 成功访问 EVM

6.2.7 遇到的问题及解决方法

（1）出现如图 6 - 53 所示问题，可忽略它继续进行。

图 6 - 53 遇到的问题 1

（2）出现如图 6 - 54 所示问题，需重启 EVM 开发板。

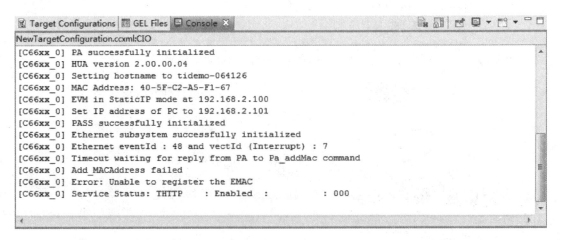

图 6 - 54 遇到的问题 2

（3）在用 CCS 加载 HUA 时出现数据校验错误（Data verification error when using CCS to load HUA）。

检查 EVMGEL 是否配置正确，并且确保在与目标板连接的状态下运行程序。GEL 将执行 PLL 和外部 Memory 的初始化，以保证 HUA 可以加载并且运行在外部 memory 中。

（4）CIO console 窗口不显示 IP 地址（The CIO console window does not show the IP address）。

检查 EVM 是否连接到一个 DHCP 正在运行的网络上。

（5）CIO 窗口显示一个静态的 IP 地址，但是 Ping 不通（The CIO console window shows the static IP address，but can not ping it）。

检查 EVM 是否连接到一个静态网络上，同时 Ping EVM 的 PC 是否与 EVM 在同一个子网地址内（subnet）。

（6）TCP 传输测试已经启动，但是没有在 console 或者 webpage 中显示测试结果（The TCP Transmit Test will start but never display results on either console or webpage）。

保证防火墙以及其他任何网络保护软件是关闭的，此外还要保证只有一个网址在运行。

（7）TCP 接收测试已经启动，但是没有在 console 或者 webpage 中显示测试结果（The TCP Receive Test will start but never display results on either console or webpage）。

与上面类似，保证防火墙等软件被关闭。此外测试可能需要额外的时间（大约 10 分钟或者多一些），以确保测试在运行。如果实在定位不了 EVM 与计算机之间是否存在传输问题，可以用 Wireshark 这个很方便的工具监视传输。

6.3 核间通信（IPC）以及实例精解

6.3.1 概述

IPC（Inter processor communication），顾名思义是核间通信机制。通常作为多核之间的同步机制，允许核与核之间进行直接的通知，以传递信息。该模块内部有过的寄存器用来实现 IPC 功能，下面逐一介绍。

1）IPC 发生寄存器

IPC 发生寄存器（IPCGRx），可以产生中断，实现 CorePac 之间的中断通信。C6678 有 8 个 IPCGRx 寄存器（IPCGR0 - IPCGR7）。这些寄存器可以被外部的主机或者 CorePacs 使用给其他的 CorePac 产生中断。这个寄存器有两个位域：IPCG 和 SRCSx。PICG 决定是否产生中断，而 SRCSx 表示是哪个源发出的中断。具体操作如下图所示，往 IPCGRx 寄存器的 IPCG 域写 1，将给 CorePacx 产生一个中断脉冲（0<=x<=7）。往 SRCSx 位域写 1，同时会将 IPCARx 中相应的 SRCCx 置位。这些寄存器提供了 Source ID 位，方便区别是哪个源发出的中断。中断源位的分配与含义都是由软件约定的。任何可以访问 BOOTCFG 模块空间的主机，都可以写这些寄存器。IPCGRx 的说明如图 6 - 55 所示。

31	30	29	28	27 8	7	6	5	4	3 1	0
SRCS27	SRCS26	SRCS525	SRCS24	SRCS23 – SRCS4	SRCS3	SRCS2	SRCS1	SRCS0	Reserved	IPCG
RW +0	RW +0	RW +0	RW +0	RW +0 (per bit field)	RW +0	RW +0	RW +0	RW +0	R, +000	RW +0

Bit	Field	Description
31-4	SRCSx	Interrupt source indication. Reads return current value of internal register bit. Writes: 　0 = No effect 　1 = Sets both SRCSx and the corresponding SRCCx.
3-1	Reserved	Reserved
0	IPCG	Inter-DSP interrupt generation. Reads return 0. Writes: 　0 = No effect 　1 = Creates an Inter-DSP interrupt.
End of Table 3-13		

图 6 - 55　IPCGRx 寄存器以及各 bit 的含义

2) IPC 应答寄存器

顾名思义 IPC 应答寄存器(IPC Acknowledgement(IPCARx)Registers)是方便核间中断应答的寄存器。C6678 有 8 个 IPCARx 寄存器,这些寄存器也提供了 SourceID,用来区分 28 个不同的中断源。中断源位的分配与含义都是由软件约定的。任何可以访问 BOOTCFG 模块空间的主机,都可以写这些寄存器。往该寄存器的 SRCCx 位域写 1,将清除该位以及 SRCS 中相应的位,作为对中断的响应。例如,往 IPCAR0 寄存器的 SRCC27 bit 写 1,其结果是将 IPCAR0 的 SRCC27 bit 清零,且将 IPCGR0 的 SRCS27 bit 清零。IPCARx 的说明如图 6 - 56 所示。

31	30	29	28	27 8	7	6	5	4	3 0
SRCC27	SRCC26	SRCC25	SRCC24	SRCC23 – SRCC4	SRCC3	SRCC2	SRCC1	SRCC0	Reserved
RW +0	RW +0	RW +0	RW +0	RW +0 (per bit field)	RW +0	RW +0	RW +0	RW +0	R, +0000

Bit	Field	Description
31-4	SRCCx	Interrupt source acknowledgement. Reads return current value of internal register bit. Writes: 　0 = No effect 　1 = Clears both SRCCx and the corresponding SRCSx
3-0	Reserved	Reserved
End of Table 3-14		

图 6 - 56　IPCARx 寄存器以及各 bit 的含义

此外,IPC 提供了主机 DSP 中断机制,它的使用与上述核间 IPC 中断类似。通过 IPCGRG 寄存器可以在 HIOUT 管脚上产生一个中断脉冲。这里就不再赘述,可参见 C6678 的用户手册。

6.3.2　实例介绍

6.3.2.1　程序流程

本实例主要通过 IPC 实现多核之间的通信,如图 6 - 57 所示。系统初始化之后 core0 通过 IPC 向 core1 发送一个中断信号,core1 收到 core0 的中断之后,响应并给 core2 发送 IPC 中断,这样以此类推,直到最后 core7 收到 core6 的 IPC 中断(见图 6 - 58),并发送 IPC 中断给 core0。实现 8 个和之间 IPC 回环测试。

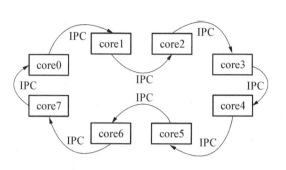

图 6 - 57　IPC 实例中断回环流程图　　　　图 6 - 58　IPC 中断处理过程

6.3.2.2　源代码详述

1) 主程序

```c
#include <c6x.h>
#include <stdint.h>
#include <stdlib.h>
#include <stdio.h>
#include <string.h>
#include <ti/csl/csl_chip.h>
#include <ti/csl/src/intc/csl_intc.h>
#include <ti/csl/csl_cpintcAux.h>
#include "ipc_interrupt.h"
void main()
{
    uint32_t i;
    uint32_t coreID = CSL_chipReadReg (CSL_CHIP_DNUM);  //读取当前核的编号,如果当前
                                          //代码在核 0 中运行,读出来的值为 0;
    TSCL = 0;               //启动一个 freerun 的 64 位定时器,
                    //目的是统计后面代码执行所需的 CPU 的 cycle 数;
    intcInit();   //init the intc CSL global data structures, enable global ISR
    registerInterrupt(); //register the Host interrupt with the event
    for (i = 0; i<1000; i++)
        asm (" NOP 5");
    if (0 == coreID)
    {
```

```
        IssueInterruptToNextCore();  // 如果 coreID 为 0,则运行这个函数,也就是说,
      //在其他核中运行的代码,这个函数是不被调用的。在这里,给 core1 发出一个中断。
    }
    while(1)
    {
        asm(" NOP 9");
    };
}
```

2) IPC 中断子程序

```
# include <stdint.h>
# include <stdlib.h>
# include <stdio.h>
# include <string.h>
# include <ti/csl/csl_chip.h>
# include <ti/csl/src/intc/csl_intc.h>
# include <ti/csl/csl_cpintcAux.h>
# include "ipc_interrupt.h"
CSL_IntcGlobalEnableState state;
CSL_IntcContext context;
CSL_IntcEventHandlerRecord Record[CSL_INTC_EVENTID_CNT];
CSL_IntcEventHandlerRecord  EventRecord;
uint32_t        coreVector[MAX_CORE_NUM];
CSL_IntcObj     intcObj[16];
CSL_IntcHandle  hintc[16];
volatile Uint32 interruptNumber = 0;

/* IPCGR Info */
int32_t iIPCGRInfo[CORENUM] = {
                                IPCGR0,
                                IPCGR1,
                                IPCGR2,
                                IPCGR3,
                                IPCGR4,
                                IPCGR5,
                                IPCGR6,
                                IPCGR7
                              };
/* IPCAR Info */
```

```
int32_t iIPCARInfo[CORENUM] = {
                                IPCAR0,
                                IPCAR1,
                                IPCAR2,
                                IPCAR3,
                                IPCAR4,
                                IPCAR5,
                                IPCAR6,
                                IPCAR7
                            };
interruptCfg intInfo[MAX_SYSTEM_VECTOR] =
{
    /* core    event    vector */
    { 0,       91,      CSL_INTC_VECTID_4, &IPC_ISR},
    { 1,       91,      CSL_INTC_VECTID_4, &IPC_ISR},
    { 2,       91,      CSL_INTC_VECTID_4, &IPC_ISR},
    { 3,       91,      CSL_INTC_VECTID_4, &IPC_ISR},
    { 4,       91,      CSL_INTC_VECTID_4, &IPC_ISR},
    { 5,       91,      CSL_INTC_VECTID_4, &IPC_ISR},
    { 6,       91,      CSL_INTC_VECTID_4, &IPC_ISR},
    { 7,       91,      CSL_INTC_VECTID_4, &IPC_ISR},
};
/* The functions initializes the INTC module.  */
int32_t intcInit()
{
    /* INTC module initialization */
    context.eventhandlerRecord = Record;
    context.numEvtEntries       = CSL_INTC_EVENTID_CNT;
    if (CSL_intcInit (&context) ! = CSL_SOK)
        return -1;

    /* Enable NMIs */
    if (CSL_intcGlobalNmiEnable () ! = CSL_SOK)
        return -1;

    /* Enable global interrupts */
    if (CSL_intcGlobalEnable (&state) ! = CSL_SOK)
        return -1;
```

```
    /* INTC has been initialized successfully. */
    return 0;
}


//      Function registers the high priority interrupt.
int32_t registerInterrupt()
{
    uint32_t i;
    uint32_t event;
    uint32_t vector;
    uint32_t core;
    uint32_t coreID = CSL_chipReadReg (CSL_CHIP_DNUM);
    CSL_IntcEventHandler isr;
    for (i = 0; i<MAX_CORE_NUM; i++)
    {
        coreVector[i] = 0;
    }
    for (i = 0; i<MAX_SYSTEM_VECTOR; i++)
    {
        core    = intInfo[i].core;
        if (coreID == core)
        {
            event  = intInfo[i].event;
            vector = intInfo[i].vect;
            isr    = intInfo[i].isr;
            if (MAX_CORE_VECTOR <= coreVector[core])
            {
                printf("Core %d Vector Number Exceed\n");
            }
            hintc[vector] = CSL_intcOpen (&intcObj[vector], event, (CSL_
IntcParam*)&vector, NULL);
            if (hintc[vector] == NULL)
            {
                printf("Error: GEM-INTC Open failed\n");
                return -1;
            }
            /* Register an call-back handler which is invoked when the event
occurs. */
```

```
                EventRecord.handler = isr;
                EventRecord.arg = 0;
                if (CSL_intcPlugEventHandler(hintc[vector],&EventRecord)! = CSL_SOK)
                {
                    printf("Error: GEM - INTC Plug event handler failed\n");
                    return - 1;
                }
                /* clear the events. */
                    if (CSL_intcHwControl(hintc[vector],CSL_INTC_CMD_EVTCLEAR, NULL)
! = CSL_SOK)
                    {
                        printf("Error: GEM - INTC CSL_INTC_CMD_EVTCLEAR command failed\n");
                        return - 1;
                    }
                /* Enabling the events. */
                    if (CSL_intcHwControl(hintc[vector],CSL_INTC_CMD_EVTENABLE, NULL)! =
CSL_SOK)
                    {
                        printf("Error: GEM - INTC CSL_INTC_CMD_EVTENABLE command failed\n");
                        return - 1;
                    }
                coreVector[core] + + ;
            }
        }
    return 0;
}
//BOOT and CONFIG dsp system modules Definitions
#define CHIP_LEVEL_REG   0x02620000
//Boot cfg registers
#define KICK0               * (unsigned int * )(CHIP_LEVEL_REG + 0x0038)
#define KICK1               * (unsigned int * )(CHIP_LEVEL_REG + 0x003C)
#define KICK0_UNLOCK (0x83E70B13)
#define KICK1_UNLOCK (0x95A4F1E0)
#define KICK_LOCK       0
//给下一个核发送中断的子函数
void IssueInterruptToNextCore()
{
    uint32_t CoreNum;
```

```
    uint32_t iNextCore;
    static uint32_t interruptInfo = 0;
    CoreNum = CSL_chipReadReg (CSL_CHIP_DNUM);

    iNextCore = (CoreNum + 1) % 8; //
    printf ("Set interrupt from Core % x to Core % d, cycle = % d\n", CoreNum,
iNextCore, TSCL);
    interruptInfo + = 16;
     //Unlock Config
     KICK0 = KICK0_UNLOCK;
     KICK1 = KICK1_UNLOCK;
     * (volatile uint32_t * ) iIPCGRInfo[iNextCore] = interruptInfo;
     * (volatile uint32_t * ) iIPCGRInfo[iNextCore] | = 1;
     //lock Config
     KICK0 = KICK_LOCK;
     KICK1 = KICK_LOCK;
    printf("Interrupt Info % d\n", interruptInfo);
}
//中断服务程序
void IPC_ISR()
{
    volatile uint32_t read_ipcgr;
    uint32_t CoreNum;
    uint32_t iPrevCore;
    CoreNum = CSL_chipReadReg (CSL_CHIP_DNUM);;
    iPrevCore = (CoreNum - 1) % 8;
    read_ipcgr = * (volatile Uint32 * ) iIPCGRInfo[CoreNum];
    * (volatile uint32_t * ) iIPCARInfo [CoreNum] = read_ipcgr; //clear the
related source info
    printf ("Receive interrupt from Core % d with info 0x% x, cycle = % d\n",
iPrevCore, read_ipcgr, TSCL);
    interruptNumber + + ;
    if(CoreNum! = 0) //
    {
        IssueInterruptToNextCore();
    }
    else
    {
```

```
        printf("IPC test passed! \n");
    }
}
```

在 CCS 环境下阅读程序,如果有不清楚的变量,可以采用下面的小技巧来快速查找其定义。以 CSL_CHIP_NUM 为例。

2) 选中要查找的变量

阅读代码如图 6 - 59 所示。

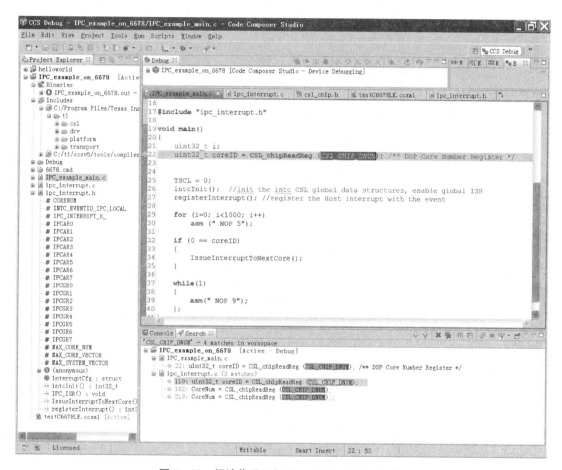

图 6 - 59　阅读代码(以 CSL_CHIP_DNUM 为例)

3) 右击页面中单击"Open Declaration"

找到 CSL_CHIP_DNUM 如图 6 - 60 所示。

4) Csl_chip.h 中有定义

找到定义如图 6 - 61 所示。

5) sprugh7.pdf 文档中有详细描述(TMS320C66x DSP CPU and Instruction Set)

在用户手册中找到 DNUM 的定义如图 6 - 62 所示。

如果想了解 TSCL 是什么?

解读 TSCL 如图 6 - 63 所示。

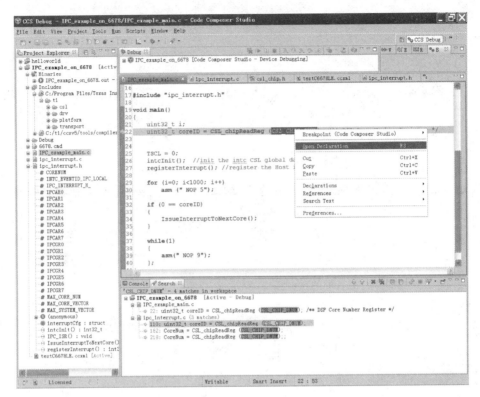

图 6-60 找到 CSL_CHIP_DNUM 的声明

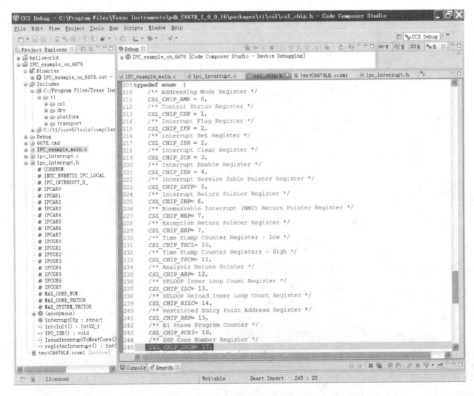

图 6-61 在 csl_chip. h 中找到 CSL_CHIP_DNUM)定义

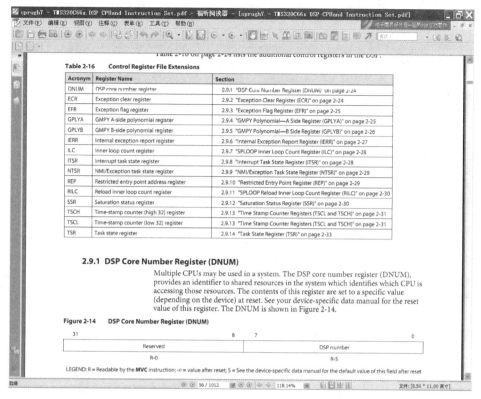

图 6 - 62　在用户手册中找到 DNUM 的定义

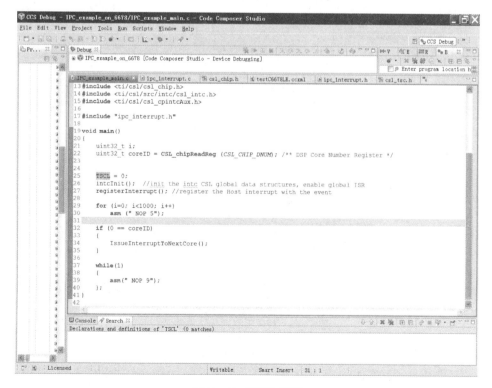

图 6 - 63　TSCL 解读

同样的方法,在相应的 datasheet 中会找到解释(见图 6 - 64)。

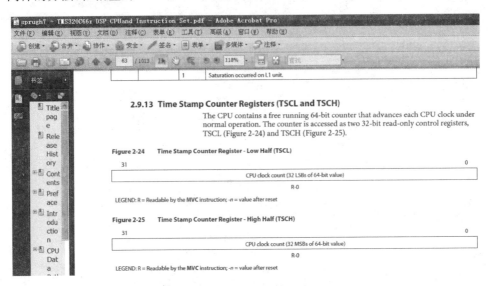

图 6 - 64　用户手册中 TSCL 定义

6.3.2.3　例程运行过程中的常见问题与注意事项

IPC 运行完之后的结果。View→console 中可以看到运行结果如图 6 - 65 所示。

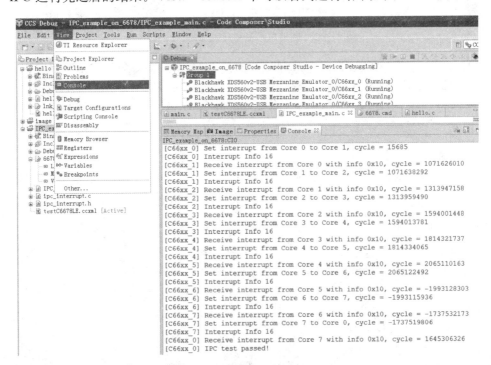

图 6 - 65　IPC 实例运行结果图示

遇到如下出错信息,需要重新启动 DSP EVM 单板。

在 EVM 板上运行实例,一定要注意以下几项配置,ccxml 文件的配置 basic 选项页的配置如图 6 - 66 所示。

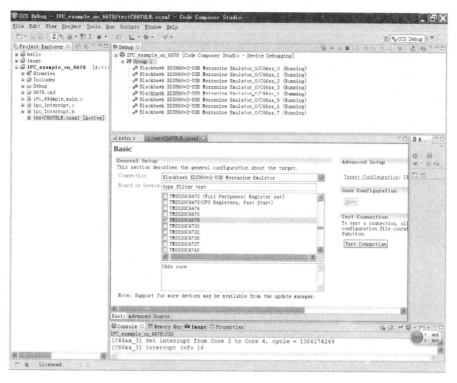

图 6 - 66　ccxml 文件的配置

Ccxml 文件的配置 advanced 选项页的配置，关于 GEL 文件的加载如图 6 - 67 所示。

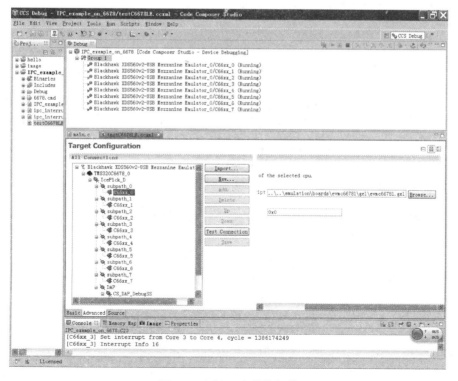

图 6 - 67　GEL 文件的加载

View→debug 中,可以将多个核 group 打包加载运行如图 6 - 68 所示。

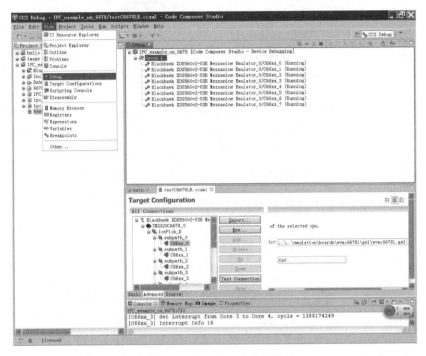

图 6 - 68   将多个核打包加载运行

不需要时可以 ungroup。

将多个核拆包分别加载运行如图 6 - 69 所示。

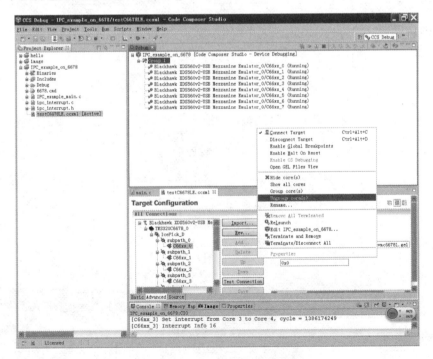

图 6 - 69   将多个核拆包加载运行

Cmd 文件的配置也很重要,可以选在系统自带的 cmd 文件,如果不熟悉系统的配置,不要随意修改 cmd 文件中的配置(见图 6 - 70)。

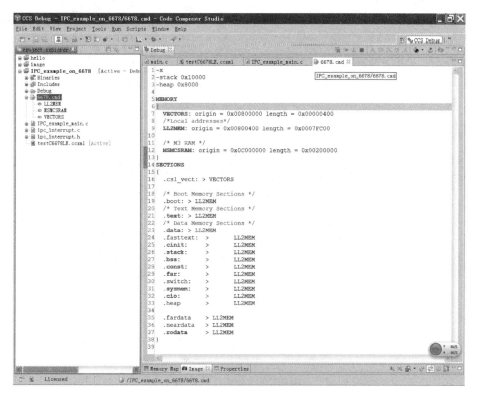

图 6 - 70　CMD 文件的添加与配置

6.4　在 C6678 多核平台上实现 bmp 格式图像处理实例精解

本节主要介绍了如何通过在 CCSV5 软件开发环境以及 TMS320C6678L 硬件开发平台上运行程序、硬件仿真以及在操作过程中需要注意的事项和所遇到问题的解决方法。该实例的主要内容是,从本地读入一个 * . bmp 文件,提取其 RGB 格式各个成分的数值,进行负片,高通滤波,平滑等数字图像处理,并将结果通过 CCSV5 的 image 工具中显示出来。

6.4.1　在 CCSV5 新建图像处理工程

(1) 首先,进入 CCS5.1,新建一个名为"image"的工程,其中各个选项如图 6 - 71 所示。

(2) 新建一个目标配置文件:右键点击上一步新建的 project → New → Target Configuration File,文件名最好与自己的工程名一致,建好之后会弹出目标板选择框(见图 6 - 72)。

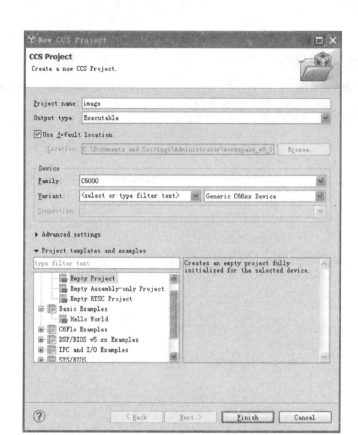

图 6 - 71　新建一个工程

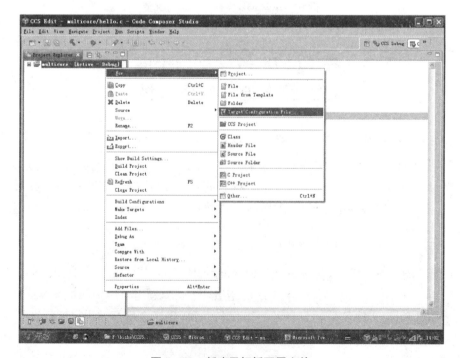

图 6 - 72　新建目标板配置文件

（3）选择仿真目标：将 Connection 配置为 Texas Instruments Simulator；Board or Device 选为 C6678，little Endian。点击保存。再返回 image.c 文件进行 debug 操作（见图 6 - 73）。

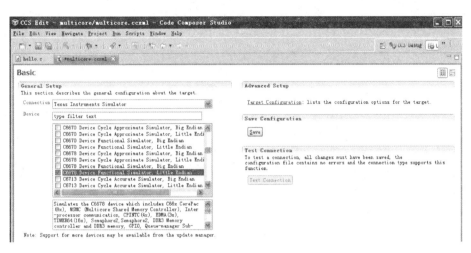

图 6 - 73　配置目标板文件

（4）添加.lib 库文件：右键 image→Add Files，然后在 CCSV5 的安装目录下 C：\ti\lib 中找到 rts6600_elf.lib 文件，点击打开，就把库文件加入到程序中了（见图 6 - 74 和图 6 - 75）。

"rts6600_elf.lib"和"rts6600e_elf.lib"是 C66 核用到的，"rts6600_elf.lib"是 Little Endian 的，"rts6600e_elf.lib"是 Big Endian 的。

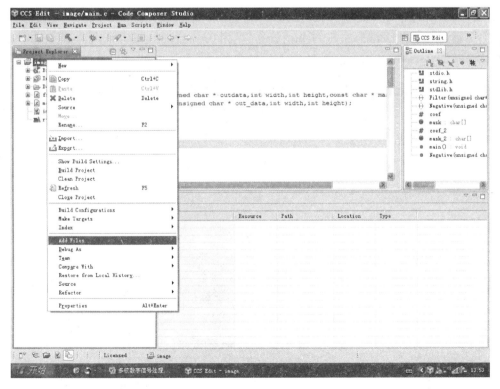

图 6 - 74　添加库文件

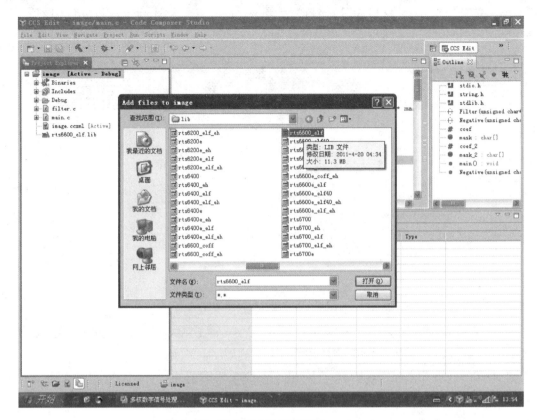

图 6-75　定位库文件并添加到 workspace

（5）编译：单击 Debug，进行 Debug 操作（见图 6-76），将 C6678 的 8 个核全选上，单击 OK 按钮。

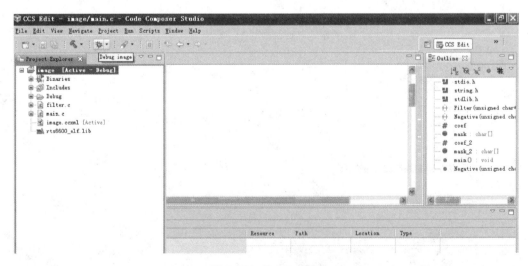

图 6-76　Debug 程序

（6）编译完成，运行代码：可以按 F5 单步运行，但由于运算次数太大，因此按 F8 直接一次完成运行代码（相应的位置，可以打断点跟踪），如图 6-77 所示。

图 6‑77　程序指针进入 main 函数入口

成功后会在 Console 窗口中显示"Opening file succeed!",如图 6‑78 所示。

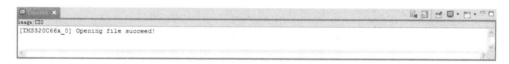

图 6‑78　打开 bmp 文件成功提示

(7) Image 的配置:程序运行完成后,单击 Tools→Image Analyser 按钮(见图‑79)。

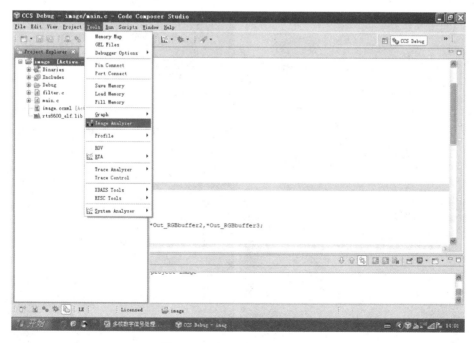

图 6‑79　打开 Image Analyzer

　　然后在弹出的 Image 窗口中右键→Properties,参数的设置如图 6‑80 所示:由于这次使用的图片大小为 320 ∗ 240,总共显示四幅图片,所以每行设置为 320 个像素点,一共显示 960 行,每个像素点占 3 个 bytes。由于颜色排列顺序为 BGR,所以 R 数值起始地址为 0x10000,G 数值起始地址为 0x0FFFF,B 数值起始地址为 0x0FFFE。

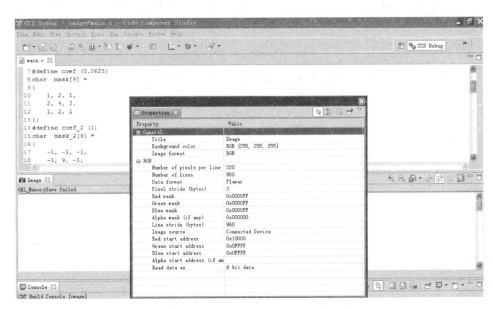

图 6-80　Image properties 设置

(8) 显示结果:在 Image 窗口中右键→Refresh,就可以看到图像处理的结果,一共四幅图像:原图、负片、锐化、平滑(见图 6-81)。

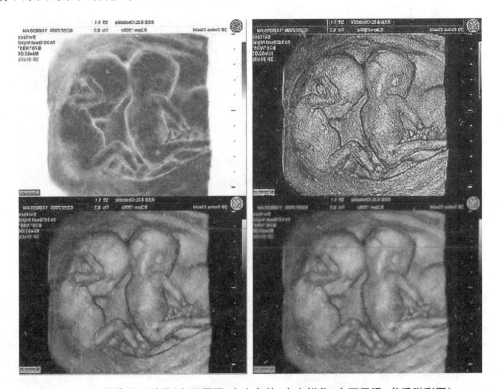

图 6-81　图像处理结果(左下原图,左上负片,右上锐化,右下平滑,书后附彩图)

6.4.2　程序关键代码

1) 负片

```c
#include <stdio.h>
#include <string.h>
#include <stdlib.h>
void Filter(unsigned char * indata, unsigned char * outdata, int width, int
height,const char * mask,float coef);
void Negative(unsigned char * in_data, unsigned char * out_data,int width,int
height);
#define coef (0.0625)
char  mask[9] =
{
    1, 2, 1,
    2, 4, 2,
    1, 2, 1
};
#define coef_2 (1)
char  mask_2[9] =
{
    -1, -1, -1,
    -1, 9, -1,
    -1, -1, -1,
};

void main()
{
FILE * fp;
int nReadBytes;
unsigned char * bmpHeader;
unsigned char * RGBbuffer;
unsigned char * Out_RGBbuffer1, * Out_RGBbuffer2, * Out_RGBbuffer3;
unsigned int width,height;
unsigned int imagesize;
fp = fopen("3.bmp","r + b");
if(fp = = NULL)
{
        printf("Opening file Failed!");
```

```
            return;
        }
        printf("Opening file succeed!");
        bmpHeader = (unsigned char *)malloc(54);
        nReadBytes = fread(bmpHeader,54,1,fp);
        memcpy(&width,bmpHeader + 18,sizeof(unsigned int));
        memcpy(&height,bmpHeader + 22,sizeof(unsigned int));
        fseek(fp,54,SEEK_SET);
        imagesize = width * height * 3;
        RGBbuffer = (unsigned char *)0x0c000000;  // 这个地址的分配要根据实际情况
来,必须是物理上有的 Memory,而且在 cmd  文件中有分配
        Out_RGBbuffer1 = (unsigned char *)(RGBbuffer + imagesize);
        Out_RGBbuffer2 = (unsigned char *)(Out_RGBbuffer1 + imagesize);
        Out_RGBbuffer3 = (unsigned char *)(Out_RGBbuffer2 + imagesize);
        nReadBytes = fread(RGBbuffer,imagesize,1,fp);
        nReadBytes = 1;

        Negative(RGBbuffer,Out_RGBbuffer1,width,height); //负片
        Filter(RGBbuffer,Out_RGBbuffer2,width,height,mask,coef); //高斯模板: 平滑
        Filter(RGBbuffer,Out_RGBbuffer3,width,height,mask_2,coef_2); //拉普拉斯模
板: 锐化
        fclose(fp);
        return;
    }
```

2) 负片(图像反色)

24 位彩色 BMP 图像的 R、G、B 都是 8 位的,范围为 0~255。负片处理只需要将每一点的 RGB 值取反,即 $Y=255-X$。

```
void Negative(unsigned char * in_data, unsigned char * out_data,int width,int
height)
    {
    int i,j,temp1,temp2;
    for (j = 0;j<height;j + +)
    {
        temp1 = j * width * 3; //每一行第一个像素点的起始地址
        for (i = 0;i<width * 3;i + +)
        {
                temp2 = temp1 + i; //第 j 行第 i 个像素点的地址
```

```
        * (out_data + temp2) = 255 - * (in_data + temp2); //RGB 值取反
        }
    }
}
```

3) 锐化

锐化滤波是要增强边缘和轮廓处的强度。从频域的角度看,边缘和轮廓处都具有较高的频率,所以可以用具有高通能力的频域滤波器来增强。根据卷积定理,将频域里高通滤波器的转移函数求傅立叶反变换就可以得到空域里锐化滤波器的模板函数。

```
#define coef_2 (1)
char   mask_2[9] =
{
    -1, -1, -1,
    -1, 9, -1,
    -1, -1, -1,
};
void Filter(unsigned char * indata,
unsigned char * outdata,
int width,
int height,
const char * mask,
float coef)
{
int i,j,W,H,k;
int itemp1,itemp2,itemp3;
int ktemp[9];
unsigned char * pout;
double tmpdata;

W = width * 3;   //每个点的 RGB 数值占 3 字节,故每行的实际字节数应该是 width * 3
H = height;
itemp1 = (int)indata;           //将输入图像的地址赋给 itemp1
for (i = 1;i<H - 1;i + + )
{
  itemp2 = itemp1 + W;     //相对于 itemp1 指向的点增加一行的点的地址
  itemp3 = itemp2 + W;     //相对于 itemp2 指向的点增加一行的点的地址
  ktemp[0] = itemp1;      //3 * 3 模板的左上角的点
  ktemp[3] = itemp2;      //3 * 3 模板中间左边的点
  ktemp[6] = itemp3;      //3 * 3 模板左下角的点
```

```
        for (j=1;j<width-1;j++)
         {
            ktemp[1]=ktemp[0]+3;
            ktemp[2]=ktemp[1]+3;
            ktemp[4]=ktemp[3]+3;
            ktemp[5]=ktemp[4]+3;
            ktemp[7]=ktemp[6]+3;
            ktemp[8]=ktemp[7]+3;
        for (k=0;k<3;k++)
        {
        tmpdata = *((unsigned char *)ktemp[0]+k) * mask[0]+
                *((unsigned   char *)ktemp[1]+k) * mask[1]+ *((unsigned
char *)ktemp[2]+k) * mask[2]+
                *((unsigned   char *)ktemp[3]+k) * mask[3]+ *((unsigned
char *)ktemp[4]+k) * mask[4]+
                *((unsigned   char *)ktemp[5]+k) * mask[5]+ *((unsigned
char *)ktemp[6]+k) * mask[6]+
                *((unsigned   char *)ktemp[7]+k) * mask[7]+ *((unsigned
char *)ktemp[8]+k) * mask[8];
            tmpdata *= coef;
            pout = (unsigned char *)(outdata-indata+ktemp[4]+k);
            if (tmpdata>255)
            *(pout)=255;
            else if (tmpdata<0)
            *(pout)=0;
            else
            *(pout)=tmpdata;
             }
            ktemp[0]=ktemp[1];
            ktemp[3]=ktemp[4];
            ktemp[6]=ktemp[7];      //3*3模板左移一个像素点的位置
             }
            itemp1=itemp2;
        }
        for (i=0;i<H;i++)
        {
          *(outdata+i*W) = *(indata+i*W);
          *(outdata+i*W+W-1) = *(indata+i*W+W-1);
        }
```

```
for (i = 0;i<W - 1;i + +)
{
  * (outdata + i) = * (indata + i);
  * (outdata + (H - 1) * W + i) = * (indata + (H - 1) * W + i);
}
}
```

4) 平滑

对一个固定尺寸的模板,可对不同的位置的系数采用不同的数值。一般认为离对应模板中心像素附近的像素应对滤波结果有较大的贡献,所以接近模板中心的系数比较大而模板边界的系数应比较小。所以这是平滑处理的滤波器模板函数,其处理的主函数与锐化的相同,在此就不重复了。

```
char   mask[9] =
{
  1, 2, 1,
  2, 4, 2,
  1, 2, 1
};
```

上述介绍了 CCSV5 仿真软件以及其使用,并在 CCSV5 上编写程序,通过软件仿

真,实现了对图像的负片,平滑,锐化等基本处理。在仿真过程中,要特别注意 image properties 的参数设置。由于本次使用的是格式大小为 320 * 240 的图片,一共显示 4 幅图片,所以每行是 320 个像素点,总共 960 行。Pixel stride 为像素间距,每个像素点有三个数值,占 3 个 bytes,在软件仿真时,我们将图片读取的数值存放的起始地址设为 0x10000,即第一个像素点的 R 数值的存放地址,而 RGB 数值的存放顺序为 BGR,所以 G 数值的起始地址为 0x0FFFF,B 数值的起始地址为 0x0FFFE,之后 RGB 每隔三个数值取一次值,依次读取。最后点击 Refresh 按钮就可以显示出图片了。

6.4.3　在 C6678 硬件平台上运行程序

6.4.3.1　硬件连接

将 TMS320C6678L 硬件开发板与 PC 连接起来,这一步要注意先将 PC 与开发板连接好再上电,不可先上电,否则会将硬件开发板烧坏。

6.4.3.2　运行 CCSV5,硬件仿真

(1) 在电脑上打开 CCSV5,打开软件仿真中已经运行过的工程。

(2) 修改目标配置:由于原来的工程是进行软件仿真的,目标配置设置需要重新更改,connection 设置为"Blackhawk XDS560v2 - USB Mezzanine Emulator",Device 配置为 C6678,点击 Save 按钮。

(3) 加载 GEL 文件:在目标配置界面中选择 Advanced,给每个你需要运行的核加载一次 Gel 文件(见图 6 - 82),其路径为: C:\ti\ccsv5\ccs_base\emulation\boards\evmc6678l\gel;加载完成后单击 Save 按钮保存。

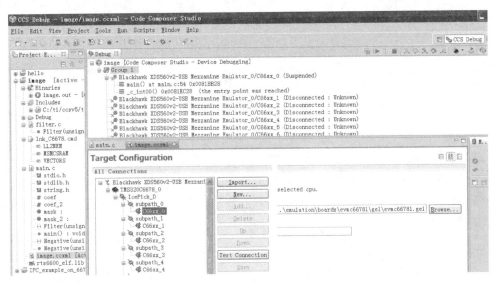

图 6 - 82　配置 EVM 以及加载 Gel 文件

（4）加载 cmd 文件：右键单击工程→Add Files，然后添加需要的 cmd 文件。本次选择 cmd 文件中 memory 的分配如图 6 - 83 所示，使用的是起始地址为 0xC000000，长度为 0x200000 的 MSMCSRAM，因为经过计算后，需要存储的数据总长度为 0xE1000，所以选择这个 RAM。

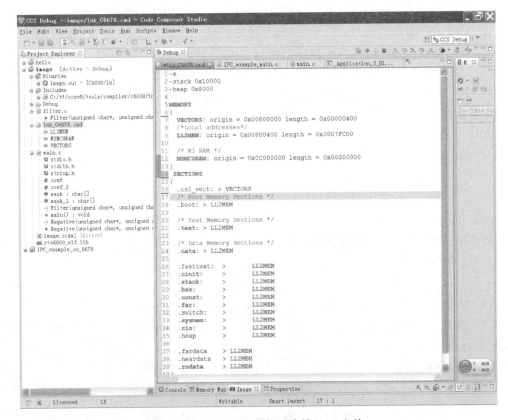

图 6 - 83　与硬件配置相适应的 Cmd 文件

（5）Debug：和软件仿真一样，单击 Debug 按钮，进行调试。

（6）Load 程序：调试完成后，单击 Project→Load program，Load 程序，完成后，在 Debug 界面中单击 Resume 按钮或者直接按 F8 运行程序，如图 6 - 84 所示。

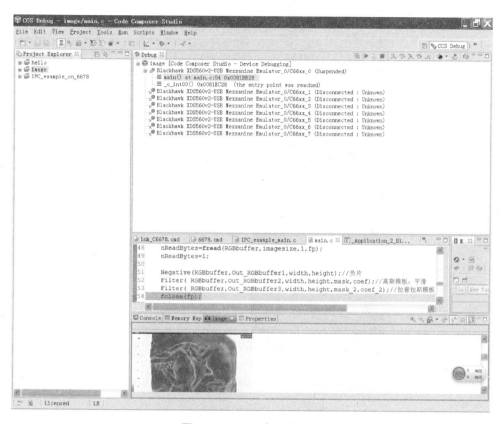

图 6 - 84 Load 与运行程序

（7）设置 image properties：同软件仿真一样，打开 Image Analyser，设置 image 的 Properties 参数。需要注意的是，这里的 Red start adress 应当设置为 0xC000000，G 和 B 分别为 0xBFFFFFF 和 0xBFFFFFE，其他的同软件仿真中一样。最后，单击 Refresh 按钮，即可看到运行结果。

（8）运行结果：在 image 窗口中可以看到和软件仿真一样的结果（见图 6 - 85），即将图片经过负片，平滑和锐化处理后的图片。

6.4.3.3 常见问题

在硬件仿真调试过程中，遇到过一些问题，经过总结和分析，得出了解决该问题的办法。

当进行 Debug 调试操作的时候，经常会弹出一个报错窗口，如图 6 - 86 所示。

在 console 窗口中也有显示，如图 6 - 87 所示。

如果出现以上情况，是因为 TMS320C6678L 硬件板在运行之后没有重启，有两种解决办法：一是在 CCSV5 中的 Run 菜单中单击 Reset CPU，对硬件开发板进行 Reset，但这个方法有时不一定奏效；二是对硬件开发板进行重新上电操作，这样之后，再重新 Debug 就不会出现这个问题了，但这个方法相对有点麻烦，因为每次进行调试之后都要重新插拔硬件开发板的电源。

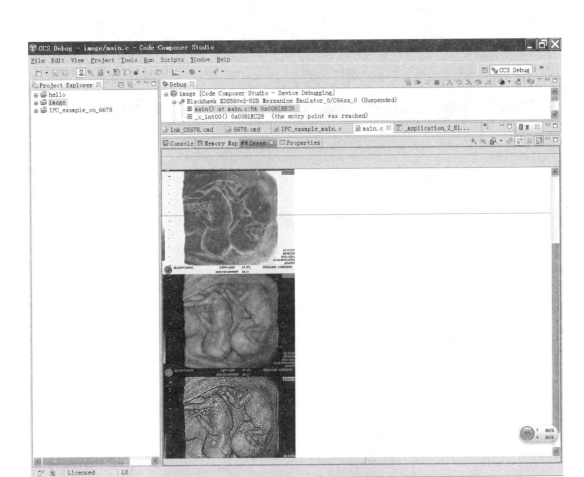

图 6–85　硬件平台仿真结果

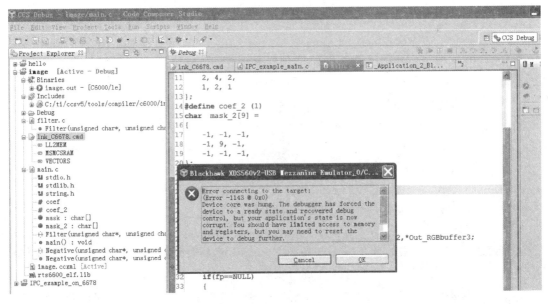

图 6–86　弹出报错窗口

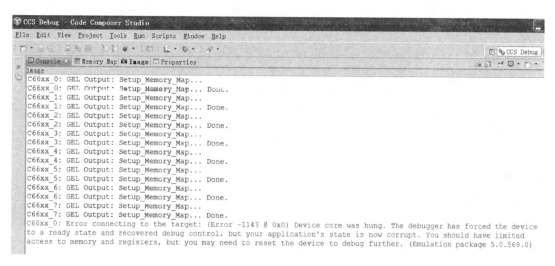

图 6‑87　Console 窗口中的出错提示

6.4.4　小结

本节主要介绍了如何通过使用 CCSV5 开发环境在 TMS320C6678L 硬件开发平台上运行程序,硬件仿真,以及在操作过程中需要注意的事项和所遇到问题的解决方法。而最后运行得到的结果也正是实验预期的结果,所以硬件仿真取得了成功。

6.5　多核图像处理(Imaging Processing)实例精解

6.5.1　概述

本图像处理实例说明了如何在德州仪器多核 DSP 系统对多核软件开发工具(MCSDK)的基础组分进行集成。示例的目的是为了在评估模件(EVM)上提供多核软件开发框架。

这一节将介绍本实例的不同方面,有需求讨论,软件设计,建立运行应用的指南以及解决故障的步骤。目前,该示例只支持 SYS/BIOS 嵌入式操作系统。

该应用展现了通过简单的多核框架实现了图像处理系统。该应用将会在多核上运行 TI 的图像处理内核(也称 imagelib),对输入的图像进行图像处理(如边缘检测等)。

在 MSCDK 中包含了三种不同版本的示例。然而,这三种版本并不是对所有的平台都适用。

● Serial Code:这个版本适用 I/O 文件来读取和写入图像文件。它可以在 Simulator 或评估板的目标平台上运行。该版本主要目的是在代码中运行 Prism 和其他的软件工具来分析基本的图像处理算法。

● 基于 IPC:基于 IPC 的示例通过使用 SYS/BIOS IPC 在核间进行通信从而并行的执行图像处理。详细说明见下面章节。

● 基于 OpenMP：（不适用于 C6657）这个版本使用 OpenMP 在多核上运行图像处理算法。

本节使用 TMDXEVM6678L 评估板做测试，关于评估板的介绍在本章第一节已经做了介绍。

注意：目前，这个示例的实现没有经过优化。它可以看做是 BIOS MCSDK 软件系统创建图像处理功能的初始化实现。对于该示例的进一步分析和优化正在研究中。

注意：在发布的文件中为这个示例提供了三种版本。基于 IPC 的版本在多核中运行，显示了清楚的 IPC 程序框架，而 Serial code 在仿真器上运行，基于 OpenMP 则是在多核间使用 OpenMP 通信处理输入的图像。除明确说明，本文档中均是指基于 IPC 的。

6.5.2 需求

运行该示例指南需要以下材料：
● TMS320C6x 低功耗评估模件，[请检查图像处理发布清单中所支持的平台]
● 电源线
● 以太网网线
● 安装有 CCSV5 的电脑

6.5.3 软件设计

图 6-88 显示了实现图像处理应用的框架结构。

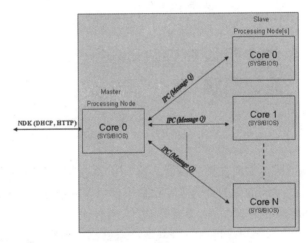

图 6-88 图像处理应用软件框架

图 6-89 显示了该应用程序的软件处理途径。

6.5.3.1 关于处理算法的更多细节

该应用使用了 imagelib 库的 API 来完成核心图像处理需求。并根据以下步骤来完成图像的边缘检测。
● 将输入图像分裂成多层重叠的薄片。
● 如果这是一幅 RGB 图像，分离出其亮度分量（Y）进行处理。
● 运行 Sobel 算子得到每一层薄片的梯度图像。
● 在薄片上运行阈值操作得到边缘。

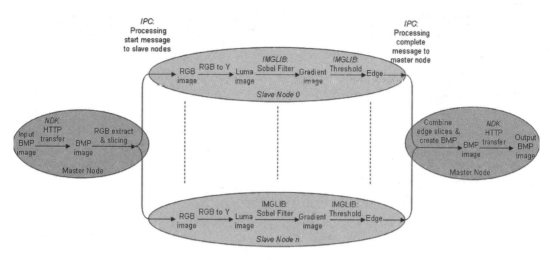

图 6 - 89　图像处理示例流水线

● 整合所有的薄片得到输出结果。

6.5.3.2　多核框架

对于多核,当前的框架要么是基于 IPC 信息队列的框架,要么是 OpenMP。以下是全部的步骤(主线程将在 1 个或多个核上运行):

● 主线程将会对输入图像进行预处理得到灰度图像或是亮度图像。

● 主线程对每个从线程发出开始处理的信号,然后等待所有从线程的处理结束信号。

● 每个从线程运行边缘检测函数来产生输出边缘图像。

● 然后从线程对主线程发出处理结束的信号。

● 一旦主线程接收到来自所有从线程的完成信号,它将会进行进一步的用户界面处理。

6.5.3.3　用户界面

用户输入的是一幅 BMP 图像。该图像将会通过 NDK(http)被转移到外部存储器。以下是应用程序的用户界面及他们间的交互:

● 启动目标板的时候将会以动态/静态 IP 地址对 IP 堆栈进行配置,并打开一个 HTTP 服务器。

● 目标板将在 CCS 控制窗显示 IP 地址。

● 用户将使用这个 IP 地址来打开输入页面,如图 6 - 90 所示。

● 该应用程序仅支持 BMP 格式的图像。

● 主线程将会从 BMP 图像中提取 RGB 值。

● 然后主线程将初始化图像处理,等待其结束。

● 一旦处理过程结束,它将会创建输出的 BMP 图像。

● 主线程将会在输出页面显示输入/输出图像,如图 6 - 91 所示。

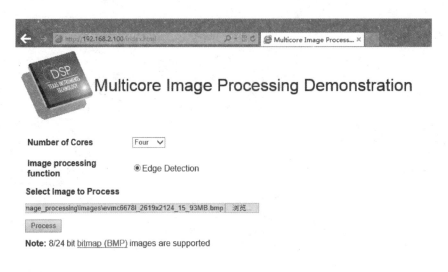

图 6 - 90　图像输入页面

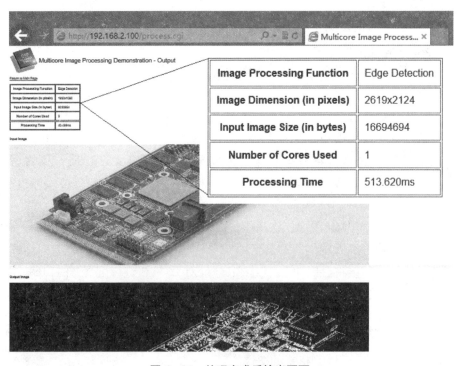

图 6 - 91　处理完成后输出页面

6.5.4　不同版本的示例

6.5.4.1　软件目录结构概览

图像处理示例位于目录<MCSDK INSTALL DIR>\demos\image_processing 下，下面简要介绍一下各个目录及子目录的主要内容及功能：

（1）docs 目录下包含了本示例的一些简要介绍文档。

（2）images 目录下包含了本示例使用到的几张 BMP 图片。

（3）ipc 为本示例的 IPC 版本工程目录。

● common 目录下含有主核和从核共用的一些常用的从线程函数，对于基于 IPC 的版本，这些函数将在所有的核上运行；图像处理函数在这个从线程环境中运行。

● evmc66##l[master|slave] 目录下含有基于 IPC 的[主|从]核 CCS 工程文件。

● evmc66##\platform 目录下含有工程的目标平台配置文件。

● master 目录下含有用于主线程的源文件，它们使用 NDK 来转移图像，并通过 IPC 在核之间通信已完成图像的处理。

● slave 目录下含有用于所有从核的入口 main 函数。

（4）serial 为本示例的串行文件 I/O 版本工程目录。

● images 为本示例程序使用及生成图片的目录。

● inc 和 src 分别为本示例工程中程序声明及定义的源文件。

（5）utils 为本示例 IPC 版本的多核应用程序部署（MAD）的配置文件及批处理脚本。

① mad\evmc66##l\config-files 目录下包含了生成可启动镜像文件的配置文件。

● deployment_template_evmc66##l[_bypass_prelink].json 为可启动镜像的配置信息，包括 CCS 生成的 .out 文件的位置，内存地址映射和部署等信息。关于这里的 bypass_prelink 请参见参考文献中的 MAD 工具文档。

● maptoolCfg_evmc66##l[_bypass_prelink].json 为多核程序预链接工具的配置信息，包括此处生成的可启动镜像的文件名等。

② mad\evmc66##l\images 目录下包含生成的可启动镜像文件。

③ mad\evmc66##l\build_mad_image[_prelink_bypass].bat 为生成可启动镜像文件的批处理脚本文件（该文件需要根据 CCS 安装配置情况修改，具体请参见第五章）。

6.5.4.2　Serial Code 版本

6.5.4.2.1　工程文件及主要函数简介

该工程包含 images，inc 及 src 三个目录，其文件结构如图 6-92 所示，下面对各个文件及其内容作简要介绍说明。

（1）images\evmc6678_689x306_618 KB.bmp 为示例程序使用的图片。

（2）mcip_bmp_utils.h[c] 分别声明和定义了 BMP 位图文件的数据结构及常用的位图存取函数。

（3）mcip_core.h[c] 分别声明和定义了本示例使用到的图像处理数据结构及函数。

● struct processing_info：

该结构包含了用于处理切割后图片的结构信息，包含了图像处理类型，图像处理前后像素数据及图片信息。

● void process_rgb（processing_info_t * p_info）

该函数传入处理切割后图片的信息，调用 Sobel 算子对该图像切片进行边缘检测。

（4）mcip_process.h[c] 分别声明和定义了本示例中图像边缘检测的函数。

● int mc_process_bmp（processing_type_e processing_type，

raw_image_data_t ＊ input_image, raw_image_data_t ＊ output_image,

int number_of_cores, double ＊ processing_time)

该函数对读入的图像文件进行边缘检测处理,然后输出处理后的灰度图像数据。以下是输入的参数:

processing_type:图像处理类型。

input_image:输入的图像的数据,包含文件头信息。

output_image:完整的输出图像数据,可直接写入文件。

number_of_cores:处理的核的数目,此处只用一个核处理,故对应图片切片的数目。

processing_time:图像处理的时间,此处未实现。

(5) mcip_master_main.c 包含了 main 入口函数,完成将文件载入,经边缘检测处理后,将文件保存至上述 images 目录下。

注意:在本示例程序中,图像被分为 8 片,但都由一个核完成边缘检测处理。

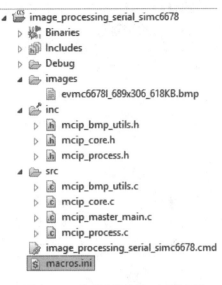

图 6-92 基于文件串行 I/O 的示例
工程文件目录结构

6.5.4.2.2 工程构建指导

请按照以下步骤重新编译基于文件串行 I/O 的示例工程(假设已经安装 MCSDK 和所有的程序包):

(1) 打开 CCS,从菜单 Project→Import Existing CCS/CCE Eclipse Project 打开工程导入窗口,选择搜索目录为: <MCSDK INSTALL DIR>\demos\image_processing\serial,导入 CCS 工程,如图 6-93 所示。

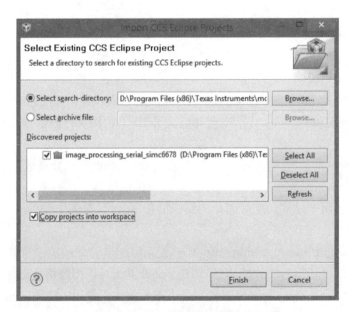

图 6-93 工程导入页面

（2）重新编译工程。

6.5.4.2.3　程序运行指导

1）设置目标配置文件

要顺利运行本示例程序，需要设置目标配置文件，其步骤如下：

（1）在 C/C++ Projects 窗口中选择本工程，选择菜单 File → New → Target Configuration File，重命名后点击完成，进入配置界面。

（2）在 Basic 栏，配置如图 6-94 所示。注意此处选择 Functional Simulator，如若选择 Cycle Approximate Simulator，会发现程序在 fread 函数内阻塞，长时间不能退出。

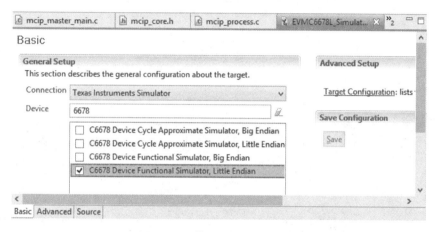

图 6-94　模拟器目标文件配置

（3）保存目标配置文件，完成设置。

2）程序的调试运行

按 F11 进行调试，会弹出一个设备选择窗口，要求选择运行的核，在此我们选择核 0 即可，因为程序只在一个核上运行，如图 6-95 所示。

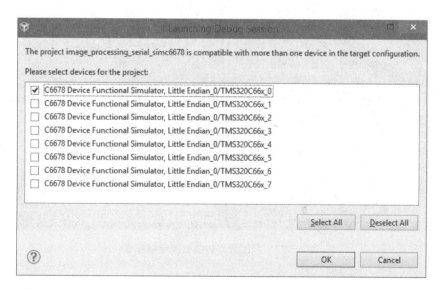

图 6-95　设备选择窗口

待示例程序顺利调试结束后,我们会发现在工程的 images 目录下多了一个 BMP 位图文件,其文件名为 evmc6678_689x306_618 KB_edge. bmp,如图 6 - 96 所示,该文件就是原图像经过边缘检测处理后产生的文件。

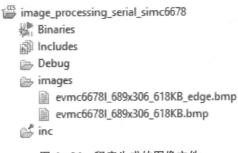

图 6 - 96　程序生成的图像文件

原图像及程序生成的图像如图 6 - 97 所示。

图 6 - 97　原图像与边缘检测结果图像

6.5.4.2.4　注意事项

总结本节的注意事项,主要有以下几点:

（1）确保使用的示例与 CCS 版本相匹配，并且保持工程位于指定的示例目录中，否则可能需要设置 imagelib 库的头文件及静态链接库搜索路径。

（2）关于目标配置文件虚拟器（Simulator）的选择，请使用 Device Functional Simulator，否则可能发生程序阻塞。

6.5.4.3　基于 IPC 的版本

6.5.4.3.1　工程文件及主要函数简介

主核（Master）工程主要包括 common、master 和 webpages 三个目录，其文件结构如图 6-98 所示，下面对各个文件及其内容作简要介绍说明。

（1）Common 目录为与从核工程共享的目录，其中定义了任务处理的相关函数及数据结构。

① mcip_core. h[c] 分别声明和定义了本示例使用到的图像处理数据结构及函数。具体请参见 Serial Code 示例中的相应文件。

② mcip_core_task. c 定义了所有核处理图像的任务函数 void slave_main(void)。

● void slave_main(void)：

该函数为所有核处理图像的任务函数，执行一个无限循环，不停地从消息队列中抓取图像处理消息。如果接收到主核发送来的图像处理消息，则对传送来的图像进行边缘检测处理。待完成后给主核发送处理完成消息，从而完成图像的处理。

（2）Master 目录为主核工程的核心目录，定义了图像处理和用户网页界面的实现的相关函数及数据结构，此外入口函数 main 及任务函数 master_main 也在此目录下的子目录 src 的文件 mcip_master_main. c 中。

① mcip_bmp_utils. h[c] 分别声明和定义了 BMP 位图文件的数据结构及常用的位图存取函数。

② mcip_process. h[c] 分别声明和定义了本示例中图像边缘检测的函数。

● int mc_process_init (int number_of_cores)。

对用于图像处理过程中与从核进行通信的消息队列进行初始化，唯一标识各个核。此处核的个数在板子的初始化回调函数 void EVM_init(void) 中确定。

● int mc_process_bmp (processing_type_e processing_type,

raw_image_data_t * input_image, raw_image_data_t * output_image,

int number_of_cores, double * processing_time)。

参见 Serial Code 示例中的相应文件。

③ mcip_webpage. h[c] 定义了 HTTP 服务中基于 RAM 的网页添加及移除函数。其中在网页添加函数中指定了网页的回调处理函数，下面做简要介绍，具体请见 HTTP 服务处理流程部分：

● int serve_result_page(SOCKET htmlSock, int ContentLength, char * pArgs)

该函数接收 HTTP 服务传送回来的 Socket 及内容长度，以及基于 key-value 的参数（包含核的数目等），在函数中对传入的图像进行处理并返回。

④ webpage_utils. h 和 mcip_webpage_utils. c 文件定义了用于构建 HTML 的一系列函数。

⑤ mcip_master_main. c 文件包含了主核任务函数、程序入口函数、评估板初始化回调函数以及网络连接设置等函数，下面做简要介绍：

● int master_main(void)。

该函数为主核任务函数，按顺序执行以下操作：

a. 执行 UART、QMSS、CPPI 等的初始化，然后创建并注册用于分配核之间通信消息的内存堆。

b. 创建配置，添加域名配置，然后根据用户 DIP 的 ON/OFF 情况确定网络连接类型（静态/动态）添加配置并连接网络。

图 6 - 98　主核工程文件目录结构

c. 添加网页，并启动 HTTP 服务。

d. 在网络正常的情况下，不断等待用户请求并响应。否则执行清理措施，退出。

● int main(void)。

程序入口函数，启动 IPC 和 BIOS 返回。

● void EVM_init(void)。

评估板硬件初始化回调函数，该函数由文件 image_processing_evmc6678l_mas-ter. cfg 配置，并且先于 main 函数执行。在该函数中，会执行一句语句：platform_get_info(&sPlatformInfo);，从而获取硬件平台的相关信息，包括 CPU 信息（包括核的个数，大小端等，具体参见 API）。

（3）Webpages 目录包含了实现网页的相关 HTML 和图片等资源文件。

（4）根目录下的 image_processing_evmc6678l_master. cfg 文件为 SYS/BIOS 配置文件（见图 6 - 98）。

从核（Slave）工程主要包括 common 和 slave 两个目录，其文件结构如图 6 - 99 所示，下面对各个目录文件作简要介绍说明。

（1）Common 目录为与从核工程共享的目录，具体参见主核的介绍部分。

（2）Slave 目录仅定义了入口函数 main 在该函数中执行 IPC 及 BIOS 的启动函数。

（3）根目录下的 image_processing_evmc6678l_slave. cfg 文件为 SYS/BIOS 配置文件。

6.5.4.3.2　程序结构设计剖析

1）系统整体流程

该部分包括系统初始化，网络连接选择，网页添加，HTTP 服务启动，系统退出等部分。该段程序位于 master\src\mcip_master_main. c 文件的 master_main 函数中，该函数为主核工程 SYS/BIOS 的一个任务回调函数。其整体运行流程如图 6 - 100 所示。

关于静态 IP 配置部分，默认指定评估板的 IP 为 192. 168. 2. 100，PC 机的 IP 为 192. 168. 2.

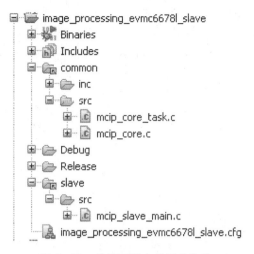

图 6‑99　从核工程文件目录结构

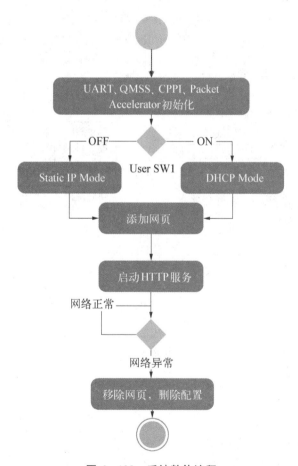

图 6‑100　系统整体流程

101,具体请见 master\src\mcip_master_main. c 文件的第 65～72 行,如图 6‑101 所示。

在添加网页时,为网页指定了响应函数(即点击 Process 按钮后执行的函数),该函数名称为 serve_result_page,位于 master\src\mcip_webpages. c 文件的第 134 行。

```
61 /******************************************************************
62  ** NDK static configuration
63  ******************************************************************/
64
65 char HostName[CFG_HOSTNAME_MAX] = {0};
66 char *LocalIPAddr  = "0.0.0.0";          /* Set to "0.0.0.0" for DHCP client option */
67 char *PCStaticIP   = "192.168.2.101";    /* Static IP address for host PC */
68 char *EVMStaticIP  = "192.168.2.100";    /*    "   IP    "    for EVM */
69 char *LocalIPMask  = "255.255.254.0";    /* Mask for DHCP Server option */
70 char *GatewayIP    = "192.168.2.101";    /* Not used when using DHCP */
71 char *DomainName   = "demo.net";         /* Not used when using DHCP */
72 char *DNSServer    = "0.0.0.0";          /* Used when set to anything but zero */
```

图 6 - 101　静态 IP 配置地址

2) HTTP 服务处理流程

系统开启 HTTP 服务后,等待用户响应。当接收到用户处理图像请求时(用户配置号参数,点击 Process 按钮),系统执行对应的回调函数,即 serve_result_page(该函数的位置已在前面介绍),在该函数中,将读取用户上传的图片数据,使用核的数目,然后进行图像边缘检测,完成后,将相应的执行信息及原始图片、处理后的图片以 HTML 的形式返回给用户。具体流程如图 6 - 102 所示。

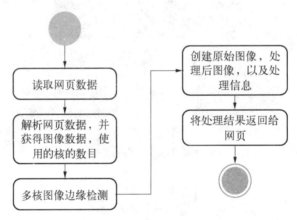

图 6 - 102　HTTP 服务处理流程

3) 多核图像处理流程

在多核图像处理中,由主核负责图像的像素提取、分割,以及图像处理消息的分发,并等待从核返回处理结果(在等待过程中,主核类同于从核,接收 IPC 消息并参与处理),待所有结果返回后,主核负责将所有处理后的数据整合成最终结果,并返回给 HTTP 服务处理程序,最终呈现给用户。其函数为 mc_process_bmp,位于 master\inc\mcip_process.h 文件中。具体处理流程如图 6 - 103 所示。

而对于从核(包括主核),则运行一个无限循环的任务,当接收到图像处理的消息时,进行图像处理,待完成后返回图像处理完成的消息。其任务函数为 slave_main,位于两个工程共享目录的 common\src\mcip_core_task.c 文件中。其处理流程如图 6 - 104 所示。

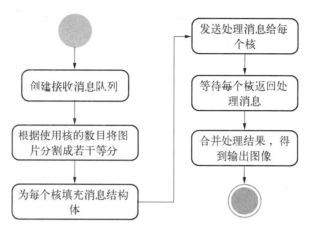

图 6‑103　主核进行图像处理任务分配的流程图

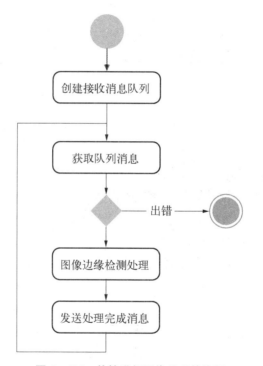

图 6‑104　从核进行图像处理的流程

6.5.4.3.3　工程构建指导

请按照以下步骤重新编译基于 IPC 的示例工程(假设已经安装 MCSDK 和所有的程序包):

(1) 打开 CCS,从菜单 Project→Import Existing CCS/CCE Eclipse Project 打开工程导入窗口,选择搜索目录为:<MCSDK INSTALL DIR>\demos\image_processing\ipc,将目标评估板为 EVMC6678L 的两个工程(Master,Slave)导入,如图 6‑105 所示。

(2) 重新编译工程。

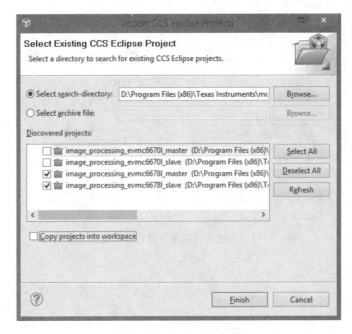

图 6-105 工程导入页面

6.5.4.3.4 程序运行指导

1) 设置目标配置文件

要顺利运行本示例程序,需要设置目标配置文件,其步骤如下:

(1) 选择菜单 View→Target Configurations,打开目标配置文件窗口,选中 User Defined 节点(注意我们本示例有两个工程,而我们只需要一个目标配置文件,故在此建立用户自定义的目标配置文件,而不是基于工程),右键选择菜单 New Target Configuration,重命名后点击完成,进入配置界面。

(2) 在 Basic 栏,根据驱动情况为 Connection 选择合适的仿真器,并选择 TMS320C6678 作为使用的设备,如图 6-106 所示。

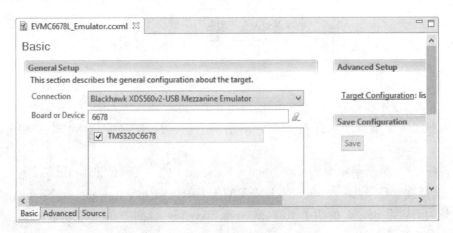

图 6-106 目标配置文件的基础配置

（3）在 Advanced 栏，选中 TMS320C6678_0→IcePick_D→subpath_0 节点，在右侧的初始脚本处为其设置 GEL 文件，并依次为核 C66xx_1——C66xx_7 作同样设置，其中 GEL 文件位于一下目录：<MCSDK INSTALL DIR>\tools\program_evm\gel\evmc6678l.gel，如图 6 – 107 所示。完成后保存即可。

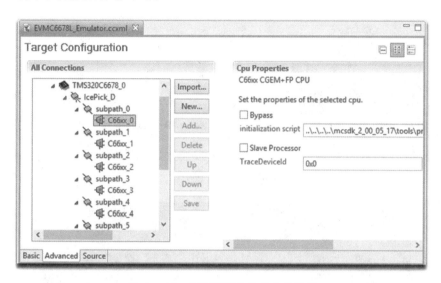

图 6 – 107　目标配置文件的高级配置

2）CCS 与评估板的连接

将评估板与 PC 机通过 USB 线连接，确保 CCS 可以正确连接到评估板。

注意：目标板的 DIP 应该配置为 No Boot 模式（见表 6 – 5）。

表 6 – 5　目标板不同 Boot 模式下 DIP 的配置

Boot Mode	DIP SW3 (Pin1, 2, 3, 4)	DIP SW4 (Pin1, 2, 3, 4)	DIP SW5 (Pin1, 2, 3, 4)	DIP SW6 (Pin1, 2, 3, 4)
IBL NOR boot on image 0 (default)	(off, off, on, off)	(on, on, on, on)	(on, on, on, off)	(on, on, on, on)
IBL NOR boot on image 1	(off, off, on, off)	(off, off, on, on)	(on, on, on, off)	(on, on, on, on)
IBL NAND boot on image 0	(off, off, on, off)	(on, off, on, on)	(on, on, on, off)	(on, on, on, on)
IBL NAND boot on image 1	(off, off, on, off)	(off, off, on, on)	(on, on, on, off)	(on, on, on, on)
IBL TFTP boot	(off, off, on, off)	(on, on, off, on)	(on, on, on, on)	(on, on, on, on)
12C POST boot	(off, off, on, off)	(on, on, on, on)	(on, on, on, on)	(on, on, on, on)
ROM SPI Boot	(off, on, off, off)	(on, on, on, on)	(on, on, off, on)	(on, on, on, on)
ROM SRIO Boot	(off, off, on, on)	(on, on, on, off)	(on, on, on, on)	(off, on, on, on)
ROM Ethernet Boot	(off, off, off, on)	(on, on, on, on)	(on, on, off, on)	(off, on, on, on)
ROM PCIE Boot[7]	(off, on, on, off)	(on, on, on, on)	(on, on, on, on)	(off, on, on, on)
No boot	(off, on, on, on)	(on, on, on, on)	(on, on, on, on)	(on, on, on, on)

3) PC 机与评估板的网络连接

本示例可以使用静态 IP 或 DHCP 模式将评估板与 PC 相连接,连接模式取决于评估板的用户开关(SW9,位置 2)的状态。该开关的位置如图 6－108 所示的黄色部分。放大图如图 6－109 所示。当讲开关拨到 ON 时,为 DHCP 模式,当拨到 OFF 时,为静态 IP 模式,如图 6－109 所示。

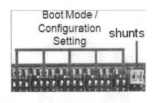

图 6－108　网络连接模式开关

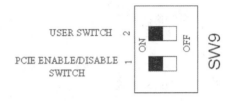

图 6－109　网络连接模式开关示意图

在静态 IP 模式下,请将网线把 PC 机与评估板连接;在 DHCP 模式下,请分别将 PC 机及评估板与路由器或交换机相连接,如图 6－110 所示。

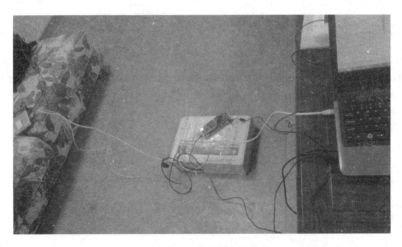

图 6－110　DHCP 模式连接

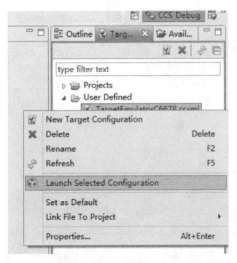

图 6－111　选择目标配置执行

硬件配置到此结束,关于详细的软件配置,见下面章节,将按程序运行顺序说明。

4) 程序运行步骤

按上面完成硬件配置后,将评估板上电,并在 CCS Debug 视角下,按以下步骤操作。

(1) 选中目标配置文件,右键选择运行,如图 6－111 所示。

(2) 在 Debug 窗口下选中核 1～7 将其合并,作为从核,如图 6－112 所示。

(3) 右键选择 Connect Target,连接到主核,如图 6－113 所示。

(4) 与前面相同,连接到从核,即 Group 1。

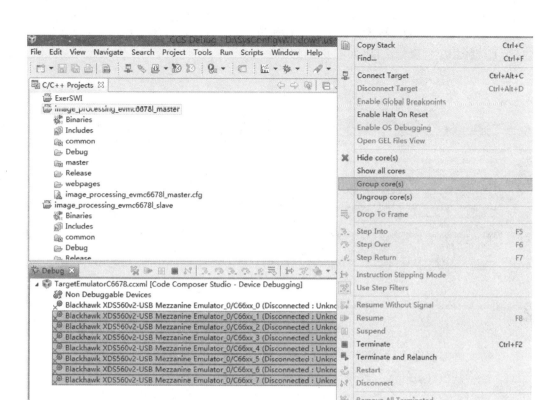

图 6 - 112 从核合并

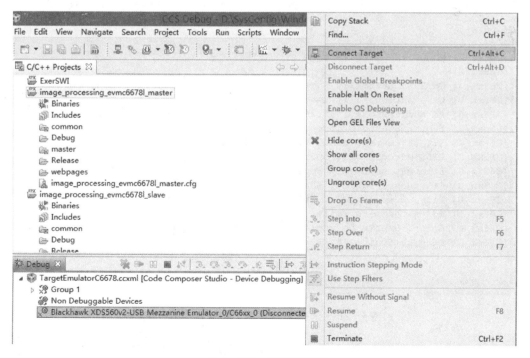

图 6 - 113 主核的连接

（5）选中主核，选择菜单 Run→Load→Load Program，并在弹出的窗口中，选择 Browse project 下选择相应的镜像文件，如图 6-114 所示。

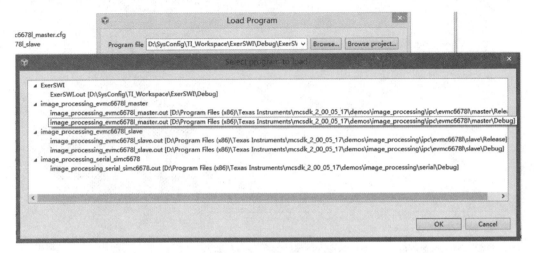

图 6-114　镜像文件选择

（6）待文件加载完成后，按上述操作，将从核的镜像文件载入到 Group 1 中。

（7）选中从核（Group 1），按连续运行；然后选择主核，按连续运行。

（8）可以看到，在 Console 窗口中，打印出在静态 IP 模式下的内容（见图 6-115）。

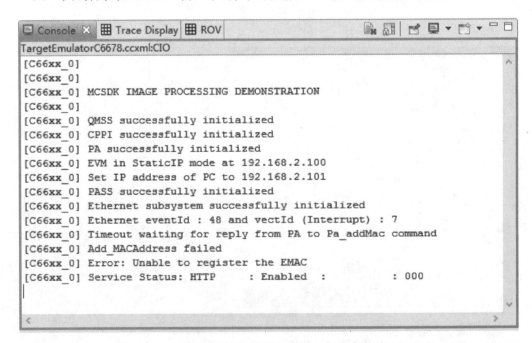

图 6-115　静态 IP 模式下 Console 打印的内容

从图 6-115 中，可以看到 EVM 在 StaticIP 模式下，并且地址为 192.168.2.100，而 PC 的 IP 地址为 192.168.2.101，打开网络配置窗口，根据上面打印出来的内容 IP 配置如图 6-116 所示。

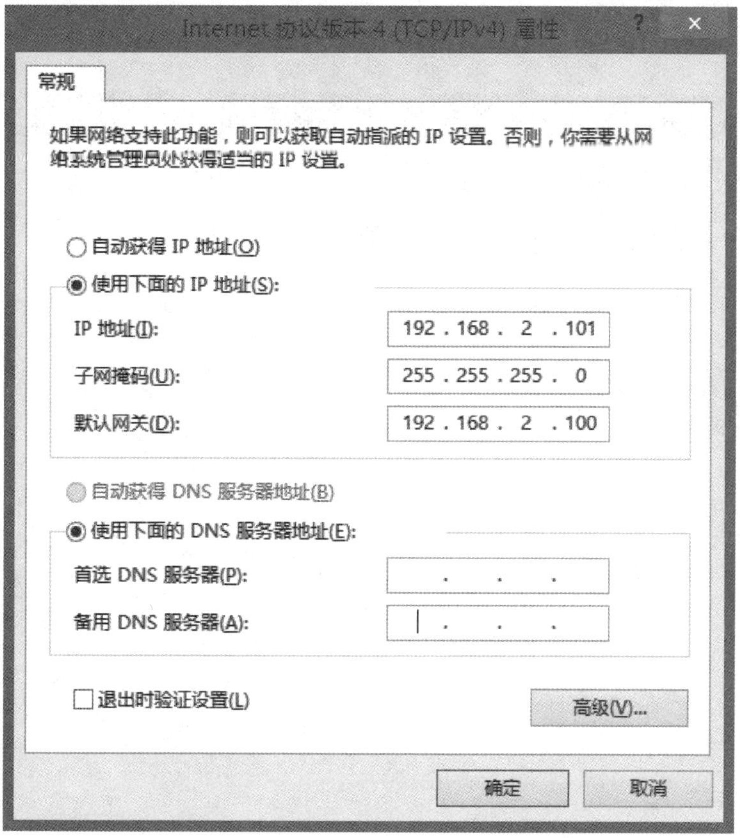

图 6‑116　静态 IP 模式下 PC 的 IP 配置

在 DHCP 模式下的内容如图 6‑117 所示。

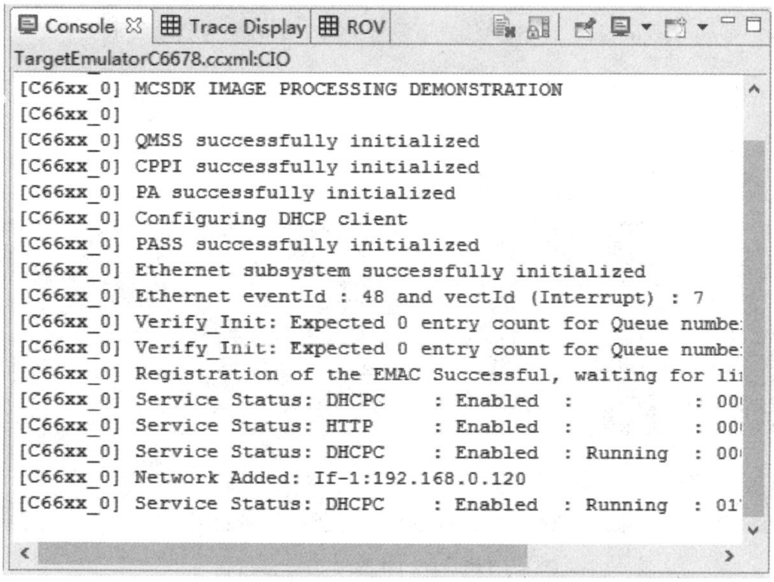

图 6‑117　DHCP 模式下 Console 打印的内容

可以看到,评估板从局域网中获取到了 IP 地址:192.168.0.120,这即是评估板 HTTP 服务器的 IP 地址,据此访问评估板。此时,设置 PC 的 IP 地址为自动获取模式,如图 6-118 所示。

图 6-118　DHCP 模式下设置 PC 的 IP 地址为自动获取

● 在 Console 打印出评估板 IP 地址的同时,我们还可以看到一个链接的页面,如图 6-119 所示:

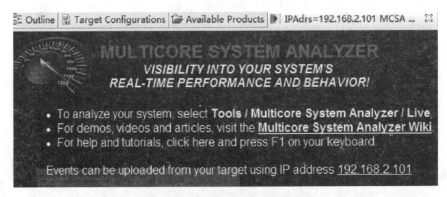

图 6-119　HTTP 服务器地址链接

● 打开链接,将会导航至默认浏览器(如 IE),并显示图片处理输入页面,如图 6 - 120 所示,分别有图像处理的核的个数,图像处理功能(目前只限边缘检测),输入图像的选择等参数。

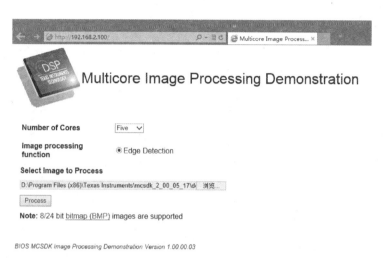

图 6 - 120　图像处理输入页面

● 在图像输入页面中,完成相应设置后,点击 Process 按钮,将会进行图像处理。完成后,显示如图 6 - 121 所示的页面,上面部分是处理的结果信息,下面部分是原始及结果图片。

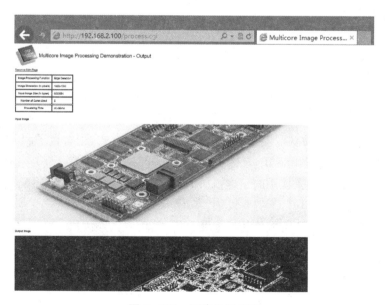

图 6 - 121　图像处理结果

至此,图像处理示例程序运行结束。

6.5.4.3.5　不同核数目图像处理性能比较

选择示例图片中的一张 2619x2124 的图像,使用不同核处理,比较运算时间如表 6 - 6 和图 6 - 122 所示。

表 6-6   不同核图像边缘检测的时间

核　　数	1	2	4	5	6	7	8
时间（ms）	513.620	260.075	134.182	107.825	92.535	79.234	69.853

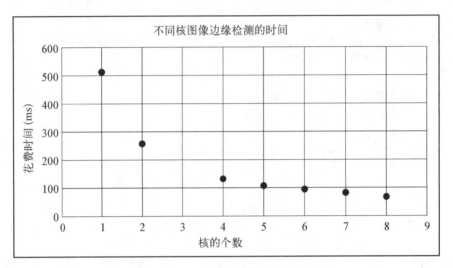

图 6-122   不同核图像边缘检测的时间

可以看到,结果线性关系并不是很明显,但时间差异还是比较明显的,核数目越多,消耗时间越少。

6.5.4.3.6   注意事项

（1）配置目标配置文件时,请确保为每个核添加指定 GEL 文件,否则程序加载将出现错误,具体请参见上述相关章节。

（2）关于网络连接模式的确定以及 SW9 用户开关的位置,请参照上述相关章节。

（3）对于 DHCP 模式,是分别将板子和 PC 连接到交换机/集线器/路由器中,PC 端不需设置 IP,只需设置成自动获取模式即可;而对于静态 IP 模式,则将板子和 PC 直接用以太网线连接,并根据配置设置相应 IP,具体 IP 值及网关值见上述相关章节。

（4）对于网络配置,如果使用的是虚拟机,请将承载主机的 IP 按上述配置,虚拟机端则直接使用 NAT 地址转换即可,不需要设置。

（5）在程序加载完成后,首先使从核连续执行,然后主核连续执行。

（6）当程序崩溃或者需要重新调试时,重新接上电源。

6.5.5   使用 MAD 工具进行多核启动

在 MAD 使用指南中提供了详细的关于使用多核应用工具的信息。

关于如何使用工具从网络和闪存中自启动演示,在这一部分将会为您提供详细的指导。

6.5.5.1   使用多核应用工具连接和建立自启动应用镜像

BIOS MCSDK 的安装文件在＜MCSDK INSTALL DIR＞\tools\boot_loader\mad-utils 中提供了 MAD 工具,这个文件夹包含了将应用连接到一个单一可启动镜像的必要工具。

镜像处理演示示例进行了以下更新来建立 MAD 镜像：

（1）将主镜像和从属镜像连接到 - dynamic 和 - relocatable 选项。

（2）在＜MCSDK INSTALL DIR＞\demos\image_processing\utils\mad\evmc66 ＃＃l\config-files 中提供了用来连接主程序和从程序的 MAD 配置文件。以下是在配置文件中需要注意的地方：

- maptoolCfg_evmc＃＃＃＃＃.json 包含了这个工具的路径和文件名信息。
- deployment_template_evmc＃＃＃＃＃.json 包含了部署配置文件（具有硬件名，空间和应用程序信息）。
- 对于 C6xx 硬件，物理地址是 36 位的，而外部装置的虚拟地址是 32 位的，这包含了 MSMC SRAM 和 DDR3 的存储子系统。
- secNamePat 元素字符串是一个正则表达式字符串。
- bss，neardata，rodata 这些部分必须以这个顺序放置在一个分区中。

（3）＜MCSDK INSTALL

DIR＞\demos\image_processing\utils\mad\evmc66 ＃＃l\build_mad_imag - e. bat　中的构建命令可以用来重新建立镜像。

（4）可自启动的镜像位于＜MCSDK INSTALL DIR＞\demos\image_processing\utils\mad\evmc6 - 6 ＃＃l\images 目录中。

具体请按以下步骤操作以建立可启动镜像文件：

（1）前往网站 http://www. python. org/getit/ 下载 Python 工具（目前有 3.3.3 和 2.7.6 两个版本，建议下载兼容性更好的 2.7.6 版本），并设置相应环境变量。

（2）更改＜MCSDK INSTALL DIR＞\demos\image_processing\utils\mad\evmc6 - 6 ＃＃l\build_mad_i-mage. bat 文件中的 C6000 Code Generation Tools 路径为＜CCSv5 INSTALL DIR＞\tools\c-ompiler\c6000\bin 更改后的文件内容如图 6 - 123 所示（注意此处使用 python 工具）。

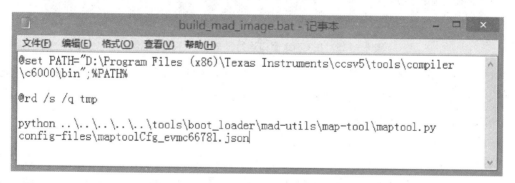

图 6 - 123　镜像文件构建脚本修改后的内容

（3）打开 CCS，在主核工程节点上右键选择属性，选中左侧 C/C＋＋ Build→Settings，然后选择 C6000 Linker 标签，在编译命令中添加-dynamic 和-relocatable 参数，如图 6 - 124 所示。设置完成后，重建工程。同样的，为从核工程设置这一连接参数并重建。

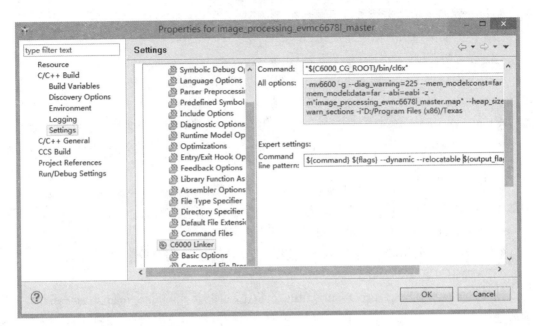

图 6 - 124　设置连接参数

（4）打开 CMD 窗口，进入到 <MCSDK INSTALL DIR>\demos\image_processing\utils\mad\ evmc6 - 6＃＃1 目录下，运行 build_mad_image. bat 批处理文件，如图 6 - 125 所示。

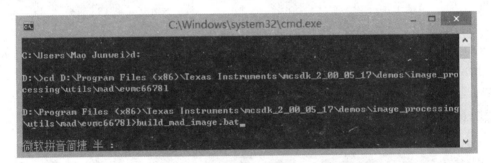

图 6 - 125　在 CMD 窗口运行批处理文件构建镜像

（5）等待程序运行完成，会看到目录 <MCSDK INSTALL DIR>\demos\image_processing\ ut - ils\mad\evmc6 - 6＃＃1 下生成了镜像文件 mcip - c6678 - le. bin。

6.5.5.2　使用 IBL 启动应用镜像

可以使用 IBL 启动装载程序启动镜像。以下是在启动镜像过程中需要注意的：

（1）镜像的类型是 BOOT_FORMAT_BBLOB，所以需要对 IBL 进行配置来启动这种类型。

（2）镜像的跳转地址（装载后的跳转地址）［设置为 0x9e001040（使用 BIOS MCSDK v2.0.4 或以前版本的设置为 0x80001040）］与默认的 IBL 启动地址是不同的，所以需要更新 IBL 配置来跳转到这个地址。

以下章节概括了使用 IBL 从网络和 NOR 启动镜像的步骤。

1）从以太网启动（TFTP Boot）

（1）改变 IBL 配置：在 <MCSDK INSTALL DIR>\tools\boot_loader\ibl\src\make\

bin\ i2cConfig. gel 的 GEL 文件中提供了 IBL 的配置参数。所有的修改都需要通过 gel 文件中的 setConfig_c‐66♯♯_main() 函数完成。

● IBL 配置文件将 PC 的 IP 设置为 192. 168. 2. 101,掩码为 255. 255. 255. 0,默认下目标板的 IP 地址为 192. 168. 2. 100。如果需要修改这些地址,打开 GEL 文件,在函数 setConfig_c66♯♯_main() 中修改 ethBoot. ethInfo 参数。

● 确保 ethBoot. bootFormat 设置为 ibl_BOOT_FORMAT_BBLOB。

● 将 ethBoot. blob. branchAddress 设置为 0x9e001040(使用 BIOS MCSDK v 2. 0. 4 或以前版本的设置为 0x80001040)。

● 注意应用名默认为 app. out。

(2) 写 IBL 配置文件:

● 使用 JTAG 连接目标板,接通电源,打开 CCS,载入目标并连接到核 0。选择 Tools→GEL Files,在 GEL 文件窗口右击载入 GEL。然后选择并载入文件<MCSDK INSTALL DIR>\tools\boot_loader\ibl\src\make\bin\i2cConfig. gel.

● 将路径<MCSDK INSTALL DIR>\tools\boot_loader\ibl\src\make\bin\ i2cparam_0x51_c‐66♯♯_le_0x500. out 下的 I2C 写入器载入到核 0 并运行。将会要求在控制窗口运行 GEL。从 CCS 窗口菜单 Scripts→EVM c66♯♯→setConfig_c66♯♯_main 运行 GEL 脚本。

● 打开 CCS 控制窗口,点击 enter 完成 I2C 写入。

(3) 启动镜像:

● 断开 CCS 和目标板的连接,关掉电源。

● 将目标板的网线连接到交换机/集线器/路由器/PC,将目标板的 UART 线连接到 PC。

● 确保电脑的 IP 地址为上述指定的。

● 将目标板上的 DIP 开关设置为从 TFTP 启动,这在硬件设置表中已说明。

● 将镜像文件<MCSDK INSTALL DIR>\demos\image_processing\utils\mad\evmc66♯♯l\im‐ages\mci‐p‐c66♯♯‐le. bin 复制到 TFTP 路径(在网站http://TFTPd32. jounin. net 上下载并安装该软件,并设置 TFTP 路径)并将其命名为 app. out。

● 开启 TFTP 服务器,将其指向 TFTP 路径。

● 接通目标板的电源,镜像将通过 TFTP 下载到目标板上,串行端口终端将会显示来自实例的信息,同样显示出目标板配置好的 IP 地址。

● 在浏览器中使用这个 IP 地址打开实例页面,运行实例。

2) 从 NOR 启动

(1) 改变 IBL 配置:在<MCSDK INSTALL DIR>\tools\boot_loader\ibl\src\make\bin\i2cC‐onfig. gel 的 GEL 文件中提供了 IBL 的配置参数。所有的修改都需要通过 gel 文件中的 setConfig_c66♯♯_main() 函数完成。

● 确保 norBoot. bootFormat 设置为 ibl_BOOT_FORMAT_BBLOB。

● 将 norBoot. blob[0][0]. branchAddress 设置为 0x9e001040(使用 BIOS MCSDK v2. 0. 4 或以前版本的设置为 0x80001040)。

(2) 写 IBL 配置文件:

● 使用 JTAG 连接目标板,接上电源,打开 CCS,载入目标并连接到核 0. 选择 Tools→

GEL Files,在 GEL 文件窗口右击载入 GEL。然后选择并载入路径＜MCSDK INSTALL DIR＞\tools\boot_loader\ibl\src\make\bin\i2cConfig. gel .

● 将路径＜MCSDK INSTALL DIR＞\tools\boot_loader\ibl\src\make\ bin\i2cparam _0 - x51_c66♯♯_le_0x500. out 下的 I2C 写入器载入到核 0 并运行。将会要求在控制窗口运行 GEL。从 CCS 窗口菜单 Scripts→EVM c66♯♯→setConfig_c66♯♯_main 运行 GEL 脚本。

● 打开 CCS 控制窗口,点击 enter 完成 I2C 写入。

（3）写 NOR 镜像：

● 将＜MCSDK INSTALL DIR＞\demos\image_processing\utils\mad\evmc66♯♯l\ images\mci - p - c66♯♯ - le. bin 的应用镜像复制到＜MCSDK INSTALL DIR＞\tools\ writer\nor\evmc - 66♯♯l\bin\app. bin。

● 使用 JTAG 连接目标板,接通电源,打开 CCS,载入目标并连接到核 0. 确保 PLL 和 DDR 寄存器已从平台 GEL 初始化（若没有自动初始化,运行 GEL 文件中的 Global_Default _Setup 文件）。载入镜像＜MCSDK INSTALL DIR＞\tools\writer\ nor\ev - mc66♯♯l\ bin\norwriter_evm66♯♯l. out。

● 打开存储器窗口,将＜MCSDK INSTALL DIR＞\demos\image_processing\utils\ m - ad\evmc66♯♯l\images\mcip - c66♯♯ - le. bin 的应用镜像载入到地址 0x80000000。

● 确保 Type - size 选项是 32 位。

● 点击运行为 NOR 写入器写入镜像。

● CCS 的控制窗将会显示写入完成信息。

（4）从 NOR 启动：

● 断开 CCS 和目标板的连接,关掉电源。

● 将目标板上的 DIP 开关设置为从 NOR 启动,这在硬件设置表中已说明。

● 将目标板的网线连接到交换机/集线器/路由器。

● 将目标板的串行线连接到 PC,打开串口终端查看输出。

● 接通目标板的电源,镜像将从 NOR 启动,控制窗将会显示启动信息。

● 示例应用将在控制窗输出 IP 地址。

● 在浏览器中使用这个 IP 地址打开实例页面,运行实例。

6.5.5.3　注意事项

（1）在创建可启动镜像时,请更改编译器 CGT 的路径（CCS 安装目录下）,并确保 Python 工具的正确下载（上述网站上有两个版本,请下载低版本,或者两个都试一下）,然后配置系统环境变量（使得程序能够正确搜索到）。

（2）关于写 IBL 配置时的 GEL 文件,按上述操作从菜单选择执行相应函数。

（3）在使用 TFTP 以太网络启动时,需确保下载 TFTP 服务器,设置路径,将可启动镜像文件置于此路径下。

第7章 TMS320C66x 多核 DSP Boot 以及 EVM 板实例详解

7.1 概　　述

  Boot 就是自启动。在 DSP 程序的调试阶段,可执行文件(*.out)存放在主机 PC 的硬盘上,需要调试时,程序员在 CCS 界面中,由 JTAG 仿真器将可执行代码加载(load)到 DSP 的内存中运行调试。但是,当软件成熟之后准备上市时,嵌入式设备要脱离调试用的 PC 独立工作。这时,可以根据应用以及系统设计不同,选用不同的 boot 模式,将可执行代码加载到 RAM 中运行。可执行代码可以放在嵌入式单板的 Flash 中,也可以通过主机接口/以太网等存放在其他主机上,嵌入式设备在上电的时候,需要一个自动启动(如:将可执行代码从 Flash 加载到内部 memory,并运行)的过程。这个过程就是通常所说的自启动过程或者叫 boot。

  首先回顾一下单核的 C6000 系列 DSP 的加载,在 ROM 或 flash 中的数据断电后不会丢失,嵌入式产品中的程序一般都是存在这两种介质当中。ROM boot DSP 的模式下,C621x/C671x/C64x 系列的 DSP EDMA(外部直接存储器存取)会自动的从 CE1 存储器映射空间(对 6416 是 0x64000000)拷贝 1 K byte 的代码到地址 0x00000000(在 DSP 内部的 SRAM),其间 CPU 被停止,然后 CPU 才从地址 0 开始运行。

  这样,如果应用程序的机器码小于 1 K bytes,可以把这些机器码烧写进 flash 中的前 1 K bytes(此 flash 必须接到地址空间的 CE1,对 641x 系列是地址 0x64000000),DSP 一复位,程序就自动由 EDMA 加载进 DSP 内部 SRAM,开始执行。这个加载过程叫做 First Level bootloader(一级加载)。读 flash ROM 的操作完全是硬件自动控制的,时序是默认的时序,如果 CPU 跑到 600 MHz,EMIF - B(外部存储器接口 B)时钟选六分频,读 1 K bytes 大约用 0.83ms。

  如果程序的机器码大于 1 K bytes,不妨假定应用程序的主体代码(>1 M bytes)已经被烧写在 CE1 上的 FLASH 之中,而且没有占用 CE1 的起始 1 K bytes,利用这 1 K bytes 写个简单的汇编程序,把应用程序的主体代码从 FLASH 中拷贝到 DSP 的内部 SRAM,然后再跳转到 C 语言环境初始化程序的入口处"_c_int00",启动的任务就可以完成。这 1 K byte 的程序就叫做 Second Lever Bootloader（第二级启动加载程序）。

  对于 C66x 多核 DSP,Boot 过程有所不同,下面介绍 C66x 多核启动的过程。C66x DSP 的 ROM Boot Loader(RBL)是固化在 DSP 内部的一段程序,当 DSP 完成 reset 之后,它将用户的应用程序从慢速的非易失性外部 memory(如 flash memory)或者外接的主机传送到内部的高速 memory 中并执行。RBL 永久性存储在 DSP 的 ROM 中，其起始地址是 0x20B00000（见图 7-1）。

17E08000	17EFFFFF	0 17E08000	0 17EFFFFF	1M-32K	Reserved
17F00000	17F07FFF	0 17F00000	0 17F07FFF	32K	CorePac7 L2 SRAM
17F08000	1FFFFFFF	0 17F08000	0 1FFFFFFF	129M-32K	Reserved
20000000	200FFFFF	0 20000000	0 200FFFFF	1M	System trace manager (STM) configuration
20100000	20AFFFFF	0 20100000	0 20AFFFFF	10M	Reserved
20B00000	20B1FFFF	0 20B00000	0 20B1FFFF	128K	Boot ROM
20B20000	20BEFFFF	0 20B20000	0 20BEFFFF	832K	Reserved
20BF0000	20BF01FF	0 20BF0000	0 20BF01FF	512	SPI
20BF0400	20BFFFFF	0 20BF0400	0 20BFFFFF	63K	Reserved
20C00000	20C000FF	0 20C00000	0 20C000FF	256	EMIF16 config
20C00100	20FFFFFF	0 20C00100	0 20FFFFFF	12M - 256	Reserved

图 7-1 Boot ROM 在 memory 体系中的地址位置

启动(boot)的过程，广义上分为主机启动(Host boot)以及存储器启动(Memory boot)两类。Memory boot 是指将应用程序从外部 memory 加载到内部 memory 并执行的过程。主机启动模式下，启动过程是配置 DSP 为 Slave mode，并等待代码从外部主机传送到内部 memory，并启动 DSP 执行应用程序。

为了适应不同的系统需求，RBL 提供以下多种启动模式，具体不同的启动模式需要参考支持 boot 的外设的手册。

（1）EMIF 16 boot：用户的应用程序通过扩展在位宽为 16 bit 的 EMIF 接口上的异步 Memory 加载执行。

（2）Serial Rapid IO(SRIO)boot：外部的主机通过 SRIO 外设加载用户的应用程序，可以设置为 messaging 模式也可以是 direct IO 模式。

（3）Ethernet boot：外部的主机通过以太网加载用户程序，这个过程中数据包加速器由核心参考时钟或者 SerDes 参考时钟驱动。

（4）PCIe boot：外部主机通过 PCI 接口加载程序到片内 memory。

（5）Master I^2C boot：用户的应用程序从 I^2C EERROM 中以 boot table 格式中数据块的形式加载。

（6）Slave I^2C boot：外部 I^2C 主机发送用户的应用程序到 DSP，数据格式满足 boot table 的格式。这种模式多用在单片的 I^2C EERROM 对应多片 DSP 的场景，目的是为了减少 boot time。

（7）SPI boot：用户的程序通过扩展在 SPI 口上的 Flash 读入。数据以在 boot table format 数据块的形式读入。

（8）HyperLink boot：这是个被动的启动模式，其中主机负责配置 memory，以及加载用户程序，并直接启动 DSP。

Boot 过程由两个因素决定。一个是触发 boot 过程的复位的机制；另外一个是通过 boot strap pins 决定的配置。

7.2 上电复位之后的 Bootloader 初始化

如前所述,boot 过程由多核的 CorePac0 执行。在 Keystone 架构中,有 4 种类型的复位方式:

(1) 上电复位(POR)。

(2) 硬件复位(Chip 0 Reset + Chip1 Reset)。

(3) 软件复位(Chip1 Reset)。

(4) 局部复位。

前 3 个复位是全局复位,因为它影响整个设备。局部复位,不会触发 boot 过程。

下面介绍上电复位之后的 Bootloader 初始化。

POR 管脚和 RESETFULL 管脚可以初始化上电复位。POR 引脚由上电时序产生,而 RESETFULL 由主机来复位整个系统。在 RESETFULL 复位的情况下,默认为系统已经上电;所有的外设已经处于复位的默认状态,且已经完成上电复位过程。在上电复位过程中,13 个 bootloader 引脚状态分别被采样锁存在 boot 配置寄存器中,RBL 使用这个设备状态寄存器指导后续的 boot 过程。

使用设备状态寄存器中的启动配置,boot 过程执行初始化代码,RBL 执行的初始化设置有:

(1) ROM 中的代码使能所有支持该功能的外设的复位隔离(reset isolation)。这些外设的上电状态不会被改变。支持上电隔离的外设有(SmartReflex,DDR3,embedded trace,Ethernet SGMII,Ethernet switch,SRIO,and AIF2 (if available).)

(2) ROM 代码保证所有启动需要使用的外设的供电以及时钟都是使能的。

(3) ROM 代码配置系统 PLL,根据 DEVSTAT 寄存器中 PLL 选择的 3 个 bit,设置设备的工作速度。

(4) 对于 no-boot,SPI 以及 I²C boot 模式,主 PLL 保留在 bypass 模式下。对于其他 boot 模式 bootloader 的初始化过程会把主 PLL 配置成 PLL mode。

(5) ROM 代码在所有 CorePacs 中保留最后 0xD23F 字节。这个保留的 RAM 区域用来存储启动过程中的初始化配置,如启动参数表。表 7-1 是存放在局部 L2 的 CorePac0 启动参数表。

表 7-1 ROM bootloader 在核 0 中的内存分配

偏　　移	长　　度	描　　述
0x0000	0x0040	ROM Boot 版本
0x0040	0x0400	Boot 代码堆栈
0x0520	0x0020	Boot 进程寄存器堆栈
0x0540	0x0100	Boot 内部状态

（续　表）

偏　移	长　度	描　述
0x0640	0x0100	Boot 变量
0x0740	0x0100	DDR 配置表
0x0840	0x0080	RAM 表函数
0x08c0	0x0080	Boot 参数表
0x0940	0x3600	清除明文漏洞
0x5240	0x7f80	网口、SRIO 口、包、描述符
0xd130	0x0080	小堆栈
0xd23c	0x0004	Boot Magic 地址

注意：对于 EMIF16 boot，RBL 不保留 memory。Memory 的使用完全依靠存储在 NOR flash 的镜像。

（6）在启动过程中，bootloader 会在 Secondary CorePacs 执行一个 IDLE 命令，并且使 Secongdary CorePacs 等待中断。在应用程序被加载到 secondary CorePacs 中之后，每个 CorePacs 中的 BOOT_MAGIC_ADDRESS 被启用，CorePac0 中的应用程序可以触发一个 IPC 中断用来唤醒其他核，并且将执行程序指向 BOOT_MAGIC_ADDRESS 中指定的地址。

如表 7－1 所示，Boot Magic 地址是 ROM 搬移到 RAM 信息的最后一个字。该字存放的是各个 core 初始化之后需要跳转到的 c 程序入口地址 _c_int00()。根据 c66x 内存的规划设计，不同 core 的 Boot Magic Address 存在于该 core 本地 L2 RAM 的最后一个 word 里。由于多核 DSP 采用全局地址来区别不同核的 RAM 地址，因此每个核的 Boot Magic 地址是 0x1x87fffc(x 为核号)。

（7）所有的 L1D 和 L1P 被 boot code 配置成 cache memory，而 L2 memory 被配置成可以寻址的 memory。

（8）所有的中断是被禁止的，除了主机中断，因为主机中断在 PCIe 以及 SRIO 以及 HyperLInk boot 模式下是需要用到的。

（9）Bootloader 有一个 DDR 的配置表，缺省情况下初始化为 0。在启动过程中，在每块 boot 表格加载进来之后，表格中的参数都会被测试。如果 bootloader 发现其中的 enable bitmap 域非零，DDR3 就会被配置。这种情况将允许 boot table 去配置 DDR table，然后加载数据到 DDR。DDR 配置 boot 参数表如表 7－2 所示：

表 7－2　DDR 配置 boot 参数表

字节偏移量	名　称	描　述
0	Enable bitmap	One bit per configuration value. Bit 0 corresponds to the PLL config entry, bit 1 to the SDRAM config entry, etc. The corresponding value will only be set if the bit is set in this bit map.
4	PLL config	See Figure 2－1

（续　表）

字节偏移量	名　　称	描　　　　述
8	config	SDRAM Config Register
12	config 2	SDRAM Config 2 Register
16	Refresh ctl	SDRAM Refresh Control Register
20	Timing 1	SDRAM Timing 1 Register
24	Timing 2	SDRAM Timing 2 Register
28	Timing 3	SDRAM Timing 3 Register
32	Nvm timing	LPDDR2 – NVM Timing Register
36	Pwr management	Power Management Control Register
40	IODFT_TLGC	IODFT Test Logic Global Control Register
44	Perf ctl cfg	Performance Counter Config Register
48	Perf ctl sel	Performance Counter Master Region Select Register
52	Read idle ctl	Read Idle Control Register
56	Irq enable	System VBUSM Interrupt Enable Set Register
60	Zq config	SDRAM Output Impedance Calibration Config Register
64	Temp alert cfg	Temperature Alert Config Register
68	Phy ctrl 1	DDR PHY Control 1 Register
72	Phy ctrl 2	DDR PHY Control 2 Register
76	Pri cos map	Priority to Class of Service Mapping Register
80	Mst id cos map 1	Master ID to Class of Service 1 Mapping Register
84	Mst id cos map 2	Master ID to Class of Service 2 Mapping Register
88	Ecc ctrl	ECC Control Register
92	Ecc addr rng 1	ECC Address Range 1 Register
96	Ecc addr rng 2	ECC Address Range 2 Register
100	Rw/exc thresh	Read Write Execution Threshold Register

其中 DDR PLL Configuration 内容如图 7 – 2 和表 7 – 3 所示。

31　　　　　　　　　　　　　　　24	23　　　　　　16	15　　　　　　8	7　　　　　　0
Reserved	PLL Pre – divider	PLL Multiplier	PLL Postidivider

图 7 – 2　DDR PLL 配置寄存器

表 7 – 3　Boot 模式引脚定义

12	11	10	9	8	7	6	5	4	3	2	1	0
PLL Mult I²C/SPI Ext Device Cfg			Device Configuration							Boot Device		

这个参数中的 Device Configuration 的 bits 信息被 RBL 根据 boot mode 解释。其中 Boot mode 与 boot mode Pins 的对应关系如表 7-4 所示。

表7-4　设备配置管脚值

值	Boot 设备
\ Boot 模式引脚：Boot 设备值	
0	Sleep/EMIF 16
1	Serial RapidIO
2	Ethernet（SGMII）（PA driven from core clk）
3	Ethernet（SGMII）（PA driver from PA clk）
4	PCI
5	I²C
6	SPI
7	HyperLink

RBL 使用设备配置信息建立初始的配置结构,这个结构以 boot 参数表的形式存放在 corePac0 的 L2 保留段中。虽然,不同 boot 模式下,boot 参数表格式会发生一些变化,但是最初的 12 字节是通用的(见表 7-5)。

表7-5　Boot 参数公共值

字节偏移量	名　称	描　　　述
0	Length	The length of the table，including the length field，in bytes.
2	Checksum	The 16 bits ones complement of the ones complement of the entire table. A value of 0 will disable checksum verification of the table by the boot ROM.
4	Boot Mode	0-7：Specifies the boot device.
6	Port Num	Identifies the device port number to boot from, if applicable
8	SW PLL，MSW	PLL configuration, MSW
10	SW PLL，LSW	PLL configuration, LSW

PLL configuration 的值解释如表 7-6 所示。

表7-6　PLL 配制

31　　　　　　　　　　　　　　　　　30	29　　　　　16	15　　　　　8	7　　　　　0
PLL Config Ctl ● 00 – PLL not configured ● 01 – PLL configured only if it is already in bypass or disable mode ● 10 – PLL is configured ● 11 – PLL is disabled and put into bypass mode	Pll Multiplier （can be between 0 – 8191）	Pll Pre-Divider （can be between 0 – 255）	Pll Post – Divider （can be between 0 – 255）

其他的 boot 参数表格式的解释与不同的启动模式有关。RBL 使用 BOOTCOMPLETE 寄存器,它可以控制 BOOTCOMPLETE 管脚的状态,来表示 boot 过程是否结束。由于(Legacy implementation),BOOTCOMPLETE bit 在镜像被装进 CorePac0 之前已经被置位。

7.3　TMS320C6678 MCSDK 提供的常用多核 boot 方法

这一节主要介绍 TMS320C6678 MCSDK 提供的多核 boot 实例。

MCSDK 包含了一个工具包,工具包中提供了 POST,Boot loader 以及 boot 过程中使用到的工具以及例程。用户可以参考其中的内容,在 EVM 上运行 boot 实例。这个工具包位于如下目录中 C:\Program Files\Texas Instruments\mcsdk_2_00_00_xx\tools directory and includes:

- POST:上电自测试应用程序(Power on Self Test application)。
- IBL:经过 I2C EEPROM,从 NOR/NAND flash 或者 Ethernet 中 boot 用户的应用程序,这个过程包括第一阶段的 Bootloader 和第二阶段的 BootLoader。
- MAD:多核应用部署工具支持多核的 booting。
- Boot Examples:一些 boot 例程。
- Writer Utilities:将用户的镜像文件写入 flash 或者 EEPROM 的工具。
- Other Utilities:boot 过程中用到的文件格式转化工具。

7.3.1　Ethernet Boot Example(以太网方式)

TI 官方提供的例程包内包含:

docs:内含 README. txt 文件。

simple:内含批处理/make 文件构建简单实例。

utilities:内含将 hex6x 的 boot 表文件转化成 Ethernet 的 boot 格式化数据文件,其中

bconvert64x. exe:将 hex6x boot 文件转化成要求的格式化文件,通过 c6x 芯片的 boot 加载程序;

bootpacket. exe:将 boot 表转化成 boot 格式化文件。

build 这个实例的步骤:

第一步:将用户程序转化成 bootloader 要求的格式,并嵌入 mac 地址信息。

运行"simple. bat"文件("\boot_loader\examples\ethernet\simple\"),产生 simple. out 文件,使用 hex6x. exe(在 CG tools package)将. out 文件转化成 boot table 文件,然后用 bconvert64x. exe/bootpacket. exe 将上述 table 文件转化成 Ethernet boot 格式化数据文件 simple. eth。

第二步:将 simple. eth 从主机送至目标 DSP 的步骤。

(1)在 ROM Ethernet boot 模式下 boot 目标 DSP:

C6678 EVM 的 DIP 开关设置：

SW3(pin1，pin2，pin3，pin4)：off，on，off，on

SW4(pin1，pin2，pin3，de pin4)：on，on，on，off

SW5(pin1，pin2，pin3，pin4)：on，on，off，off

SW6(pin1，pin2，pin3，pin4)：off，on，on，on

(2) 一旦 DSP 的 boot 开始，其按照定时间隔传输 BOOTP 包，这需要 DSP 的 mac 地址。

(3) 使用主机本地的 IP 作为 DSP 的 MAC 地址添加一个 ARP 入口。例如：如果主机 PC 的 IP 是 192.168.1.1，则添加一个与这个 IP 地址关联的 DSP 的 MAC 地址 ARP 入口：192.168.1.2。

(4) 使用 pcsendpkt.exe，通过相关的 IP 地址，将 image 送到 DSP。例如：pcsendpkt.exe simple.eth 192.168.1.2。

(5) 用 CCS 连接 EVM，检查 A1 寄存器是否为 0x11223344，如果是这样，则说明 simple program 已经被 ROM boot 加载，并成功 boot。

注意：为了编译 pcsendpkt.c，使用 windows 插口编译- lwsock32 编译选项。

7.3.2　IBL(Intermediate Boot Loader) NAND boot over I²C example

多核 DSP 启动在单核的基础上，增加了多个核的启动过程，主要涉及多个核上电并行处理；主核写从核程序，主核中断从核等工作。本节介绍一种将应用程序存储在大容量的 Nand Flash 中，将二次启动程序存储在 I²C 总线芯片中，基于 8 核 DSP 芯片(TMS320C6678)的启动方法。

在 C6678 芯片架构中，与启动相关的模块有 PLL、Boot ROM、电源管理和复位管理等。其中，PLL 配置启动时的核和外设的工作时钟；Boot 是固化好的一级启动程序；复位管理配置启动的方式，硬复位进行全启动，软复位进行部分启动。

经过 I²C 的 IBL NAND boot 方法与上述以太网 boot 不同，它是一个多阶段的 boot 过程，帮助用户在上电复位的时候从 NAND flash 中 boot 应用程序，如图 7-3 所示。

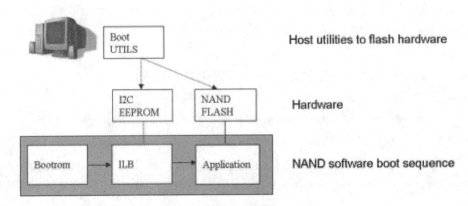

图 7-3　NAND flash 中 boot 架构

DSP 上电的时候，首先执行 bootrom 中的 RBL，之后将启动的过程移交给存放在

EEPROM 中的二级 bootloader,EEPROM 使用 I²Cslave 总线,地址为 0x51。二级 bootloader 从 NAND flash 中加载用户的应用程序,最后将系统的控制权交给用户的应用程序。在执行 NAND boot 时,用户必须保证平台的 DIP 开关配置在 I²C Master Boot 模式下,且地址为 0x51,同时 boot 参数索引 DIP 开关设为 2 或者 3。

NAND boot 支持多镜像 boot。取决于 boot 参数索引 DIP 开关的配置,最大支持 2 个 boot 镜像。默认状态下,NAND 只支持一个 BBLOB 的镜像格式,如果用户想 boot ELF 格式的镜像,IBL 配置表格需要修改,并重新编程到 EEPROM 中。

下面给出经过 I²C boot NAND flash 程序的一个简单的 hello world 实例:

1) 构建例程的过程

(1) 导入 i2cnandboot CCS 工程项目(tools＼boot_loader＼examples＼i2c＼nand＼ evmc66xxl 目录)。(in CCSv5,Project→Import Existing CCS/CCE Eclipse Projects)

(2) 清空 project,re-build,之后 i2cnandboot_evm66xxl.out 和 i2cnandboot_evm66xxl.map 两个文件会出现在 tools\boot_loader\examples\i2c\nand\evmc66xxl\bin 文件夹里。

2) 在 ccsv5 中运行 i2cnandboot 例程

(1) 将 EVM 双列直插开关调至 no boot/EMIF16 boot 模式。

(2) 向 CCS 中载入程序 i2cnandboot_evm66xxl.out,路径是 tools＼boot_loader＼ examples\i2c\nand\evmc66xxl\bin\i2cnandboot_evm66xxl.out

(3) 将 EVM 与 PC 的串行口用 3 线 RS-232 电缆连接,启动超级终端。

(4) 创建一个新的连接,波特率设置为 115200bps,数据位 8,奇偶校验位 0,停止位 1,无流量控制,确保串行通讯端口的设置是正确的。

(5) 在 CCS 中运行程序,i2cnandboot 将发送 hello world booting 信息至 CCS 控制台和超级终端。

3) 从 i2cnandboot 编程到 NAND 的步骤:

(1) 确保将 IBL 编程到 I²C EEPROM,总线地址为 0x51,如果 IBL 没有被编程,参考 tools\boot_loader\ibl\doc\README.txt,这里详细介绍了如何将 IBL 编程至 EEPROM。

(2) 默认状态下,IBL 将从 NAND 引导一个 BBLOB image(Linux 内核)。为了运行这个实例,需要将 NAND boot image 格式化到 ELF:

① 在 tools\boot_loader\ibl\src\make\bin\i2cConfig.gel 中,将 setConfig_c66xx_main () 中的语句 ibl.bootModes[1].u.nandBoot.bootFormat = ibl_BOOT_FORMAT_BBLOB,替换成 ibl.bootModes[1].u.nandBoot.bootFormat = ibl_BOOT_FORMAT_ELF;

② 重新编程 boot 配置表,参考 tools\boot_loader\ibl\doc\README.txt 如何将其编程为 EEPROM。

(3) 复制 tools＼boot_loader＼examples＼i2c＼nand＼evmc66xxl＼bin＼i2cnandboot_ evm66xxl.out 文件至 tools\writer\nand\evmc66xxl\bin 下,重命名为 app.bin,参考 tools\ writer\nand\docs\README.txt 如何将其编程为 NAND flash;

(4) 一旦编程成功完成,将双列直插开关转换到 I²C 主控模式,总线地址 0x51,boot 参数索引为 2;

（5）上电复位后，IBL 将从 NAND boot hello world 镜像。

7.3.2.1　硬件设计

多核 DSP 的启动从方式上分有主机启动和存储器启动两种，主机启动指的是通过其他处理器通过硬件接口向 DSP 写入代码，并完成加载工作，这些接口包括网口、RapidIO、PCIe 等。存储器启动是嵌入式系统常用的方式，由于嵌入式系统自成一个独立的系统，一般不具有其他处理器（或者其他处理器不方便加载代码），此时就需要通过硬件来完成程序加载。硬件加载一般是通过外挂在 EMIF 或 I²C 总线接口的外部 Flash 完成。一般 I²C 总线接口的 Flash 容量较小，不能存储容量较大的程序，使用 EMIF 接口连接并口 Flash 可以完成所有程序加载（并接 Flash 的容量较大）。这里给出将一级启动程序储存在容量较小的 I²C 总线接口的 Flash（也可以是 EEPROM）中、应用程序存储到 Nand Flash 中进行启动的方法，基于这种启动方法的硬件电路设计如图 7－4 所示。

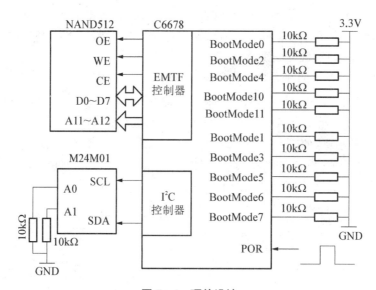

图 7－4　硬件设计

从图 7－4 中可以看出，硬件设计包括 3 个方面：

（1）使用 EMIF 接口连接 Nand Flash，图中 Flash 型号为 NAND512，容量为 512 Mb，8 位数据总线和 2 位行列地址线。其中数据总线直接连接到 EMIF 的数据总线，行列地址线分别连接到 EMIF 的地址总线的 A11 和 A12，由 DSP 的软件自动完成行列地址线的切换。

（2）使用 I²C 总线控制连接 I²C 总线接口的 Flash，图中 Flash 型号为 M24M01，容量 1 Mb，读写速度为 400 kHz，I²C 总线接口的串行时钟 SCL 和串行数据 SDA 直接连接到 DSP 的 I²C 总线控制器的相应引脚。

（3）BootMode 引脚和复位信号，在复位信号给出脉冲后，BootMode 引脚的状态将映射到 DSP 的启动设置寄存器中，不同的 BootMode 引脚状态决定着启动的方式和该方式下的参数，下表给出了在 I²C 总线启动下，BootMode 引脚的状态信息，也就是说，按照表的设置，引脚的状态将决定启动按照 I²C 总线方式进行，表的状态在硬件上是通过上拉或者下拉引脚实现的，如表 7－7 所示。

表 7 - 7　BootMode 引脚对应关系

BootMode 引脚	功　　能	描　　　　述	
0 1 2	启动方式	000：EMIF 启动	001：RapidIO 启动
		010：网口启动 （以 DSP 核频率工作）	011：网口启动 （以加速包频率工作）
		100：PCIe 启动	101：I²C 启动
		110：SPI 启动	111：HyperLink 启动
3～7	I²C 参数索引	指定 I²C 启动时的参数起始地址	
8	I²C 工作模式	0：DSP 为主设备	1：DSP 为从设备
10	I²C 总线地址	0：总线地址为 0x50	1：总线地址为 0x51
11	I²C 工作频率	0：工作于 20 kHz	1：工作于 400 kHz

7.3.2.2　启动软件设计

多核的启动软件包括核 0（也称主核）和其他核的启动，具体到 C6678 芯片。其他核有 7 个，一般由核 0 启动成功过后，核 0 运行应用程序，对其他核依次写入程序代码，然后依次中断其他核，让其启动。核 0 和其他核的启动流程如图 7 - 5 所示。

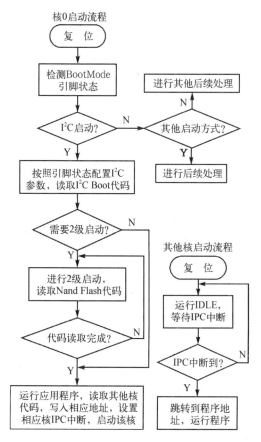

图 7 - 5　软件处理流程

在启动过程中,核 0 需要完成向其他核写程序代码和中断其他核这两项工作,其中核 0 向其他核写入程序数据涉及多核 DSP 的核间通信,C6678 的每个核都有单独的 RAM 空间,但这些空间也可以被其他核读写。必须注意两个核或者多个核不能同时读写同一个地址空间,防止造成数据读写的错误。为了避免这个问题,其他核在上电后,将一直处于 IDLE 状态,也就是说,其他核一直运行 IDLE 指令,该指令为空闲指令,不会对外设和片内任何设备进行操作。在此期间,只有核 0 运行应用程序,核 0 可以充分自由写任何一个其他核。核 0 对其他所有核依次写入程序代码。在核 0 对所有其他核完成代码写入工作后,核 0 依次快速地给其他核发出 IPC 中断,其他核就逐一被启动。但是,核 0 给其他核发 IPC 中断,仍然存在一个先后顺序,在这个很小的时间差内,首先被启动的其他核不能读写另外核的 RAM 空间。为此,一般其他核的程序代码首先应该有一个延迟程序,该延迟程序执行后,核 0 必然完成了对所有其他核的启动工作。

这种基于 I^2C 总线和 Nand Flash 存储器的启动方式,可以存储较大规模的应用程序,但是速度较慢,对于要求快速上电启动的手持式产品等应用,可以在本方法的基础上,将需要快速启动的应用程序放到核 0 上进行,这些程序运行后,再逐步运行实时性应用程序。

7.3.3 IBL NOR boot over I^2C example

经过 I^2C 的 IBL NOR boot 方法与上述 NAND boot 方式类似,它也是一个多阶段的 boot 过程,帮助用户在上电复位的时候从 NOR flash 中 boot 应用程序,如图 7-6 所示。

DSP 上电的时候,先执行 bootrom 中的 RBL,之后将启动的过程移交给存放在 EEPROM 中的二级 bootloader,EEPROM 使用 I^2C slave 总线,地址为 0x51。二级 bootloader 从 NOR flash 中加载用户的应用程序,最后将系统的控制权交给用户的应用程序。在执行 NAND boot 时,用户必须保证平台的 DIP 开关配置在 I^2C Master Boot 模式下,且地址为 0x51,同时 boot 参数索引 DIP 开关设为 0 或者 1(注意,这里与 NAND 配置不同)。

NOR boot 支持多镜像 boot。取决于 boot 参数索引 DIP 开关的配置,最大支持 2 个 boot 镜像。

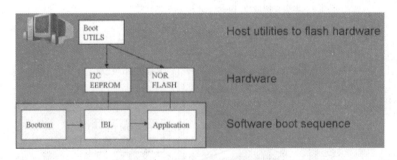

图 7-6 NOR boot over I^2C 架构

下面给出经过 I^2C boot NOR flash 程序的一个简单的 hello world 实例。

1) 构建例程的步骤

(1) 导入 i2cnorboot CCS 工程项目(tools\boot_loader\examples\i2c\nor\evmc66xxl 目录)。(in CCSV5,Project→Import Existing CCS/CCE Eclipse Projects)

（2）清空该 project，re‐build，完成以后 i2cnorboot_evm66xxl. out 和 i2cnorboot_evm66xxl. map 两个文件会出现在 tools\boot_loader\examples\i2c\nor\evmc66xxl\bin 文件夹里。

2）在 ccsv5 中运行 i2cnorboot 例程

（1）将 EVM 双列直插开关调至 no boot/EMIF16 boot 模式。

（2）向 CCS 中载入程序 i2cnorboot_evm66xxl. out，路径是 tools\boot_loader\examples\i2c\nor\evmc66xxl\bin\i2cnorboot_evm66xxl. out

（3）将 EVM 与 PC 的串行口用 3 线 RS‐232 电缆连接，启动超级终端。

（4）创建一个新的连接，波特率设置为 115200bps，数据位 8，奇偶校验位 0，停止位 1，无流量控制，确保串行通讯端口的设置是正确的。

（5）在 CCS 中运行程序，i2cnorboot 将发送 hello world booting 信息至 CCS 控制台和超级终端。

3）将 i2cnorboot 编程到 NOR 的步骤

（1）确保将 IBL 编程到 I2C EEPROM，总线地址为 0x51，如果 IBL 没有被编程，参考 tools\boot_loader\ibl\doc\README. txt，这里详细介绍了如何将 IBL 编程至 EEPROM。

（2）复制 tools\boot_loader\examples\i2c\nor\evmc66xxl\bin\ i2cnorboot_evm66xxl. out 文件至 tools\writer\nor\evmc66xxl\bin 下，重命名为 app. bin，参考 tools\writer\nor\docs\README. txt 如何将其编程为 NOR flash.

（3）一旦编程成功完成，将双列直插开关转换到 I^2C 主机 boot 模式，总线地址 0x51，boot 参数索引为 0。

（4）上电复位后，IBL 将从 NOR boot hello world 镜像。

7.3.4　IBL TFTP boot over I^2C example

经过 I^2C 的 IBL TFTP EMAC boot 方法与上述 NAND 以及 NOR boot 方式类似，它也是一个多阶段的 boot 过程，帮助用户在上电复位的时候从 TFTP 服务器中 boot 应用程序，如图 7‐7 所示。

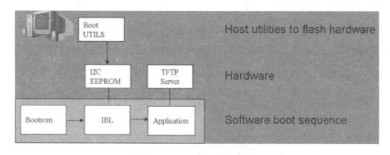

图 7‐7　TFTP[1] boot over I^2C 架构

DSP 上电的时候，先执行 bootrom 中的 RBL，之后将启动的过程移交给存放在 EEPROM 中的二级 bootloader，EEPROM 使用 I^2Cslave 总线，地址为 0x51。二级 bootloader 从远程的 TFTP 服务器中加载用户的应用程序，最后将系统的控制权交给用户的应用程序。在执行 EMAC boot 时,用户必须保证平台的 DIP 开关配置在 I²C Master Boot 模式下,且地址为 0x51,同时 boot 参数索引 DIP 开关设为 4(注意,这里与 NAND 配置不同)。

默认状态下,EMAC boot 只支持一个 BBLOB 的镜像格式,如果用户想 boot ELF 格式的镜像,IBL 配置表格需要修改,并重新编程到 EEPROM 中。

下面给出经过 I²C 的 TFTP boot 程序的一个简单的 hello world 实例。

1) 构建例程的过程:

(1) 导入 i2ctftpboot CCS 工程项目(tools\boot_loader\examples\i2c\tftp\evmc66xxl 目录)。(in CCSv5,Project→Import Existing CCS/CCE Eclipse Projects)

(2) 清空该 project,re - build,完成以后 i2ctftpboot_evm66xxl. out 和 i2ctftpboot_evm66xxl. map 两个文件会出现在 tools\boot_loader\examples\i2c\tftp\evmc66xxl\bin 文件夹里。

2) 在 CCSV5 中运行 i2ctftpboot 例程:

(1) 将 EVM 双列直插开关调至 no boot/EMIF16 boot 模式。

(2) 向 CCS 中载入程序 i2ctftpboot_evm66xxl. out,路径是 tools\boot_loader\examples\i2c\tftp\evmc66xxl\bin\i2ctftpboot_evm66xxl. out

(3) 将 EVM 与 PC 的串行口用 3 线 RS - 232 电缆连接,启动超级终端。

(4) 创建一个新的连接,波特率设置为 115200bps,数据位 8,奇偶校验位 0,停止位 1,无流量控制,确保串行通信端口的设置是正确的。

(5) 在 CCS 中运行程序,i2ctftpboot 将发送 hello world booting 信息至 CCS 控制台和超级终端。

3) 从 TFTP boot i2ctftpboot 的步骤:

(1) 确保将 IBL 编程到 I²C EEPROM,总线地址为 81(0x51),如果 IBL 没有被编程,参考 tools\ boot_loader\ibl\doc\README. txt,这里详细介绍了如何将 IBL 编程至 EEPROM。

(2) 默认状态下,IBL 将从 TFTP 引导一个 BBLOB image。为了运行这个实例,我们需要将 TFTP boot image 格式化到 ELF:

① 在 tools\boot_loader\ibl\src\make\bin\i2cConfig. gel 中,将 setConfig_c66xx_main ()中的语句 ibl. bootModes[2]. u. ethBoot. bootFormat = ibl_BOOT_FORMAT_BBLOB,替换成 ibl. bootModes[2]. u. ethBoot. bootFormat = ibl_BOOT_FORMAT_ELF;

② 重新编程 boot 配置表,参考 tools\boot_loader\ibl\doc\README. txt 如何将其编程为 EEPROM。

(3) 启动 TFTP 服务器(用户可以从 http://tftpd32. jounin. net 下载免费的开源应用软件),复制 tools\boot_loader\examples\i2c\tftp\evmc66xxl\bin\ i2ctftpboot_evm66xxl. out 文件至 TFTP 的根目录下,将 i2ctftpboot_evm66xxl. out 重命名为 app. out。

(4) 设置 PC 的 IP 地址,将 TFTP 服务器运行在 192. 168. 2. 101,因为默认状态下 IBL 设置 EVM 的 IP 地址为 192. 168. 2. 100,TFTP 的 IP 地址为 192. 168. 2. 101。

(5) 将双列直插开关转换到 I²C 主控模式,总线地址 0x51,boot 参数索引为 4。

（6）保证 EVM 和 PC 连接在局域网的一个子网内，上电复位后，IBL 将从 TFTP 下载镜像，并启动。

7.3.5　SRIO Boot 例程

SRIO boot 实例用来帮助用户通过高速串行 IO 口实现 quick boot DSP。本实例包括 3 个 CCSv5 的工程项目来创建 DDR 初始化镜像，Hello World boot 镜像和主机 boot 实例应用程序。

7.3.5.1　DDR 初始化 Boot 镜像

DDR 初始化工程项目使用 BIOS MCSDK 平台库来初始化 DDR。

构建 DDR 初始化的过程：

● 在 CCSV5 中从 tools\boot_loader\examples\srio\srioboot_ddrinit\evmc66xxl 导入工程项目。

● 清空并 re‐build 工程。

● 相应的.out 文件和.map 文件会在同目录的 bin 文件夹下生成。

● 在同目录下的 bin 文件夹中运行 srioboot_ddrinit_elf2HBin.bat，这个批处理文件进行了如下文件转换：

（1）使用 Code Gen　hex6x.exe utility 将 ELF 格式的.out 文件转化成 ASCII 十六进制格式的 boot table 文件。

（2）使用 Bttbl2Hfile.exe 将 boot table 文件转化成标题文本文件（header text file）。

（3）使用 hfile2array.exe 将标题文本文件转化成带有镜像数据数组的表头文件。

（4）复制转化过的表头文件到 tools\boot_loader\examples\srio\srioboot_example\src 目录下，这样 boot 镜像可以被连接入主机 boot 实例应用程序中去。

7.3.5.2　Hello World 例程 Boot 镜像

Hello World 工程项目使用 BIOS MCSDK 平台库去初始化 UART（异步通信串口），一旦 UART 开始运行它将打印"Hello World"并且为所有 DSP 核心向 UART 引导信息。

构建 HelloWorld 例程的过程：

（1）在 ccsv5 中从 tools\boot_loader\examples\srio\srioboot_helloworld\evmc66xxl 目录下导入工程项目。

（2）清空并 re‐build 工程。

（3）在同目录 bin 文件夹下产生.out 和.map 文件。

（4）运行 bin 文件夹下的 helloworld_elf2HBin.bat 文件，这个批处理文件进行了如下的文件转换：

① 使用 Code Gen hex6x.exe utility 将 ELF 格式的.out 文件转化成 ASCII 十六进制格式的 boot table 文件。

② 使用 Bttbl2Hfile.exe 将 boot table 文件转化成标题文本文件（header text file）。

③ 使用 hfile2array.exe 将标题文本文件转化成带有镜像数据数组的表头文件。

④ 复制转化过的表头文件到 tools\boot_loader\examples\srio\srioboot_example\src 目录下，这样 boot 镜像可以被连接入主机 boot 实例应用程序中去。

7.3.5.3　Host Boot Example Application

主机引导实例工程项目使用 BIOS MCSDK 平台库去初始化 DDR,它首先将 DDR 初始引导镜像数据通过 SRIO 向远端的 booting EVM 压入核心 0 的 L2 内存,然后向 SRIO boot magic address(指[1] to SRIO boot details)写入 DDR 初始引导镜像的入口地址,通过 SRIO 向核心 0. 在 DSP 核心 0 上运行的 RLB polls 这个入口地址,跳转至这个地址并且开始 boot (初始化 DDR)。在 DDR 适当的初始化之后,DDR 初始代码将持续测试 SRIO boot magic address。

主机引导实例将 Hello World 引导镜像数据压入通过 SRIO 远端引导 EVM 的 DDR 存储器,然后向 SRIO boot magic address on Core 0 写入 Hello World 引导镜像的入口地址。核心 0 开始引导并且打印出"Hello World"引导信息,然后引导其他所有的核心,通过向 SRIO boot magic address on other cores 写入 write_boot_magic_number()函数的入口地址,向其他核心发送 IPC 中断。在其他核心上运行的 RBL 将跳转至 write_boot_magic_number()函数并且开始引导,每个核心向其 SRIO boot magic address 写入 0xBABEFACE。

注意主机引导应用程序在将 DDR 初始引导镜像压入时以及向远端 EVM 压入 Hello World 引导镜像之前,需要等待一段时间,这样可以确保 DDR 在远端 EVM 的适当的初始化。

主机 boot 实例的过程:

- 导入工程。
- 清空并且 re - build。
- 生成. out 和. map 文件。

7.3.5.4　建立测试(Test Setup)

执行测试需要两个转接板(breakout boards)和两个 EVM:

- 将一个转接板的 SRIO 的 Lane0 - 3 与另外一个转接板相连,必须注意 lane n 的编号与另外一个板的 lane n 的编号相连,不能连错。
- 将两块 EMV 板插入两块转接板的 AMC 插槽。
- 根据如下提示,设置 EVM 板的 boot DIP 跳线。对于 C6678L EVM,设置如表 7 - 8 所示:

表 7 - 8　EVM 板不同 Boot 模式的 DIP 跳线

SW3(pin1, 2, 3, 4)	SW4(pin1, 2, 3, 4)	SW5(pin1, 2, 3, 4)	SW6(pin1, 2, 3, 4)
(off, off, on, on)	(on, on, on, off)	(on, off, on, off)	(off, on, on, on)

上述设置表示这块板子将从 SRIO 启动。参考时钟为 312.5 MHz,速率为 3.125 GBs,lane 建立了 4 - 1x 端口,以及 DSP 的系统 PLL 工作在 100 MHz。

- 将需要启动的 EVM 板与 PC 的串口通过 RS - 232 连接,连接 JTAG emulator 到主机 EVM
- 给两块 EVM 单板上电。
- 打开超级终端(Hyper Terminal)或者 Tera Terminal connection,设置波特率为 115200 bps,数据 8 - bit,无校验,1 bit 停止位,以及无流控制。

- 使用 CCSV5 连接主机 EVM，加载运行 srioboot_example_evm66xxl.out 文件
- 主机 EVM 的 CCS 的 console 窗口会显示下面的信息：

> [C66xx_0] SRIO Boot Host Example Version 01.00.00.01
>
> [C66xx_0]
>
> [C66xx_0] Transfer DDR init code via SRIO successfully
>
> [C66xx_0] Transfer boot code via SRIO successfully

- 超级终端会从 booting 的 EVM 中显示如下信息（见图 7-8）。

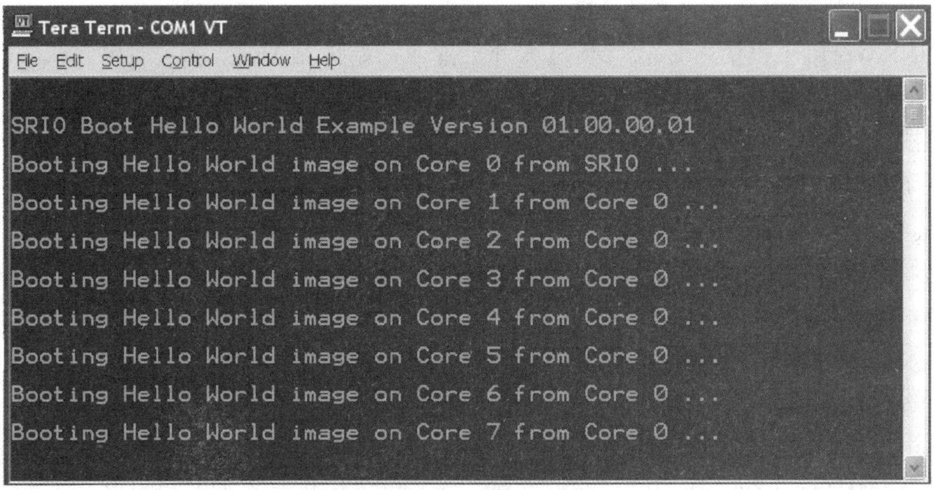

图 7-8　测试终端上显示的结果

7.3.6　PCIe 启动示例

PCIe 启动范例是为了帮助用户通过 PCIe 迅速启动 DSP。启动范例包括：

- 一个多核心的 HelloWorld 启动范例，它包含两个 CCS 工程，分别建立 DDR 初始化启动镜像和 HelloWorld 启动镜像
- 除了 HelloWorld 启动范例之外，一个从 0 核心 POST 启动的范例
- 通过 Linux 主机 PCIe 装载代码来实现 PC 存储器和 DSP 存储器之间的映射。它的目的是通过 PCIe 把启动范例装载进 DSP。

DDR 初始化启动镜像，DDR 初始化工程使用 BIOS MCSDK 平台库来初始化 DDR。

7.3.6.1　DDR 初始化步骤

- 在 CCSV5 中，导入 tools\boot_loader\examples\pcie\pcieboot_drinit\evmc66xxl 里的工程
- 清除并重新生成工程
- pcieboot_ddrinit_evm66xxl.map 和 pcieboot_ddrinit_evm66xxl.out 两个文件会在 tools\boot_loader\examples\pcieboot_ddrinit|evmc66xxl\bin 下自动生成。注：已经被.out 文件占用的本地 L2 存储不能被用户的应用使用，请仔细检查.map 文件，magic 地址（0x0087FFFC 用于 TMS320C6678；0x008FFFFC 用于 TMS320C6670）也不能被使用。

● 运行 tools\boot_loader\examples\pcie\pcieboot_ddrinit\evmc66xxl\bin 下的 pcieboot_ddrinit_elf2HBin. bat 文件,该批处理文件将会执行如下的文件转换:

① 使用代码生成工具 hex6x. exe 将 ELF 格式的. out 文件转换为 ASCII 码十六进制格式的引导表文件

② 使用 Bttbl2Hfile. exe 把引导表文件转换为标题文本文件

③ 使用 hfile2array. exe 把标题文本文件转换到一个带有镜像数据数组的头文件

④ 把转化好的头文件移动到 tools\boot_loader\examples\pcie\linux_host_loader 文件夹下

7.3.6.2 HelloWorld 启动镜像

HelloWorld 工程使用 BIOS MCSDK 平台库来初始化 UART,它会打印"Hello World"信息,并在运行时为所有的 DSP 核心把启动信息加载到 UART。

建立 HelloWorld 的步骤如下:

● 在 CCSV5 中,导入 tools\boot_loader\exmaples\pcie\pcieboot_helloworld\evmc66xxl 下的工程

● 清除并重新生成项目

● pcieboot_helloworld_evm66xxl. map 和 pcieboot_helloworld_evm66xxl. out 两个文件会在 tools\boot_loader\examples\pcie\pcieboot_helloworld\evmc66xxl\bin 下自动生成。注:已经被使用的 DDR 存储(所有核心)都不能被用户的程序使用;同样的,已经被一些私有核心(. stack,. bss,…)使用的本地 L2 存储也不能被用户使用。请仔细检查. map 文件。

● 运行 tools\boot_loader\examples\pcie\pcieboot_helloworld\evmc66xxl\bin 下的 helloworld_elf2HBin. bat 文件,该批处理文件与 pcieboot_ddrinit_elf2HBin. bat 一样,执行类似的文件转换。

7.3.6.3 POST 启动镜像

现有 POST 被用于为另一个 PCIe 启动范例。POST 使用 BIOS MCSDK 平台库来做一个板测试,结果可以通过 UART 显示。POST 启动镜像的准备步骤:

运行 tools\boot_loader\examples\pcie\pcieboot_post\evmc66xxl\bin 下的 pcieboot_post_elf2HBin. bat 文件,该批处理文件首先把 post_evm66xxl. out 文件从 tools\post\evmc66xxl\bin 文件夹下复制到 tools\boot_loader\examples\pcie\pcieboot_post\evmc66xxl\bin 文件夹下,然后它与 pcieboot_ddrinit_elf2HBin. bat 一样,执行类似的文件转换。

7.3.6.4 PCIe 的 Linux 主机加载程序代码

PCIe 的 Linux 主机加载程序代码有如下功能:

● 在 PC 存储器和 DSP 存储之间做一个内存映射要求 DSP 中开辟四块内存分别与 PCIe 的寄存器 BAR0,BAR1,BAR2 和 BAR3 对应:

① 对 6678:4 K,512 K,4 M 和 16 M 分别对应 PCIe 应用寄存器,本地 L2 存储,共享 L2 存储和 DDR3;

② 对 6670:4 K,1 M,2 M 和 16 M 分别对应 PCIe 应用寄存器,本地 L2 存储,共享 L2 存储和 DDR3;

在 PCIe 初始化代码中,当选择 PCIe 在 EVM 上的启动方式时,BAR masks 被配置。

● 通过链接应用寄存器(如 IB_BARn,IB_STARTn_LO,IB_STARTn_HI 及 IB_OFFSETn(n = 0,1,2,3))来配置 PCIe 内部地址翻译(见图 7 - 9)。

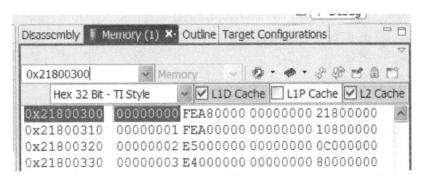

图 7 - 9　配置 PICE 带内地址

● 提供 DSP 存储器读写 API:

① Uint32 ReadDSPMemory(Uint32 coreNum,Uint32 DSPMemAddr,Uint32 * buffer,UINT32 length)

② Uint32 WriteDSPMemory(Uint32 coreNum,Uint32 DSPMemAddr,Uint32 * buffer,UINT32 length)

● 从启动范例头矩阵文件中解析出启动入口地址、章节大小和章节起始地址,并将启动输入通过 API 载入 DSP 存储器。

● 通过 API 将启动入口地址写入 magic 地址。

1) 构建和运行 Linux 主机装载的步骤

● 在一台 Linux 机器上创建一个文件夹(如 pcie_test)。从 tools\boot_loader\examples\pcie\linux_host_loader 中把 pciedemo. c,Makefile,pcieDdrInit_66xx. h,pcieBootCode_66xx. h 和 post_66xx. h 复制到该文件夹中。

● 把目录更改为"pice_test",更新 Makefile 里面的 KDIR 到系统(可以从"uname-a"命令中得到提示)。

● 输入"make",创建一个 pciedemo. ko 文件。

● 默认情况下,这将在 6678 上建立 HelloWorld 示例,这个示例将由 pciedemo. c 文件中的如下 Marcos 控制:

```
#define HELLO_WORLD_DEMO    1
#define POST_DEMO           0
#define EVMC6678L           1
#define EVMC6670L           0
```

如果你想建立 POST 示例或 6670 的示例,请切换上述代码中相应的 0 和 1。例如,对于在 6670 上的 POST 示例,代码调整如下:

```
#define HELLO_WORLD_DEMO    0
#define POST_DEMO           1
```

$$\#\text{define EVMC6678L} \qquad 0$$
$$\#\text{define EVMC6670L} \qquad 1$$

然后,输入"make clean",然后输入"make"重建 pciedemo. ko。

● 把模块插入到内核中,可以键入"sudo insmod pciedemo. ko"指令;要查看内核消息,可以键入"dmesg"指令;要从内核中移除这个模块,可以键入删除"sudo rmmod pciedemo. ko"指令。

2) HelloWorld 启动范例工作原理

Linux 主机首先把 DDR 初始化启动镜像数据推送至核心 0 的 L2 存储器,然后把 DDR 初始化启动镜像的启动入口地址写入核心 0 的 magic 地址,两者都通过 PCIe 进行传输。当 EVM 处于 PCIe 引导模式时,在 DSP 核心 0 中运行的 IBL 代码会找到并跳转到该地址,同时开始启动(初始化 DDR)。在 DDR 被初始化后,DDR 初始化代码将会清除 magic 地址并不断轮询它。

然后,Linux 主机会把 HelloWorld 的引导镜像数据推送到 DDR 存储器,然后把 HelloWorld 启动镜像的入口地址写入核心 0 的 magic 地址来引导核心 0 启动。核心 0 开始启动并且打印启动信息"HelloWorld",然后通过把_c_int00 的地址写入其他核心的 magic 地址和向其他核心发送 IPC 中断的方式来启动所有其他的核心。其他核心上运行的 RBL 将会跳转到_c_int00 并开始启动,每个核心将会通过运行函数 write_boot_magic_number() 写入 0xBABEFACE 到它的 magic 地址。

注意:在 DDR 初始化启动镜像被推送后和 HelloWorld 启动镜像被推送到 DDR 之前,主机启动的应用程序需要等待一段时间,这段时间保证了 DDR 已经被正确初始化。

3) POST 启动范例工作原理

POST 启动范例仅使用 L2 存储器。Linux 主机首先把 POST 启动镜像数据推到核心 0 的 L2,然后把 POST 的引导入口地址写入到核心 0 的 magic 地址,两者都通过 PCIe 进行传输。在 DSP 核心 0 中运行的 IBL 代码会找到并跳转到该地址,同时开始启动。

注:在这两个范例中,IBL(本地 L2)负责监控 magic 地址和启动 DDR 初始化(本地 L2) 或启动 POST(本地 L2)。如果想要加载自己的启动范例代码,那么代码不应该与 IBL 代码发生冲突。通常,IBL 使用的内存范围是从 0x00800000 到 0x0081BDFF。要了解确切的内存使用情况,可以通过执行 tools\boot_loader\ibl\doc\build_instructions. txt 文件中的指令重建 IBL 并且在 ibl_c66x_init. map 文件得到结果。另外,以下的本地 L2 为 RBL 保留,不应该被使用:

对 6678:ROM PG 1. 0,0x00872DC0—0x0087FFFF;对 6670:ROM PG 1. 0,0x008F2DC0—0x008FFFFF。

7.3.6.5 测试设置和预期结果

测试需要一个 AMC 到 PCIe 的适配卡,一个 TMS320C66xxL EVM 卡和一台装有 Linux 的 PC,如图 7 - 10 所示。

该测试在 TMS320C6670L 和 TMS320C6678L 上均适用,配合一台 32 位的运行 Ubuntu 10. 04 的 Linux PC。其他 32 位 Linux 操作系统也可以正常工作。

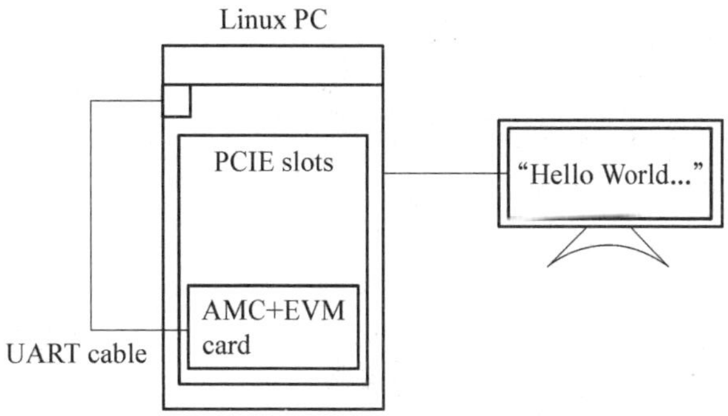

图 7-10　建立系统测试框图

● 在连接系统之前,请通过执行 tools\boot_loader\ibl\doc\evmc66xx-instructions. txt 文件里的步骤 1 和步骤 2 来更新来自 MCSDK 的最新的 IBL。对于步骤 1,在总线地址 0x51 上的 EEPROM 编程 IBL 时,确保指令使用的是来自 tools\write\eeprom\evmc66xxl\bin\ eepromwriter_input. txt 中的"swap_data =0"。

● 通过下面的开关配置设置 PCIe 启动的 EVM 卡如表 7-9 所示:

表 7-9　PCIe Boot 模式的 DIP 跳线设置

SW3 (pin1,2,3,4)	SW4 (pin1,2,3,4)	SW5 (pin1,2,3,4)	SW6 (pin1,2,3,4)	SW9 (pin1)
(off,on,on,off)	(on,on,on,on)	(on,on,on,off)	(off,on,on,on)	(on)

● 把 EVM 卡插入适配器卡

● UART 端口既可以通过 Mini-USB 连接器(USB1)连接,也可以通过 3-针 RS232 串行端口接头(COM1)连接。该选择可以通过 UART 路线选择连接器 COM_SEL1 来实现:

① UART 连接 USB(默认):分流器安装在 COM_SEL1. 3-COM_SEL1. 1 和 COM_SEL1. 4-COM_SEL1. 2

② UART 连接 3 针接头 LAN1:分流器安装在 COM_SEL1. 3-COM_SEL1. 5 和 COM_SEL1. 4-COM_SEL1. 6

③ 把 URAT 从 EVM 卡连接到 LinuxPC 的 USB 端口或串行端口需要特定的访问方法

● 完全关闭 PC 电源供应(通过断开电源线),把 AMC 适配卡(带 TMS320C66xxL EVM 卡)插入 PC 主板上的一个闲置的 PCIe 插槽

● 给电脑供电,等待几秒钟,开机

● 通过检查以下步骤来确保 PCIe 设备已经正确地连接到 PC,注意:在 IBL 编程时, DEVICE_ID 区域从 0x8888 到 0xb005 的部分被更改。

① 电脑启动时,要进入 PC 的 BIOS 设置,需要把一个新的 PCIe 设备插入 Shannon 卡所在的 PCIe 卡槽,同时显示为"多媒体设备"。

② 或者,在 Linux 操作系统加载后,输入 Linux 指令"lspci - n",TI 设备(VENDOR_ID:0x104c)应该显示在列表中:

local - ubuntu:～$ lspci - n

00:00.0 0600:8086:2774

00:1 B. 0 0403：8086：27 D8(rev 01)

....

00:1 F. 3 0c05：8086：27 DA(rev 01)

01：00. 0 0480：104C：B005(rev 01)

03：00. 0 0200：14e4：1677(rev 01)

同样的，可以输入"lspci"，

local - ubuntu：～$ lspci

....

00:1f. 3 SMBus：Intel Corporation N10/ICH 7Family SMBus Controller（rev 01)

01:00. 0 Multimedia controller：Texas Instruments Device b005（rev 01)

....

● PCIe BARn(n = 0,1,2,…,5)寄存器在被 linux PC 枚举后写入数据，数据应该是非零。或者，如果一个 JTAG 仿真器是可用的，可以通过观察从 0x21801010 开始的共 6 个 32 位字的数据来判断(见图 7‐11)。下面是一个例子。

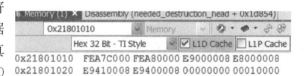

图 7‐11　通过内存地址确认 JTAG 仿真器

● 在 Linux 的 PC 上准备好 pciedemo. ko，请参阅第 7.1 节。

● 在 Linux PC 上打开一个新的终端窗口运行 minicom。首先运行"sudo minicom - s"来正确配置：115200bps，8‐N‐1，Hardware flow control：OFF，Software：OFF，并选择正确的串行设备。保存然后运行"sudo minicom"来监控端口。

● 键入"sudo insmod pciedemo. ko"

◇ 对于 HelloWorld 的示例，应该看到 minicom 上打印出的下列信息(见图 7‐12)。

6678 示例：

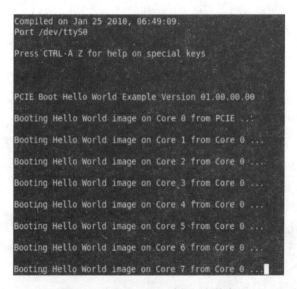

图 7‐12　PCIe Boot 过程打印信息

或者,如果一个 JTAG 仿真器是可用的,我们可以推断其他核心而不是核心 0 对应的 PC 寄存器在内部 DDR;同时其他核心而不是 0 核心的 magic 地址应该被写在 0xBABEFACE。

◇ 对于 POST 示例,应该看到 minicom 上打印的如下信息(见图 7 - 13)。

6678 示例:

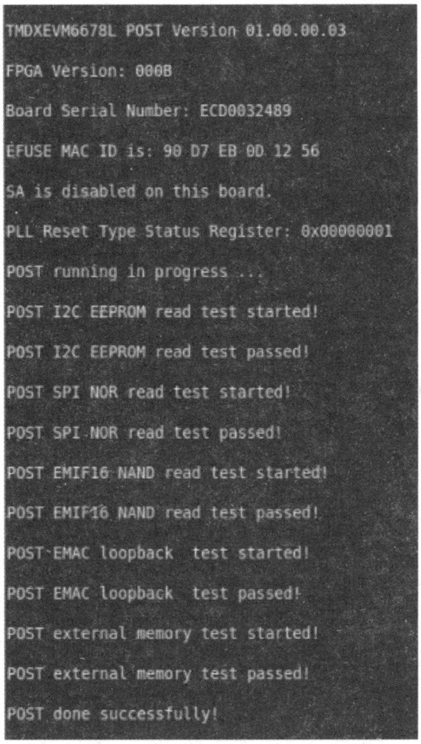

```
TMDXEVM6678L POST Version 01.00.00.03

FPGA Version: 000B

Board Serial Number: ECD0032489

EFUSE MAC ID is: 90 D7 EB 0D 12 56

SA is disabled on this board.

PLL Reset Type Status Register: 0x00000001

POST running in progress ...

POST I2C EEPROM read test started!

POST I2C EEPROM read test passed!

POST SPI NOR read test started!

POST SPI NOR read test passed!

POST EMIF16 NAND read test started!

POST EMIF16 NAND read test passed!

POST EMAC loopback test started!

POST EMAC loopback test passed!

POST external memory test started!

POST external memory test passed!

POST done successfully!
```

图 7 - 13　PCIe Boot 成功打印信息

● 为了查看内核日志,可以键入"dmesg"

Hello World:

6678 示例:

[315.662991] Finding the device....

[315.663005] Found TI device

[315.663009] TI device:vendor=0x0000104c, dev=0x0000b005, dev=0x00000000, irq=0x00ff, bus=0xf74ca400

[315.663011] Reading the BAR areas....

[315.663866] Enabling the device....

[315.663884] pci 0000:01:00.0:PCI INT A→GSI 16 (level, low)→IRQ 16

[315.663891] pci 0000:01:00.0: setting latency timer to 64

[315.663906] Access PCIe application register....

[315.663910] Boot entry address is 0x1082c880

[315.665831] Total 4 sections, 0xd3c0 bytes of data written to core 0

［315.710097］Boot entry address is 0x8000c9e0

［315.711802］Total 4 sections，0xd67c bytes of data written to core 9

◇ 邮寄：

6678 示例：

［192.367639］Finding the device....

［192.367658］Found TI device

［192.367663］TI device：vendor＝0x0000104c，dev＝0x0000b005，dev＝0x00000000，irq＝0x00ff，bus＝0xf74ca400

［192.367669］Reading the BAR areas....

［192.368931］Enabling the device....

［192.368952］pci 0000：01：00.0：PCI INT A→GSI 16（level，low）→IRQ 16

［192.368962］pci 0000：01：00.0：setting latency timer to 64

［192.368978］Access PCIe application register....

［192.368985］Boot entry address is 0x839ee0

［192.370500］Total 3 sections，0xa888 bytes of data written to core 0

7.4　TMS320C6678 boot 在 EVM 板上实例精解

DSP 由于具有较快的工作频率，应用程序可以在其 RAM 或者外挂的 DDR2/3 中高速运行，但在系统断电的情况下，RAM 中的程序将自动消失，下次运行必须将程序重新调入，因此大部分的 DSP 都需要一个 Bootload 的过程，就是将应用程序从外设加载到内部运行的过程。应用程序可以存储到掉电非易失的 EEPROM、Flash 存储芯片中，也可以通过接口由其他处理器加载，这些接口包括网口、RapidIO、HyperLink、PCIe 等。

传统的单核 DSP 启动加载过程相对于比较简单，主要由芯片内置的 ROM 程序完成。该程序固化在 DSP 芯片内，但其容量较少，只能加载不超过 1 KB 的程序代码，如果应用程序超过 1 KB，用户就必须在其基础上增加一个二次启动过程，启动步骤可以描述为：

（1）上电自动启动 DSP 内置的 ROM 程序。

（2）ROM 程序读取硬件配置状态，选择设定的加载方式。

（3）ROM 程序根据加载方式读取二次启动程序。

（4）运行二次启动程序。

（5）二次启动程序读取应用程序。

（6）完成启动后，开始运行应用程序。

从软件固化的思想考虑，绝大多数启动方式都将代码放入 EEPROM 或者 flash 作为启动镜像。但由于 EEPROM 容量小，造价高，所以 I²C 启动模式主要应用于代码量较小的 Demo 板或其他测试板卡中。最常用的基于 flash 的加载方式是通过 EMIF 口或 SPI 接口进行 Nor、Nand flash 的烧写进行启动。

7.4.1　TMS320C6678 的 EMIF16 NOR Flash 程序自加载实例精解

一般情况，C6678 的加载实质上就是将各个内核的代码按段分别写到各自的 L2 SRAM.这个过程的实现可以用很多种方式，如前所述有多种 bootmode，比如 EMIF16 boot、SRIO boot、Ethernet boot、PCI boot、SPI boot、Hyperlink boot 等，这几种加载方式虽然过程不尽相同，但是目的是一样的。

在 C6678 的地址空间 0x20B00000 到 0x20B1FFFF 间集成了 128 K 的内部 ROM。此 ROM 中固化了一段叫作"boot loader"的引导代码，它的主要作用是在 C6678 上电时，对 C6678 进行必要的配置，以便辅助 EMIF/PCI/SRIO 等接口进行加载；另外，它还可以将代码从外部存储器读到内部 L2 SRAM，以完成代码加载。

C6678 有 8 个核，但 Rom code 只有一份，因此 8 个核统一执行 Rom code 的代码，Rom code 会根据核号（即 DNUM）进行不同的分支。对于 core0 来说，它主要是读取 DEVSTAT 寄存器（反映加载模式以及一些参数配置，具体是由 Bootmode pin[12：0]设置）的加载模式，并根据当前加载模式进行一些接口的初始化和 PLL 的配置，还要根据加载模式决定是否搬移数据，若需要搬移，比如 SPI boot，就要将 SPI 外接 ROM 的代码按段加载到 C6678 的内存中。若不需要搬移，比如 EMIF16 加载，就直接跳到 EMIF16 外接 Nor Flash 的起始地址开始执行。对于其他的 7 个核来说，它们主要是挂载 IPC 中断，然后进入 IDLE 状态等待 core0 发过来的中断。中断一到，就跳到入口地址开始执行程序。

7.4.1.1　C6678 的 EMIF16 加载过程

C6678 多核 DSP 的 EMIF16 自启动与以前 C64x 系列的 DSP 不同，他没有自动从 Flash 拷贝 1 K 代码到 RAM 的过程。而是在 RBL 执行完之后，直接跳转到 Flash 去执行代码。如果用户觉得代码在 flash 中执行太慢，需要将代码从 Flash 中加载到 Ram 中执行的话，用户需要自己编写搬运代码，实现用户代码从 flash 到 RAM 的拷贝。下面给出这一过程的参考。

1）core0 加载

C6678 的 EMIF16 加载是一种直接从 Nor Flash（必须挂在 CE2 空间：0x70000000）加载 core0 的模式，不需要 I²C EEPROM 的参与，由 Rom code 初始化 EMIF16 接口，并且由于 EMIF16 外接 Nor Flash 是一种 XIP 器件（eXecute In Place：即可以在芯片内执行），因此直接跳到 Nor Flash 的起始地址处开始执行。

为了将 Nor Flash 中的代码搬移到 C6678 的 core0 的 L2 SRAM 中，需要在 core0 的待加载工程中编写引导代码，此引导代码的作用就是将 core0 的代码按段加载到内存中，最后跳到入口地址处开始执行。此段引导代码用汇编语言编写，命名.bootload 段，放在 L2 SRAM 的前 1 KB 空间，并烧写到 Nor Flash 的前 1 KB 空间，应用代码放到 1 KB 后面，如图 7‑14 所示。

2）Core0 加载其他核

在多核加载过程中，core0 是主核，core1～core7 是从核，由 core0 加载其他核的代码，具体步骤是：

（1）上电后，core0 完成程序加载，并跳到入口地址开始执行程序。

（2）在 core0 主程序中，core0 从 Nor Flash 中读取 core1 的代码，并按段加载到 core1 的 L2 SRAM，然后将 core1 程序的入口地址写到 core1 的 BOOT_MAGIC_ADDRESS，即 L2

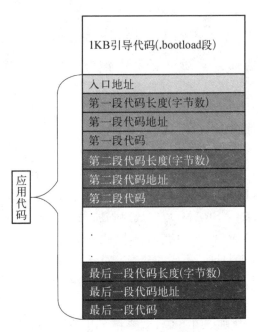

图 7 - 14 Nor Flash 空间分配

SRAM 的最后 4 个字节地址：0x1187FFFC,最后向 core1 发送 IPC 中断,即写寄存器 IPGR1＝0x1,其他核的加载过程一样。具体程序流程如图 7 - 15 所示。

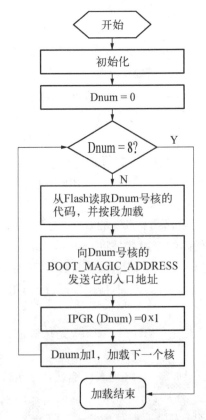

图 7 - 15 EMIF16 多核加载过程

各个核的 Nor Flash 空间分配如表 7 - 10 所示：

表 7 - 10　各个核 Flash 空间分配

	起始地址	结束地址	长度
Core0	0x70000000	0x701FFFFF	2 MB
Core1	0x70200000	0x703FFFFF	2 MB
Core2	0x70400000	0x705FFFFF	2 MB
Core3	0x70600000	0x707FFFFF	2 MB
Core4	0x70800000	0x709FFFFF	2 MB
Core5	0x70A00000	0x70BFFFFF	2 MB
Core6	0x70C00000	0x70DFFFFF	2 MB
Core7	0x70E00000	0x70FFFFFF	2 MB

7.4.1.2　操作步骤详解

编译环境 CCS5.0.3,在 C6678 EMIF16 地址 0x70000000 上外挂一个 P30 系列的 NOR FLASH,规格为 16 M×16 bit,下面是参考代码。

(1) 首先生成.out 文件,linker 的 CMD 文件和 boot loader 汇编文件如下:

```
/********************************************************/
linker 的 CMD:
/********************************************************/
- c
- heap 0x41000
- stack 0xa000
MEMORY
{
    L1PSRAM (RWX)   : org = 0x0E00000,  len = 0x7FFF
    L1DSRAM (RWX)   : org = 0x0F00000,  len = 0x7FFF
    L2SRAM (RWX)    : org = 0x0800000,  len = 0x080000
    MSMCSRAM (RWX)  : org = 0xc000000,  len = 0x200000
    DDR3 (RWX)      : org = 0x80000000, len = 0x10000000
    boot            : o  = 0x70000000  l   = 0x00000200
    FLASH           : o  = 0x70000200  l   = 0x3FFE00
}
SECTIONS
{
    "bootload" : {} > boot
    .text      : {} > FLASH   run = MSMCSRAM, LOAD_START(FLASH_TEXT_START),
```

```
RUN_START(RAM_TEXT_START),  SIZE(TEXT_SIZE)
.cinit   : {} > FLASH  run = MSMCSRAM, LOAD_START(FLASH_CINIT_START),
RUN_START(RAM_CINIT_START),  SIZE(CINIT_SIZE)
.const   : {} > FLASH  run = MSMCSRAM, LOAD_START(FLASH_CONST_START),
RUN_START(RAM_CONST_START),  SIZE(CONST_SIZE)
.switch  : {} > FLASH  run = MSMCSRAM, LOAD_START(FLASH_SWITCH_START), RUN_
START(RAM_SWITCH_START), SIZE(SWITCH_SIZE)
.csl_vect : {} > FLASH  run = MSMCSRAM, LOAD_START(FLASH_VECT_START),
RUN_START(RAM_VECT_START),  SIZE(VECT_SIZE)
GROUP (NEAR_DP)
{
    .neardata
    .rodata
    .bss
} load > MSMCSRAM
    .stack > MSMCSRAM
    .cio > MSMCSRAM
    .data > MSMCSRAM
    .sysmem > MSMCSRAM
    .far > MSMCSRAM
    .testMem > MSMCSRAM
    .fardata > MSMCSRAM
}
/*******************************************************/
boot loader 汇编代码:
/*******************************************************/
.ref    _c_int00
.ref    FLASH_TEXT_START
.ref    RAM_TEXT_START
..........
.ref FLASH_VECT_START
.ref RAM_VECT_START
.ref VECT_SIZE
.sect "bootload"
_boot_start:
nop  5
mvkl  copyTable, a3 ; load table pointer
mvkh  copyTable, a3
```

```
copy_section_top:
ldw   * a3 + + , b0 ; byte count
ldw   * a3 + + , b4 ; load flash start (load) address
ldw   * a3 + + , a4 ; ram start address
nop   2
[! b0]   b copy_done
nop   5
copy_loop:
ldb   * b4 + + ,b5
sub   b0,1,b0   ; decrement counter
[ b0]   b copy_loop   ; setup branch if not done
[! b0]   b copy_section_top
zero   a1
[! b0]   and   3,a3,a1
stb   b5, * a4 + +
[! b0]   and   - 4,a3,a5   ; round address up to next multiple of 4
[ a1]   add   4,a5,a3   ; round address up to next multiple of 4
copy_done:
mvkl .S2 _c_int00, B0
mvkh .S2 _c_int00, B0
b .S2 B0
nop   5
copyTable:
;; .text
.word TEXT_SIZE
.word FLASH_TEXT_START
.word RAM_TEXT_START
;; .cinit
.word CINIT_SIZE
.word FLASH_CINIT_START
.word RAM_CINIT_START
;; .const
.word CONST_SIZE
.word FLASH_CONST_START
.word RAM_CONST_START
;; .switch
.word SWITCH_SIZE
.word FLASH_SWITCH_START
```

```
. word RAM_SWITCH_START
;; . vect
. word VECT_SIZE
. word FLASH_VECT_START
. word RAM_VECT_START
;; end of table
. word 0
. word 0
. word 0
```

（2）由第一步的. out 文件转换为. hex 文件,其中 HEX6X. exe 所使用的 CMD 文件如下：

```
Debug /mwg519a_test. out
- a
- memwidth  16
- image
ROMS
{
    FLASH: org = 0x70000000, len = 0x10000, romwidth = 16, files = {mwg519a_test. hex}
}
/////////////////////////////////////////
```

（3）由第二步的. hex 文件转换为. dat 文件,转换工具 b2ccs. exe(C: \Program Files\ Texas Instruments\mcsdk_2_00_05_17\tools\boot_loader\ibl\src\util\btoccs)输入参数为：mwg519a_test. hex mwg519a_test. dat。

（4）由第三步的. dat 文件转换为. bin 文件,转换工具 ccs2bin. exe(C: \Program Files\ Texas Instruments\mcsdk_2_00_05_17\tools\ boot_loader\ibl\src\util\btoccs)输入参数为：mwg519a_test. dat mwg519a_test. bin。

（5）NOR FLASH 烧写：

NOR FLASH 烧写可以使用 TI 提供的工具,也可以自己编写 Flash 的小工具：具体流程,使用 fopen 以"RB"模式打开输入文件"mwg519a_test. bin",每 次读出两个 byte,然后写入 NOR FLASH(从 0x70000000 开始)。

7.4.2　基于以太网方式的多核 BOOT 实现过程以及实例精解

7.4.2.1　制作 boot image
下面给出详细的操作步骤：
Step1 把 out 文件转成 boot table
hex6x core0. rmd
hex6x core1. rmd
hex6x core2. rmd

*hex*6*x core*3. *rmd*

*hex*6*x core*4. *rmd*

*hex*6*x core*5. *rmd*

*hex*6*x core*6. *rmd*

*hex*6*x core*7. *rmd*

使用 Hex6x 把 out 文件转成 boot table。

Hex 转换工具可以自动地把代码段和数据段插入 boot 表中。Hex 转换工具使用由 linker 嵌入的 out 文件中的信息,决定每个段的目的地址与大小。把这些段添加到 boot 表格中不需要用户的干预。Hex 转换工具将应用程序中所有初始化过的段添加到 boot 表中。Compiler 中提供了工具 hex6x,可以把 out 文件转成 Boot table boot 文件格式转换架构如图 7 - 16 所示。

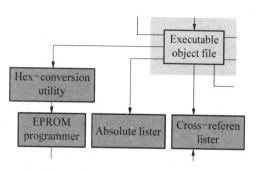

图 7 - 16　boot 文件格式转换架构图

Hex6x 有下列选项(option):

General Options:

− − byte, − byte	Output as bytes rather than target addressing
− − entrypoint, − e = addr	Specify entrypoint address or symbol name
− − exclude, − exclude = section	Exclude section from hex conversion
− − fill, − fill = val	Specify fill value
− − help, − options, − h	Display help
− − image, − image	Select image mode
− − linkerfill, − linkerfill	Include linker fill sections in images
− − map, − map = file	Specify map file name
− − memwidth, − memwidth = width	Specify memory width
− − olength, − olength = num	Number of data items per line of hex output
− − order, − order = L,M	Specify data ordering (endianness)
− − outfile, − o = file	Specify output file names
− − quiet, − quiet, − q	Quiet Operation
− − romwidth, − romwidth = width	Specify rom width
− − zero, − zero, − z	Zero based addressing

Diagnostics Options:

− − diag_error = id	Treat diagnostic <id> as error
− − diag_remark = id	Treat diagnostic <id> as remark
− − diag_suppress = id	Suppress diagnostic <id>
− − diag_warning = id	Treat diagnostic <id> as warning

- - display_error_number	Emit diagnostic identifier numbers
- - emit_warnings_as_errors, - pdew	
	Treat warnings as errors
- - issue_remarks	Issue remarks
- - no_warnings	Suppress warnings
- - set_error_limit = count	Set error limit to <count>

Boot Table Options:

- - boot, - boot	Select boot mode
- - bootorg, - bootorg = addr	Specify origin address or symbol of boot table ROM
- - bootsection, - bootsection = section	
	Specify boot mode section and placement value

Output Format Options:

- - ascii, - a	Output ASCII hex format
- - intel, - i	Output Intel hex format
- - motorola, - m[= 1,2,3]	Output Motorola S hex format
- - tektronix, - x	Output Extended Tektronix hex format
- - ti_tagged, - t	Output TI - Tagged hex format
- - ti_txt	Output TI - TXT hex format

Load Image Options:

| - - load_image | Output Load Image Object format |
| - - section_name_prefix = string Prefix for load image object sections | |

以 core0 的 image 为例, . rmd 文件的内容是:

```
core0. out
- a    // Output ASCII hex format
- boot   // Select boot mode
- e _c_int00   // 指定 entry point
- order L   // 指定 data ordering 是小端
ROMS
{
  ROM1:   org = 0x0400, length = 0x10000, memwidth = 32, romwidth = 32
        files = { core0. btbl } // Specify output file names
}
```

ROMS directive 类似于 cmd 文件的 MEMORY directive。用来定义 target 的 memory map。ROMS directive 的每一个 line entry 定义一个 address range。

图 7 - 17 是生成的 btbl 文件示例。$ A0400 的标识符表示的是 map 地址。虽然

section 的 length 指定为 0x10000，但是生成的这个 btbl 文件的 size 只有 89lines * 24 bytes = 2136 bytes。

```
□
$A0400,
00 80 16 80 00 00 07 E0 00 80 10 00 F2 46 36 47 03 A4 36 96 02 24 36 96
00 00 60 00 20 47 87 E9 20 24 36 97 30 AA 61 20 E2 20 02 02 50 00 A3 5A
20 00 0E 10 32 A4 36 96 32 24 02 96 20 80 89 DA 33 00 80 2A 93 4E 0C 6E
E8 00 20 00 01 98 0A 59 02 98 AE 82 82 81 F9 E6 30 00 24 91 22 81 0C A3
24 A4 20 5A 30 8C 63 63 E0 80 00 00 02 00 99 F8 00 0C 8F 78 C3 24 36 97
01 9C 00 D8 C2 24 36 97 02 0C EF 58 00 12 41 21 04 24 36 94 C2 94 CF FA
C2 95 0C A2 C0 14 8F FB 0F A1 00 18 54 24 36 94 01 9C 00 D8 44 1C 1F D8
02 0C EF 58 00 00 00 00 0F A1 00 18 04 FF ED 18 A4 8E 9C 48 C0 10 10 FB
C0 90 27 A1 48 E6 48 E6 E9 00 20 40 84 1C 36 35 00 81 EB DB C0 90 47 A1
```

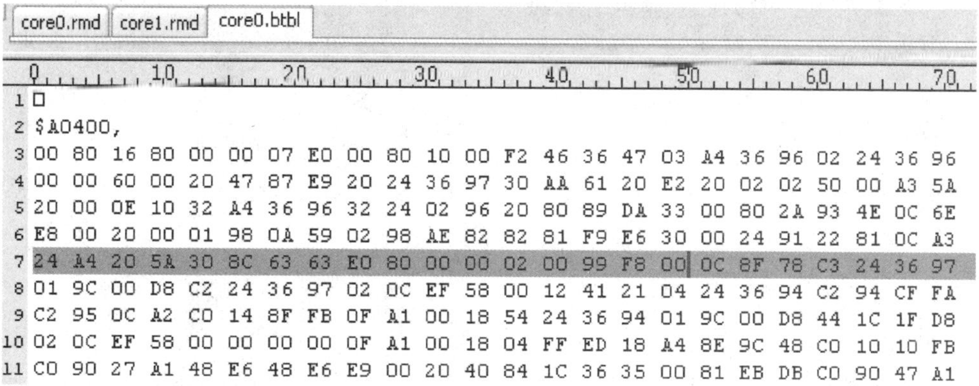

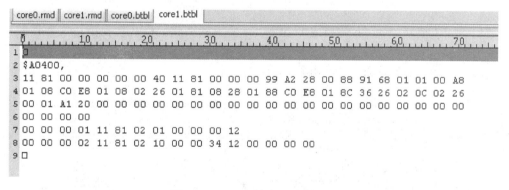

图 7-17　core0 的 btbl 文件示例

这是一个 multicore 的 example，core1 的 rmd 文件与 Core0 的类似。

产生的 btbl 文件如图 7-18 所示，这是一个非常小的 image。

```
□
$A0400,
11 81 00 00 00 00 00 40 11 81 00 00 00 99 A2 28 00 88 91 68 01 01 00 A8
01 08 C0 E8 01 08 02 26 01 81 08 28 01 88 C0 E8 01 8C 36 26 02 0C 02 26
00 01 A1 20 00 00 00 00 00 00 00 00 00 00 00 00 00 00 00 00 00 00 00 00
00 00 00 00
00 00 00 01 11 81 02 01 00 00 00 12
00 00 00 02 11 81 02 10 00 00 34 12 00 00 00 00
□
```

图 7-18　core1 的 btbl 文件示例

(1) Step2 combine 多核的 boot table。

把多个 core 的 btbl merge 在一起。btb1 文件比较如图 7-19 所示。

mergebtbl core 0 . btbl core 1 . btbl core 2 . btbl core 3 . btbl core 4 . btbl core 5 . btbl core 6 . btbl core 7 . btbl simple. btbl。

Boot Table 的结构：

32 bit 的头，记录 bootloader 完成数据拷贝之后，跳转到哪个分支执行。

对于 COFF 段：

- —32 bit 段 字节数
- —32 bit 段地址(拷贝的目的地)
- —被拷贝的数据

一个 32-bit 的 结束记录(0x00000000)。

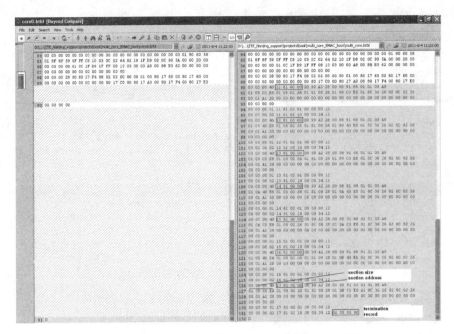

图 7−19 core0 的 btbl 文件与 merge 之后的 btbl 文件比较

（2）Step3 把 boot table 转换成 bootloader 要求的格式。格式转换前后文件比较如图 7−20 所示。

bconvert 64 x − le simple.btbl simple.btbl.be。

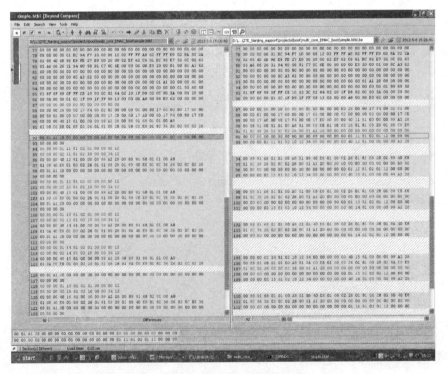

图 7−20 格式转换前后文件比较

（3）Step4 把 boot table 打包成 MAC 包。

boot packet simple. btbl. be simple. eth dstMAC srcMAC。

作用就是把 image 打包到 MAC 包的 payload 里去。

目标 MAC 地址可以通过抓包软件获取，即 DSP 的 MAC 地址，如图 7 - 21 所示；PC 的 MAC 地址也可以通过 windows 命令行的 ipconfig /all 指令来获得。

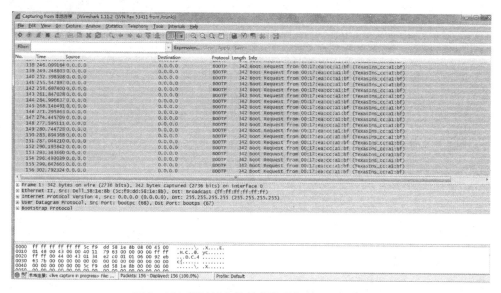

图 7 - 21　通过抓包软件获取目标的 MAC 地址

Simple.eth has the following format:

1st line: CCS data format

2nd line: 0x0000

3rd line: length of first packet in bytes, length counts not include itself

....

first packet

....

0xEA00

0x0000

length of the second packet in bytes, length counts not include itself

....

second packet

....

0xEA00

0x0000

length of the other packet in bytes, length counts not include itself

....

other packets

....

0xEA00

0X0000

0X0000：end of the file

*.eth 文件的格式如图 7 - 22 所示。

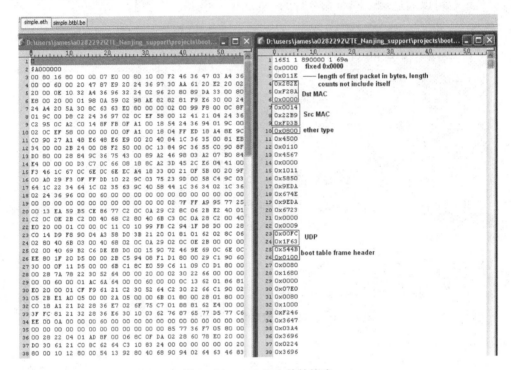

图 7 - 22 *.eth 文件的格式

7.4.2.2 通过以太网(EMAC)从 PC boot 过程实例步骤

1) 准备工作

(1) 正确配置 EVM 板的拨码开关。配置正确以后 PC 就能收到 EVM 发出的 BOOTP 包(3s 周期)EVM 板型号是 TMDXEVM6678LE Rev1.0。

The DIP switch setting for C6678 EVM is：

SW3(pin1, pin2, pin3, pin4)：off, on, off, on

SW4(pin1, pin2, pin3, pin4)：on, on, on, off

SW5(pin1, pin2, pin3, pin4)：on, on, off, off

SW6(pin1, pin2, pin3, pin4)：off, on, on, on

BOOT 包如下：

(2) 查看 EVM 的 MAC 地址：通过 wireshark 抓包获取 EVM 板的 MAC 地址是 00 - 17 - ea - cc - a1 - bf。

(3) 查看 PC 的 MAC 地址：通过 ipconfig/all 可以查看 PC 的 MAC 地址：5C - F9 - DD - 58 - 1E - 8B 这两个参数在构造以太网包的时候作为入参输入。

(4) 查看 PC ip 地址，通过 ipconfig。

Connection-specific DNS Suffix　. : apr.dhcp.ti.com

IP Address. . . . . : 192.254.128.57

Subnet Mask . . . . : 255.255.254.0

Default Gateway . . . . : 157.87.42.1

（5）给 EVM 指定一个位于同一网段的 IP 地址，例如 192.254.128.58。在 PC cmd 窗口用 arp-s 把这个 IP 和 EVM 的 MAC 地址映射来。例如 arp-s 192.254.128.58 00-17-ea-cc-a1-bf（见图 7-23）。

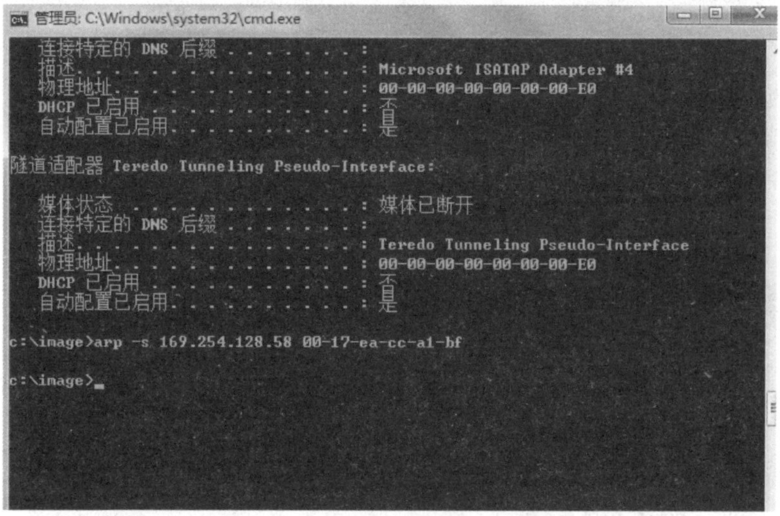

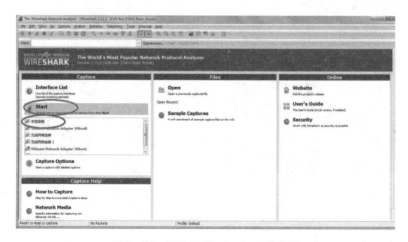

图 7-23　给 EVM 指定 IP 地址

2）测试过程和结果

完成上述准备就可以用发包工具把 boot table 发送给 DSP 了。

首先介绍一下抓包软件 wireshark 的使用，这个软件的使用其实很简单，如图 7-24 所示，只要选择需要显示的数据发送过程的连接就可以了。如本案例中，选择本地连接，单击 START 按钮即可。

图 7-24　抓包软件 wireshark 的使用

其次用已经制作好的批处理软件生成 boot table(见图 7 - 25)。

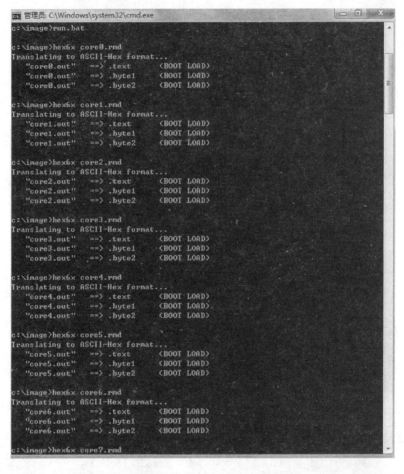

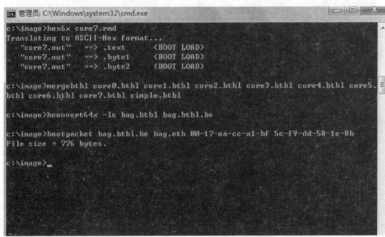

图 7 - 25　生成 boot table 的命令行过程

命令行如下：

pcsendpkt. exe bag. eth 192. 254. 128. 58.　　(bag. eth 文件名称是用户自己定义的)

图 7 - 26 是发送了 4 个包的截图。

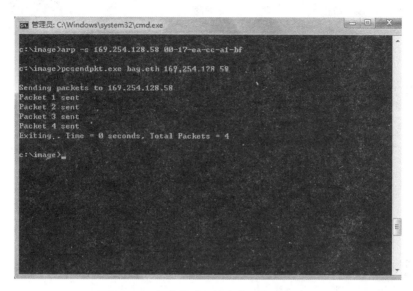

图 7 - 26　包发送过程的命令行操作与结果

在抓包软件中可以观察到一系列 UDP 包发送给 EVM 的过程(见图 7 - 27)。DSP 接收完 UDP 后就执行 boot 命令,停止发送 BOOTP 包。

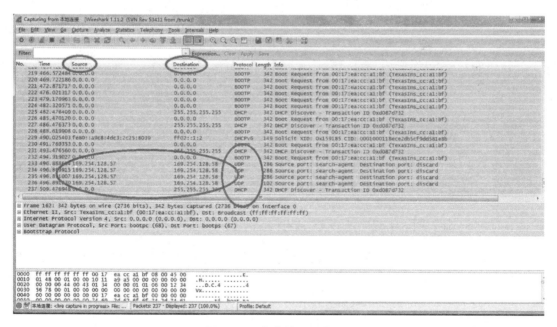

图 7 - 27　包传输过程的记录

如果 BOOT 成功(见图 7 - 28),用仿真器连接 core1～7 的任意一个,可以观察到 A1 寄存器的值为 0x11223344。因为这个 core 执行了如下的一段程序把 A1 寄存器赋值为 0x11223344。

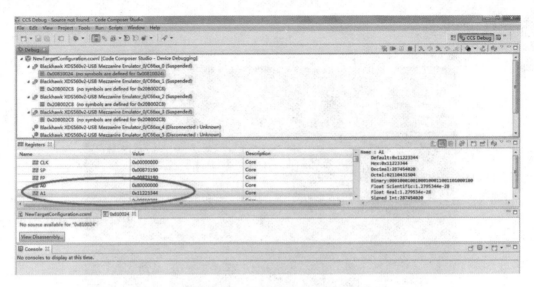

图 7-28   验证 boot 成功结果

```
myConst      .equ      011223344h
_c_int00:
    MVKL.S1      myConst, A1
    MVKH.S1      myConst, A1
    MVKL.S1      byte1, A2
    MVKH.S1      byte1, A2
    LDB.D1       * A2, B2
    MVKL.S1      byte2, A3
    MVKH.S1      byte2, A3
    LDB.D1       * A3 + +, B3
    LDB.D1       * A3,   B4
etrap:
    BNOP.S1 etrap, 5
```

7.4.3   基于 Nor Flash SPI 的多核 Boot 实例

大容量非易失性的 Flash 除了可以扩展在 EMIF 上之外,也可以扩展在 SPI 接口上,本节主要介绍了 c66x 系列 DSP 基于 Nor flash 的 SPI (Serial Peripheral Interface) 接口的加载原理,分析了其工具链的使用限制和优化方法。

7.4.3.1   基于 Nor FLASH 的多核 DSP 启动

SPI Boot 是通过 SPI 接口从挂载 Nor flash(一种非易失闪存技术)里加载程序进入 DSP 内存的过程。以 EVM6678LE 评估板为例,上面挂载的 Nor flash 大小为 16 Mbytes,可以提供足够大的程序烧写空间。烧写过程可以利用 TI 提供的工具 Nor-Flash writer。

1) 基本流程

图 7-29 阐释了通过 Nor flash 烧写加载程序的全部流程。

八个核编译链接	.out 文件	工具链转换	.dat 文件	Nor Flash writer	工程烧写	拨码开关拨到 SPI 断电重启

图 7 - 29　C6678 多核加载流程

　　基于 CCSv5 IDE 下，八个核独立编译并各自生成属于每个核的 .out 文件。由于携带了大量的调试信息，.out 文件一般不直接烧写到 flash 上，而是要经过一些工具链的转换进行筛选，将有用的信息保留。同时由于涉及多核，还需要将每个核的有用信息按照一定的顺序链接起来，一次性加载进入 flash，而不是像之前 C6000 各系列芯片上的启动方式，需要靠用户自定义引导程序加载多核代码。

　　工具链的另外作用是为镜像加 Boot 参数头。DSP 内部的 ROM bootloader 需要知道当前启动的一些信息，包括启动方式、大小端模式、PLL 频率等参数。将这些信息做成一个参数头列于八个核各镜像信息的前面才构成了一套完整的多核加载文件。文件的烧写可以使用 TI 提供的 MCSDK 下的 Nor-Writer 程序。由于通过 DDR 暂存镜像文件，烧写程序在初始化 EVM 板的时候需要选择 no-boot 模式，只有在这种模式下 gel 文件才会完成 DDR3 的初始化操作。

　　烧写完毕后，拨码开关需要重新拨成 SPI boot 模式。这时候重新启动，以走马灯程序为例，EVM 板的 LED 灯会被成功点亮。8 个核被启动成功。core0 在 SPI 启动中起到至关重要的作用。作为主核，核 0 负责搬移镜像，写 Boot Magic 地址值，以及发 IPC 中断触发其他核工作的多项工作。其中搬移多核镜像的工作由 DSP ROM Bootloader 完成，而剩下两项工作需要用户自定义操作（见图 7 - 30）。

核 0~7 镜像被全部烧写进入 flash	核 0 被 ROM boot loader 启动	核 0 将其他核镜像从 flash 搬移到各自 L2RAM	核 0 写上其他核 Boot Magic Addrss @0x1 * 87fffc	核 0 写上其他核中的中断启动其他核

图 7 - 30　核 0 在多核加载中的作用

　　如果多核 DSP 是由同一套工程分别编译，那么每个核内存分配完全相同。core0 在读取自己核的 Boot Magic 地址（0x1087fffc）后，加上 0x0 * 000000 后就可以得到其他核的 Boot Magic 地址（* 为核号）。但是如果各核编译各自独立工程，各变量内存映射关系不再相同，那么就无法从 core0 的 Boot Magic 地址里的值去推算其他核相应地址。这个时候只能事先记录下各核的 Magic 地址，然后写在核 0 的用户初始化代码上。

　　在完成所有上述操作后，core0 需要对每个核的 IPCGRx 寄存器写中断以唤醒其他核的正常运行状态。IPCGRx 寄存器的 31 - 4 比特位是 IPC 中断源索引，最多可支持多达 28 个中断源，文中例程可以设置为全 0；比特 3 - 1 是保留位，可以任意赋值。因此只要对最低比特赋 1 就可以完成 IPC 中断的触发（见图 7 - 31）。

31	30	29	28	27		8	7	6	5	4	3	1	0
SRC27	SRC26	SRC25	SRC24	SRC23 - SRC4			SRC3	SRC2	SRC1	SRC0	RSV		IPCG

图 7 - 31　IPC 中断生成寄存器

至此,基于 SPI 多核启动的过程全部结束,多核 DSP 正常运转。注意每个核的 IPC 中断生成寄存器有固定的内存映射地址,如表 7 - 11 所示:

表 7 - 11 IPCGR 寄存器内存映射

起始地址	结束地址	长度	寄存器名	描述
0x02620240	0x02620243	4B	IPCGR0	IPC 核 0 中断生成寄存器
0x02620244	0x02620247	4B	IPCGR1	IPC 核 1 中断生成寄存器
0x02620248	0x0262024B	4B	IPCGR2	IPC 核 2 中断生成寄存器
0x0262024c	0x0262024F	4B	IPCGR3	IPC 核 3 中断生成寄存器
0x02620250	0x02620253	4B	IPCGR4	IPC 核 4 中断生成寄存器
0x02620254	0x02620257	4B	IPCGR5	IPC 核 5 中断生成寄存器
0x02620258	0x0262025B	4B	IPCGR6	IPC 核 6 中断生成寄存器
0x0262025c	0x0262025F	4B	IPCGR7	IPC 核 7 中断生成寄存器

2) 管脚配置

SPI 启动的流程需要在两处修改管脚配置(EVM 板的拨码开关)。第一次是在烧写镜像工程进入 Flash 时,需要将 EVM 板调成 No-Boot 模式。承前所述,镜像工程必须实现预读到 DDR 里再烧写进 Nor flash,只有 No-Boot 模式才能初始化 DDR;第二次是成功烧写多核镜像后进行 reboot 的过程,将拨码开关配置成 SPI 模式才能将镜像成功读取并启动。

C6678 多核 DSP 的 ROM boot loader 驱动支持多种启动方式,参数的配置和读取都是由固化在 ROM 里的代码控制。Boot 模式信息来源于 BOOTMODE[12:0]寄存器,此寄存器的值包含 Boot 设备、设备配置、PLL 配置等参数,如图 7 - 32 所示。

Boot 管脚												
12	11	10	9	8	7	6	5	4	3	2	1	0
PLL Mult 12C Ext Dev Cfg			设备配置							Boot 设备		

图 7 - 32 c6678 启动管脚配置

BOOTMODE[2:0]用于区分各种启动设备,如 SRIO、SPI、EMIF、PCIe 等。本节的 SPI 启动模式对应低 3 比特为"110";BOOTMODE[9:3]用于配置设备,由于不同的设备具有不同的配置,因此这 7 比特的定义会因启动设备的不同而不同;高 3 比特包含了一些锁相环总线等配置信息。BOOTMODE[12:3]描述如图 7 - 33 所示。

12	11	10	9	8	7	6	5	4	3
模式		4,5pin	地址宽度	片选		参数表索引			

图 7 - 33 SPI 启动管脚配置

模式选择涉及 SPICLK 与上升沿的关系,SPI 通常选择为 4pin 模式,地址线宽度为 24 bit。由于只挂载一块 flash,所以片选信号固定为 1。参数表的索引对应 boot 需要的参数表,通常为零。根据拨码开关与 BOOTMODE 寄存器的关系,总结拨码开关处于 SPI boot 模式时的状态应该为 SW3~SW6:1011 0000 0010 1000(0 对应开,1 对应关)。

图 7‐34 是 No boot 模式下的管脚配置。

9	8	7	6	5	4	3
子模式		等待使能	保留			

图 7‐34　No‐boot 管脚配置

经过对照总结拨码开关处于 No boot 模式时的状态应该为:

SW3~SW6:1000 0000 0000 1100(0 对应开,1 对应关)。

3) 参数表

表 7‐12 中的 Boot 参数用于配置 SPI boot,由于 SPI boot 是寄存器的直接读写,因此配置过程中不会涉及 EDMA 寄存器的配置。Boot 参数表为 8 个字(32Bytes),位于烧写入 flash 镜像的开头。不同的字段具有不同的意义。

表 7‐12　SPI boot 参数表

字节偏移量	名　　称	描　　述
12	Options	选项
14	Mode	SPI 模式
16	Address Width	地址宽度
18	Data Width	数据宽度
20	NPin	管脚模式
22	Chipsel	片选信号
24	Read Addr MSW	读地址高位
26	Read Addr LSW	读地址地位
28	CPU Freq MHz	CPU 主频
30	Bus Freq,MHz	总线频率 M 单位
32	Bus Freq,KHz	总线频率 K 单位

这些参数部分可以通过读取图 5 所示管脚配置来填充,也可以被用户自定义修改。而且自定义修改可以覆盖拨码开关所表示的配置值。

注意无论是管脚配置还是参数表的书写都是为了生成 boot 参数表。Boot 参数表是由 32 行"字"表示,在实际实现的过程中可以定义一个解析工具,将参数配置简化。

4) 工具链

由图 7‐35 我们知道,工具链的作用是将生成的文件转化为 Bootloader 可以"理解"的格式,是 C66x 启动至关重要的一步。与以前的 DSP 启动相比,c66x 系列的工具链更加复杂和多样化。文件转换格式也呈现多态化。以.dat 文件格式为例,生成所需的镜像文件需要以下工具链做支持:

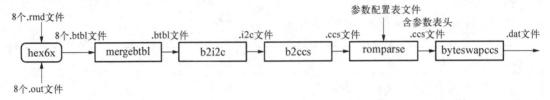

图 7‑35　镜像工具链转化

hex6x 文件需要和.rmd 文件配合使用,后者描述了 boot 参数表模式,ROM 宽度,大小端模式等信息。由此得到 8 个核的 btbl 文件包含了所有的内容信息,再经过两个小工具的转化可以得到有效数据信息。此时的.ccs 文件只包含各个段的内容,不包含 Boot 参数的任何内容,因此需要将一定格式的参数配置信息进行解析,作为 boot 参数表头加在.ccs 文件上成为一个含有参数配置头的.ccs 文件。最后由于 ROM bootloader 只识别大段模式数据,所有需要进行一次大小端的转化。至此一个完整的可以被 ROM Bootloader 识别的多核镜像文件就成功生成,其格式如图 7‑36 所示。

Boot 参数表	8 个字 (1 字=4 字节)
填充字节	(256−8)字
_c_int00 地址	1 个字
.text 段大小	1 个字
.text 段起始地址	1 个字
.text 段内容	因内容大小而定
.cinit 段大小	
.cinit 段起始地址	同上
.cinit 段内容	
.const 段大小	
.const 段起始地址	同上
.const 段内容	
.switch 段大小	
.switch 段起始地址	同上
.switch 段内容	
核 1~核 7 重复	

核 0 全部镜像信息

图 7‑36　最终可烧写的镜像格式

7.4.3.2　工具链的优化和改进

在实际进行工具链转化的过程中发现,转化工具链的部分工具大小受限。比如 b2i2c.exe 最大长度为 0x20000 个字节,如果只是单核镜像一般不会超出这个范围;但是八个核的镜像链接在一起就有可能超出范围,造成工具链转化文件出错。解决办法是找到 b2i2c 的源文件并修改大小上限,修改 MAX_SIZE 宏以支持 8 核镜像的大小。

另外实际操作过程中,当固定 SPI 参数表的时候,不用每次去解析参数配置文件。只需要生成一次 16 进制的参数表头,保存后加在经过大小端格式转换的数据文件之前也可以组装成一个完整的可烧写镜像文件。

7.5　多核应用程序部署(MAD)
实用程序的使用

TI 提供了多核部署工具(Multi-core Application Deployment:MAD),以方便用户实现多核 boot 等操作。

7.5.1　多核应用程序部署概述

7.5.1.1　MAD 设施的目的

(1) 需要在多个内核上部署多个应用程序。

(2) 需要通过共享通用代码,以省内存。

(3) 需要在核上动态地部署应用程序。(此功能目前不支持)

7.5.1.2　MAD 基础设施组件

MAD 基础设施提供了一套工具,以帮助实现上述需求。MAD 基础设施组件有 5 个主要的 MAD 基础设施的工具,分为以下 2 类:

1) 构建阶段用到的工具

● 静态链接:链接应用程序和相关的动态共享对象(DSO)。

● 预链接工具:在 ELF 文件中把段(segment)绑定在虚拟地址上。

● MAP 工具:多核心应用程序预链接程序(MAP)工具,为多核应用分配虚拟地址给段。以下是简要的 MAP 工具功能。

用户指定设备所需的内存分区和段分配的高级指令给 MAP 工具。基于此信息 MAP 工具为每个应用程序确定运行时每个 ELF 段的虚拟/物理地址。然后激活预链接为所有的应用程序和相关 DSO(s)完成存储分配(地址绑定)。MAP 工具也可以为在一个特定的核上加载应用程序生成一组活动记录。这些活动记录是指导运行装载器完成如下几点操作:

● 设置虚拟内存映射和内存保护/分区的权限属性

● 复制和初始化可加载段到其运行地址

然后,prelinked 应用程序,DSO(s)和活动记录被打包装到 ROM 文件系统镜像中,可下载到目标板上。

2) 运行阶段用到的工具

中间引导加载程序(IBL)提供下载 ROM 文件系统镜像到设备的共享外部存储器(DDR)的功能。IBL 的配置参数被写入到目标平台的 I2C EEPROM 内。

运行加载工具(MAD 装载机):MAD Loader 实用工具提供了在给定的核上启动应用程序的功能。执行以下操作来启动一个核上的应用程序。

- 为核配置虚拟内存映射。
- 为每个内存分区配置属性和权限。
- 把段从装载地址复制到运行地址。
- 初始化应用程序的执行环境。
- 执行应用程序的预初始化函数。
- 执行应用程序的初始化和相关的库函数。
- 在它的入口启动应用程序。

7.5.1.3 使用模式

MAD 工具提供 2 种模式的用法:

(1)预链接旁路模式:在这种操作模式下,MAP 工具并不为应用程序片段分配地址,prelinker 也不会被调用。此模式适合这种情况,应用程序开发人员已经为应用程序分配多核地址,只需要在指定的核上加载和运行应用程序。

(2)预链接模式:在这种操作模式下,MAP 工具为应用程序片段分配地址,并且调用 preliker。此模式适用于这种情况,程序开发人员想要用 MAP 工具来安排地址分配以便能在多核上应用程序中共享通用代码。

7.5.1.4 预链接旁路模式的 MAD 流程

图 7 - 37 说明了预链接旁路模式的 MAD 流程。

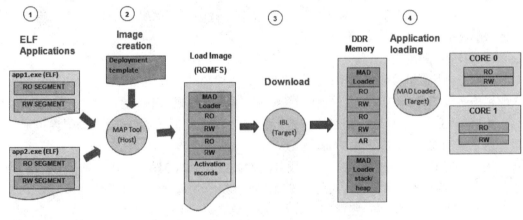

RO = "READ ONLY" (eg. Code/Const)
RW = "READ/WRITE" (eg. Data)

图 7 - 37 预链接旁路模式的 MAD 流程

流程概要如下:

1) 镜像准备

- 静态地把应用程序链接到他们的运行地址。
- 为 Map 工具创建一个部署配置文件,识别在每个核上要加载的应用程序。

- 将部署配置文件作为输入运行 MAP 工具。
- MAP 工具创建一个加载镜像（ROMFS 格式），包含每个应用程序的活动记录。

2）应用程序部署

（1）启动时，设备将运行 ROM 引导程序。

（2）ROM 引导程序将加载并运行电路板上的中间加载程序（如 I²C EEPROM）。

（3）中间加载程序（IBL）将从 TFTP 服务器下载 MAD 镜像（MAD 镜像也可以驻留在 NOR/NAND 闪存上）到 DDR。

（4）IBL 被配置一个入口，并执行。

- 在一个非-MAD 的情况下，这将是下载的应用程序的入口点。
- 在 MAD 情况下，IBL 将配置成跳转到 MAD 装载机的入口点。

（5）然后 MAD 装载机将。

- 解析 ROMFS 镜像。
- 装载应用程序段到他们的运行地址，并在每个配置的核上开始执行的应用程序。

7.5.1.5　预链接模式的 MAD 流程

图 7-38 说明预链接模式的 MAD 流程。

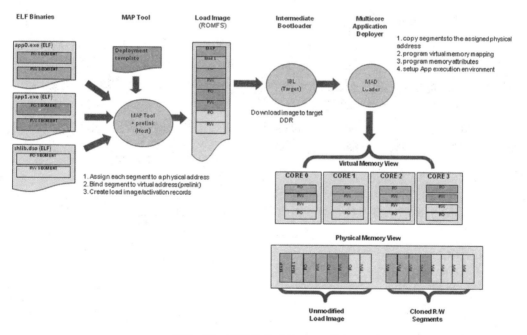

图 7-38　预链接模式的 MAD 流程

流程概要如下：

1）镜像准备：

- 确定应用程序之间的通用代码（common code）。
- 链接作为位置无关的共享对象（DSO）的通用代码。
- 链接应用程序。
- 上述步骤创建了一套应用程序/ DSO(s)，将在设备上运行。

● 确定在每个核上可以运行哪些应用程序。

● 通过预想用法(envisioning the usage)确定设备的内存分区。

例如内存分区 C6670

DDR：

32 MB per core 0 - 3

128 MB ro image

16　MB shared r/w

MSMC RAM：

512 KB per core

no ro image

no shared r/w

L2：

　Max Cache

L1：

　All Cache

● 用以上信息为 MAP 工具创建一个部署配置文件。

● 用部署配置文件作为输入运行 MAP 工具。

● MAP 工具生成预链接命令文件,其中包含段虚拟地址绑定指令预链接工具。

● 预链接工具从 MAP 工具读取的 ELF 文件和预链接命令文件,并且预链接所有输入的应用程序(绑定段到虚拟地址,处理动态重定位等),而且为每一个预链接的 EXE 和 DSO 产生一个预链接输出文件。

● MAP 工具使用预链接输出文件和段分配到物理地址空间的信息,创建一个加载镜像(ROMFS 格式),包含每个应用程序的活动记录。

2) 应用程序部署：

(1) 在引导时,设备将运行 ROM 引导程序。

(2) ROM 引导程序将加载并运行在电路板上的 IBL(如 I²C EEPROM)。

(3) IBL 将从 TFTP 服务器下载 MAD 镜像(MAD 图像也可以驻留板载 NOR/NAND 闪存)到 DDR。

(4) IBL 配置执行的切入点。

● 在一个非- MAD 的情况下,这将是下载的应用程序的入口点。

● 在 MAD 情况下,IBL 将被配置为跳转到 MAD 装载机的入口点。

(5) 然后 MAD 装载机将：

● 解析 ROMFS 镜像。

● 将加载应用程序段到其运行地址,并在每个配置的核上开始执行的应用程序。

7.5.2　开始学习使用 MAD 工具

7.5.2.1　工具包概述

1) 支持多核应用程序部署所需要的工具。

在 MCSDK 的安装文件夹下,安装的 MAD 操作所需要的软件工具,如图 7 - 39 所示。

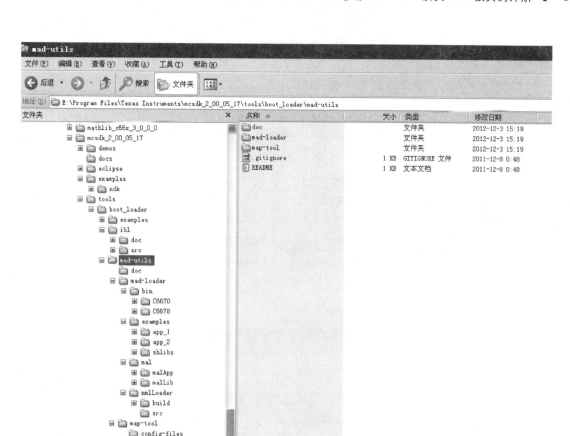

图 7 - 39　MAD 的目录结构

MAD utils 提供一个源代码,7 - 13 是 mad-utils 的目录结构。

表 7 - 13　MAD UTILS 目录结构

目　　　录	描　　　述
./mad-loader	MAD 装载机的源代码
./map-tool	MAP 工具的源代码

目录内的 README. txt 文件提供详细的代码组织和构建过程。

2) MAP 工具配置

MAP 工具的配置文件。

输入到 MAP 工具的是一个 JSON 格式的配置文件。配置文件有以下对象:

● deploymentCfgFile:指定部署配置文件。

● LoadImageName:指定生成的加载镜像文件的名称。加载镜像文件(ROMFS 格式)将被放置在. /images 目录。

● prelinkExe:指定预链接程序的可执行文件的名称。预链接程序的可执行文件的路径应设置在执行环境中。

● ofdTool:指定 OFD 工具可执行文件的名称。OFD 工具可执行文件的路径应设置在执行环境中。OFD 工具的代码生成工具包的一部分。

- malApp：指定 MAD 装载应用程序的文件名。
- nmlLoader：指定 NML 加载器的文件名。NML 加载器是一个 MAD 装载器子组件。

MAP 工具的示例配置文件如下所示。

```
{

    "deploymentCfgFile" : ". /config-files /deployment_template_C6678. json",
    "LoadImageName"      : "c6678 - le. bin",
    "prelinkExe"         : "prelink6x",
    "stripExe"           : "strip6x",
    "ofdTool"            : "ofd6x",
    "malApp"             : ".. /mad-loader /bin /C6678 /le /mal_app. exe",
    "nmlLoader"          : ".. /mad-loader /bin /C6678 /le /nml. exe"

}
```

3）部署配置文件（预链接旁路模式）

在预链接旁路模式中，部署配置文件用于指定以下信息：

- 装载存储器分区地址。
- 被部署的应用程序。

部署配置文件是 JSON 格式。"预链接旁路"模式下的部署配置文件具有以下几个部分：

- 设备名称：JSON 对象标识目标设备。
- 分区：这部分标识 ROMFS 镜像将被加载到内存中的内存分区。有以下配置参数：

a. 名称：该分区的名称。这是用来在 MAP 工具调试日志中作分区标识。

b. VADDR：分区的虚拟地址。

c. 大小：内存分区的大小（以字节为单位）。

d. loadPartition：如果分区是一个加载分区就标识。

C6670 设备预链接旁路模式部署配置示例如下所示：

```
{

    "DEVICENAME"    :"C6670",
    "partitions" : [
        {
            "name"         : "load-partition",
            "vaddr"        : "0x9e000000",
            "size"         : "0x2000000",
            "loadPartition" : true
        }
    ],
    "applications" : [
        {
            "name"              : "app1",
```

```
            "fileName"          : "../mad-loader/examples/app_1/build/app_1.exe",
            "allowedCores"      : [0,1,2,3]
        },
        {
            "name"              : "app2",
            "fileName"          : "../mad-loader/examples/app_2/build/app_2.exe",
            "allowedCores"      : [0,1,2,3]
        }
    ],
    "appDeployment"    :  [
        "APP1",
        "APP2",
        "APP1",
        "APP2"
    ]
}
```

4) 部署配置文件(预链接模式)

部署配置文件用于指定以下信息给 MAP 工具。

● 设备的各核上所需的内存分区。

● 分区的属性和访问权限。

● 进行部署的应用程序。

部署配置文件是 JSON 格式。部署配置文件有以下几个部分:

● 设备名称:这 JSON 对象标识目标设备。

● 分区:这部分内容用来标识内存分区及其属性。通过指定的段标识符(段名),用户控制放置 ELF 段在分区中的位置。分区是一个结构列表。每个结构都有以下对象:

a. 名称:该分区的名称。这是在 MAP 工具调试日志中用来当做分区标识。

b. VADDR:分区的虚拟地址。对于没有虚拟寻址的设备,这将是物理地址。

c. PADDR:该分区的物理地址。这是一个由设备 CoreId 索引有序的列表。一个给定索引的值给出这个内核中指定虚拟地址对应的物理地址。对于没有虚拟内存寻址的设备,VADDR 和 PADDR 将是相同的。

d. 大小:内存分区的大小(以字节为单位)。

e. secNamePat:段名的模式。这是一个普通的表达式字符串,用来标识 ELF 段。MAP 工具会通过匹配所有段与段名,将所有段安置在内存分区中。

f. 核:列出适用此分区的核。

g. 权限:适用于分区的访问权限列表。允许的值是 SR(supervisor Read),SW(supervisor Write),SX(supervisor Execute),UR(User Read),UW(User Write),UX(User Execute)。

h. cacheEnable:启用/禁用缓存。允许的值是 TRUE,FALSE。这是一个可选参数,默认值为 True。

i. 预取：启用/禁用预取。允许的值是 TRUE,FALSE。这是一个可选参数,默认值为 False。

j. 共享：指出分区是否在不同的内核上的应用程序之间是共享的。允许的值是 TRUE,FALSE。

k. loadPartition：如果分区是加载分区就说明。ROMFS 镜像将被下载到这个分区。MAP 工具将努力在 XIP 分区生成可执行段。允许的值是 TRUE,FALSE。这是一个可选参数,默认值为 False。系统中可以(或者必须)只有一个加载分区。MAD 装载器的镜像被放置在加载分区的 XIP。

l. 优先级：指定虚拟内存映射的优先级。数越高,指定较高的优先级。优先级常用在虚拟内存映射发生重叠的情况下。这是一个可选参数,默认值为 0。

应用程序：本节规定了要在移动设备上加载的应用程序,应用程序是一个结构列表。每个结构都有以下对象：

a. 名称：指定应用程序的名称或别名。

b. 文件名：文件名以及应用程序的 ELF 可执行文件的完整路径。

c. LIBPATH：指定应用程序所使用的共享库的路径。

d. allowedCores：列出应用程序可以运行的核。

appDeployment：指定要在每个内核上的初始引导时加载的应用程序。这是一个通过核 ID 索引的,排过序的应用程序名称列表。如果核不用应用程序引导,那么应该指定一个空字符串。

C6678 设备的部署配置示例如下所示：

```
{
    "DEVICENAME"   :"C6678",
     "partitions" : [
        {
                "name"     : "ddr-code",
            "vaddr"    :     "0x9e000000",
            "paddr"    :  [ "0x81e000000", "0x81e000000", "0x81e000000",
"0x81e000000","0x81e000000", "0x81e000000", "0x81e000000", "0x81e000000" ],
            "size"     : "0x1000000",
            "secNamePat": ["^.text", "const", "switch"],
            "cores"    : [0,1,2,3,4,5,6,7],
            "permissions": ["UR", "UX", "SR", "SX"],
            "cacheEnable": true,
            "prefetch"  : true,
            "priority"  : 0,
             "shared"    : true,
```

```
                "loadPartition" : true
        },
        {

            "name"        : "ddr-data",
            "vaddr"       : "0xD0000000",
            " paddr"      : [ " 0x800000000 ", " 0x801000000 ", " 0x802000000 ",
"0x803000000", "0x804000000", "0x805000000", "0x806000000", "0x807000000" ],
            "size"        : "0x1000000",
            "secNamePat": [ "stack", "^.far $", "args", "neardata", "fardata",
"rodata"],
            "cores"       : [0,1,2,3,4,5,6,7],
            "permissions": ["UR", "UW", "SR", "SW"],
            "cacheEnable": true,
            "prefetch"    : true,
            "priority"    : 0,
            "shared"      : false
        }
    ],
    "applications" : [
        {
            "name"        : "app1",
            "fileName"    : "../mad-loader /examples /app_1 /build /app_1.exe",
            "libPath"     : "../mad-loader /examples /shlibs /build",
            "allowedCores" : [0,1,2,3,4,5,6,7]
        },
        {
            "name"        : "app2",
            "fileName"    : "../mad-loader /examples /app_2 /build /app_2.exe",
               "libPath"     : "../mad-loader /examples /shlibs /build",
            "allowedCores" : [0,1,2,3,4,5,6,7]
        }
    ],
    "appDeployment"  : [
        "APP1" ,
        "APP2" ,
        "APP1" ,
        "APP2" ,
        "APP1" ,
```

```
        "APP2",
        "APP1",
        "APP2"
    ]
}
```

5）MAP 工具调用

对于预链接模式 MAP 工具调用：

python maptool. py　＜maptoolCfg. json＞

对于预链接旁路模式 MAP 工具调用：

python maptool. py　＜maptoolCfg. json＞ bypass-prelink

其中 maptoolCfg. json 以 JSON 为格式的输入配置文件

7.5.2.2　Demo 演练

7.5.2.2.1　预链接旁路模式演示

本节将在 C6670 EVM 上用预链接旁路模式预演 MAD 流程例子。MAD-utils 软件包包含了几个可以在这里使用示例应用程序。

1）镜像准备

（1）在目录 mad-loader/examples 中构建示例应用 APP_1, APP_2 为静态的可执行文件。

在目录"mad-loader/examples"中提供了一个可以构建示例的构建脚本。建立静态可执行文件需要调用的构建脚本：

. / build_examples_lnx. sh C6670 little static

上述步骤应在设备上创建一组可以运行的应用程序。

（2）构建 MAD 装载器组件：

① MAD 装载器库。

② NML 装载器。

③ MAD 装载器应用程序。

"mad-loader"目录中提供构建脚本，可以调用如下内容来构建 MAD 装载器可执行文件。

. / build_loader_lnx. sh C6670

2）部署配置准备

装载分区的规格：

```
{
    "name"         : "load-partition",
    "vaddr"        : "0x9e000000",
    "size"         : "0x2000000",
    "loadPartition" : true
}
```

3）调用 MAP 工具

● 用上述信息为 MAP 工具创建一个部署配置文件。这个例子的部署配置样本可以在

mad-utils 软件包 map-tool/config-files/deployment_template_C6670_bypass_prelink. json
中找到。

　　● 为 MAP 工具创建配置文件。这个例子中的示例配置可在 MAD-utils 软件包 map-
tool/config-files/maptoolCfg_C6670_bypass_prelink. json 中找到。

　　● 在 Linux bash shell 的调用 MAP 工具：

python maptool. py　config-files/ maptoolCfg_C6670_bypass_prelink. json bypass-prelink

　　● 检查输出的镜像 C6670-le. bin 已经被创建在. /images 目录中。

　　4) 设备上的应用程序部署

　　目标板应该有 IBL，已经在板上的 I²C EEPROM 中编程且配置好。进行编程和配置
IBL 详情提供 http：//linux-c6x. org/wiki/index. php/Bootloaders。下面应该是编程写入
IBL 配置的 BLOB 配置参数：

　　● startAddress ＝ 0x9e000000。

　　● branchAddress＝ 0x9e001040。

　　将输出镜像 C6670-le. bin 放到运行在主机电脑上的 TFTP 服务器的根目录下。

　　目标板依次上电，并且等待 10 秒。该设备现在应该已经下载 ROMFS 镜像，并部署示
例应用程序在所有的内核。

　　以下是程序验证示例应用程序已成功部署在一个核上。

　　● 连接 CCS 到一个核上。

　　● 加载该内核上运行的应用程序的符号。

　　● 确认该值的变量签名＜app name＞ ＜core id＞，如 app1core0。

　　7.5.2.2.2　预链接模式演示

　　本节将在 C6678 EVM 上演练一个在预链接模式下的 MAD 例子流程。mad-utils 软件
包包含了一些示例应用程序和 DSO(s)将可以在这里使用。

　　1) 镜像准备

　　● 构建目录 mad-loader/examples/shlibs /下的示例共享库，生成动态可重定位的目标。

　　● 构建目录 mad-loader/examples 下的示例应用 APP_1,APP_2,生成动态可重定位目标。

　　构建 exampels 的构建脚本在"mad-loader/examples"文件夹下提供。要构建可重定位
的示例，可以调用下面所示的构建脚本：

　　. / build_examples_lnx. sh C6678 little relocatable。

　　上述步骤应建立一套将在设备上运行的应用程序/ DSO(s)。

　　构建 MAD 装载机组件：MAD 装载机库；NML 装载机；MAD Loader 应用程序。

　　"mad-loader"目录中提供构建脚本可以调用如下构建 MAD 装载机可执行文件。

　　. / build_loader_lnx. sh C6678

　　2) 设备存储器分区和部署配置准备

　　在这个例子中，将会把所有的可执行段和所有数据段放在 DDR Memory 中。对于数据
段，DDR 内存在 8 个核中等同分区。因此，需要建立 2 个内存设备的分区。

　　分区 1(放置代码)：

```
{
    "name"          : "ddr-code",
    "vaddr"         :  "0x9e000000",
    "paddr"         : [ "0x81e000000", "0x81e000000", "0x81e000000", "0x81e000000",
"0x81e000000", "0x81e000000", "0x81e000000", "0x81e000000" ],
    "size"          : "0x1000000",
    "secNamePat": ["^.text", "const", "switch"],
    "cores"         : [0,1,2,3,4,5,6,7],
    "permissions"   : ["UR", "UX", "SR", "SX"],
    "cacheEnable"   : true,
    "prefetch"      : true,
    "priority"      : 0,
    "shared"        : true,
    "loadPartition" : true
},
```

　　分区 1 也标记为 loadPartition。由于下载的 ROMFS 镜像被放在这里。MAP 工具将可执行段放置在这个分区的 XIP。MAD 装载机也被放置在这个分区。
　　分区 2（放置数据）：

```
{
    "name"          : "ddr-data",
    "vaddr"         : "0xD0000000",
    "paddr"         : [ "0x800000000", "0x801000000", "0x802000000", "0x803000000",
"0x804000000", "0x805000000", "0x806000000", "0x807000000" ],
    "size"          : "0x1000000",
    "secNamePat"    : ["stack", "^.far$", "args", "neardata", "fardata", "rodata" ],
    "cores"         : [0,1,2,3,4,5,6,7],
    "permissions"   : ["UR", "UW", "SR", "SW"],
    "cacheEnable"   : true,
    "prefetch"      : true,
    "priority"      : 0,
    "shared"        : false
}
```

　　3）调用 MAP 工具
　　● 利用上述信息，为 MAP 工具创建一个部署配置文件。这个例子中的样本部署配置在 utils 软件包的 map-tool/config-files/deployment_template_c6678.json 中。
　　● 为 MAP 工具创建配置文件。这个例子中的样本部署配置在 utils 软件包的 map-tool/config-files/maptoolCfg_c6678.json 中。

● 调用 MAP 工具在 Linux 命令外壳：

python maptool. py config-files/maptoolCfg_c6678. json

● 检查输出的镜像 C6678-le. bin 是否已经在/ images 目录中被创建。

STEP 4：设备上的应用程序部署

目标板应该有 IBL，且已经在板上的 I^2C EEPROM 中编程和配置好。进行编程和配置 IBL 详情提供 http://linux-c6x. org/wiki/index. php/Bootloaders。下面是编程写入 IBL 配置的 BLOB 配置参数：

● startAddress = 0x9e000000。

● branchAddress= 0x9e001040

将输出镜像 C6678-le. bin 放到运行在主机电脑上的 TFTP 服务器的根目录下。

目标板依次上电，并且等待 10 秒。该设备现在应该已经下载 ROMFS 镜像，并部署示例应用程序在所有的内核。

以下是程序验证示例应用程序已成功部署在一个核上：

● 连接 CCS 到一个核上。加载. /images 目录下由 MAP 工具生成的 CCS GEL 文件。这个 GEL 文件的功能是加载应用例程的符号。

● 运行 GEL 函数，以刷新指定核上运行的应用程序的符号。

● 确认该值的变量签名<app name> <core id>。例如 app1core4。

7. 5. 2. 3　MAD 装载器软件概述

1) 代码组织

. /examples：该文件夹包含示例应用程序和 DSO(s)来测试 MAD 流程。

. / MAL：此文件夹包含 MAD 装载机器库的源代码和装载器应用程序。

. / nmlLoader：此文件夹包含的无人区装载器(NML：no man's land)的源。NML 是 MAD 加载器的子组件，并驻留在一个保留的虚拟地址空间。

2) 构建指南

Windows 环境建设：在 windows 环境下，GNU 工具如 "make" 是需要的。Windows 编译环境需要安装 MINGW MSYS。MINGW MSYS 可以直接从网上下载 http://sourceforge. net/projects/mingw/files/

构建环境设置：在开始构建之前，下面的环境设置必须先完成：

● 变量 C_DIR 应设置在代码生成工具的顶级目录。

● 代码生成工具的二进制文件应该是在这个路径中。

● Linux bash shell：

● export C_DIR=/opt/TI/TI_CGT_C6000_7. 2. 4

● export PATH=/opt/TI/TI_CGT_C6000_7. 2. 4/bin：$ PATH

● MSYS bash shell：

● export C_DIR='"C：/Program Files/Texas Instruments/C6000 Code Generation Tools 7. 2. 4'"

● export PATH=/c/Program\ Files/Texas\ Instruments/C6000\ Code\ Generation\ Tools\ 7. 2. 4/bin：$ PATH

构建脚本：在当前目录下,提供了示例的构建脚本,用来帮助建立 MAD 装载器。修改上面提到在构建脚本中的环境变量来调整到现有的编译环境。

- build_loader_lnx. sh：Script to build MAD loader in Linux bash shell
- build_loader_msys. sh：Script to build MAD loader in MSYS bash shell

构建脚本的用法：

- 对于 little endian 的脚本构建,调用下面命令：

. / build_loader_lnx. sh DEVICE_NAME

- 对于 bit endian 脚本构建,调用下面命令：

. / build_loader_lnx. sh DEVICE_NAME big

设备名称可以是 C6670 或 C6678。

应用实例：

示例应用程序可以通过使用目录"mad-loader/examples"下提供的脚本来构建。上面提到的环境变量必须在构建脚本中修改。构建脚本用法如下：

. /build_examples_lnx. sh C6678|C6670 big|little [static|relocatable]

MAD 装载器器构建 MAD 装载库的详细过程：构建 MAD 装载库的 makefile 在目录"mal/malLib/build"中。

下面是构建 MAD 装载库的步骤：

cd mal/malLib/build。

make DEVICE=<device number：supported device numbers are C6670，C6678>。

MAD 装载器应用：构建 MAD 装载器库的 makefile 在目录 "mal/malApp/build"下。

由于 MAD 装载器应用程序链接在 MAD 装载器库上,所以 MAD 装载器库必须浅语 MAD 装载器应用构建。

下面是构建 Mad 装载器库的操作步骤：

cd mal/malApp/build。

make DEVICE=<device number：supported device numbers are C6670，C6678>。

MAD 装载器应用需要是 DDR 中的 XIP。使用链接命令文件 "lnk_<device number>. cmd" 来保证 MAD 装载器应用程序绑定在 DDR 的 XIP 中。

注意事项：MAD 装载器应用程序需要使用 RW 区域,用来保存 Stack,heap 和全局变量。默认情况下,链接命令文件会给 DDR 内存的末端分配 RW 区域。用户可以根据目标板的执行环境需要改变这些配置。用户应该清楚地知道,这些内存不能被加载的应用程序使用。用户同时必须小心避免应用程序以及部署配置文件使用这些区域。

NML：构建 NML 的 makefile 在 "nmlLoader/build"目录下,下面是构建 NML 的步骤：

cd nmlLoader/build。

make DEVICE=<device number：supported device numbers are C6670，C6678>。

由于 NML 是 DDR 中的 XIP,必须保证 NML 中的代码段绑定的虚拟地址是 DDR 中的 XIP。NML 是加载在 DDR 上的 ROM 文件系统的一部分。如果 ROM 文件系统中 NML ELF 文件的偏移量发生改变,那么这个地址也是需要修改。这个情况发生在 MAD 装载器应用程序的大小发生变化的情况下。想得到 ROM 文件系统中 NML 的当前偏移量,试运行一下 MAP 工具，MAP 工具会产生一个文件(. /tmp/fsOffsets. txt)。这个文件将列出文件系统中所有文件的偏移量。用链接命令文件 "lnk_<device number>. cmd" 保证 NML 绑定到 DDR 中的 XIP 地址。

注意事项：NML 也需要使用 RW 区域，用来保存 Stack，heap 和全局变量。默认情况下，链接命令文件会给 DDR 内存的末端分配 RW 区域。用户可以根据目标板的执行环境需要改变这些配置。用户应该清楚地知道，这些内存不能被加载的应用程序使用。用户同时必须小心避免应用程序以及部署配置文件使用这些区域。

3) MAD 装载机的 API

MAD 装载机库可以由应用程序来提供应用程序部署的服务进行链接。本节介绍了 MAD 装载机库提供的 API。

装载机的 API：

*Int mal_lib_init(void * load_partition_addr)*：用来初始化库的 API；

Int mal_lib_stop_core(unsigned int coreId)：用来停止一个核心的 API。强制关机；

*Int mal_lib_load_core(unsigned int coreId, char * appName)*：用来在指定核上加载和运行一个 APP 的 API。

文件系统 API：

*Int mal_lib_fopen(const char * filename)*：打开一个文件流的 API；

Int mal_lib_fclose(int file_handle)：关闭一个文件流的 API；

*Int mal_lib_fsize(const char * filename, unsigned int * size)*：获取文件大小的 API；

*unsigned int mal_lib_fread(void * ptr, unsigned int size, unsigned int count, int file_handle)*：读取文件流的 API；

int mal_lib_fseek(int file_handle, unsigned int offset, int origin)：在一个文件中搜索位置的 API；

long mal_lib_ftell(int file_handle)：获取当前文件中的偏移量的 API。

7.5.2.4　在目标板上调试应用程序

1) 预链接模式

当 MAD 工具使用在预链接模式下，应用程序会被预链接到部署配置文件中所指定的存储器地址。预链接在重新定位的过程中，不会更新 ELF 文件中的 DWARF 信息。因此，为了能够用符号方式调试重定位镜像，MAP 工具将生成一个 CCS GEL 文件，提供 CCS 调试服务器的重定位信息。GEL 在". /images"目录中创建。

2) 预链接旁路模式

在预链接旁路模式中应用程序可执行文件没有被重定位，因此目标调试特性不变。

3) 使用 CCS 加载和运行 MAD 链接的镜像

有时，使用 CCS 进行初步测试有助于加载和运行输出镜像。

遵循以下步骤来使用 CCS 加载和运行镜像：

● 启动 CCS，为 EVM 加载配置文件。

● 连接到核 0。

● 打开 memory browser(View→Memory)，并引导到 0x9E000000。

● 在 memory browser 上单击鼠标右键,选择 Load memory;浏览并选择在以前的步骤中生成的镜像(* . bin)(您可能需要更改文件类型选项来查看 bin 文件);按下一页。

● 起始地址,输入 0x9E000000。

● 要确定类型大小选择(32 位在 C6678 例),单击"完成"按钮。

● 若要运行程序,打开核 0 的 register browser (View→Registers)。

● 把 PC(程序计数器)改成 0x9E001040。

● 运行核 0。

注意:不会看到 CCS 控制台输出的 printfs,但如果镜像被打印在 UART,应该能够看到输出。

7.5.3 多核部署 MAD 实例

这是一个简单地使用 MAD(多核应用程序部署 Multicore Application Deployment)工具连接 NDK Client image(在 core 0 上运行)与 Hello World 镜像(在非 0 核心上运行),使用 MAD 加载器进入 BBLOB image。BBLOB image 可以由 IBL 通过 TFTP 加载,MAD 加载器就会在核心 0 上 boot NDK Client,在非 0 核心上 boot Hello World。

例程文件结构:

docs:　　　　　　内含 README. txt

mad_helloworld:　内含 Hello World 实例

utils:　　　　　　内含本实例需要的工具(e. g. MAD 工具配置)

Build Hello World 实例的步骤:

(1) 从 mad_helloworld\scbp6618x 文件夹中导入 mad_helloworld CCS 工程项目文件。

(2) 清空项目文件,re-build,相应的. out 和. map 文件产生于 mad_helloworld\scbp6618x\Debug 目录下。

Build the NDK Client 实例的步骤:

(1) 从 examples\ndk\client\scbp6618x 目录下导入 NDK Client 到 CCS 工程项目文件中。

(2) 清空,re-build,相应的 client_scbp6618x. out 和 client_scbp6618x. map 文件产生,位于 examples\ndk\client\scbp6618x\Debug 目录下。

使用 MAD 工具(2.0.1+)的多核 boot:

MAD 用户指导页面提供了多核应用程序部署(意即 MAD 工具)的详细信息。BIOS MCSDK 的 installation 在<MCSDK INSTALL DIR>\tools\boot_loader\mad-utils 提供了 MAD 工具。这个包包含了连接多种应用到单一可引导镜像的必要的工具。

NDK Client 和 Hello World 必须拥有以下更新才能创建一个 MAD 镜像:

(1) 主(NDK Client)从(Hello World)镜像之间是由动态的浮动的选项连接的。

(2) 用于连接主从程序的 MAD 配置文件位于 tools\boot_loader\examples \mad\utils \scbp6618x\config-files。下面是几点关于配置文件需要注意的事项:

① maptoolCfg_scbp6618x_windows_#e. json 有工具的文件路径和文件名信息。

② deployment_template_scbp6618x_windows_#e. json 包含了部署配置信息(设备名称、分区和应用信息)。

③ 对于 C66x 设备，物理地址是 36 位的而虚拟地址是 32 位的。

④ secNamePat 元素字符串是一个常规表达的字符串。

⑤ bss 段、近数据段、只读数据段必须放置于同一个分区并且使用这里出现的顺序。

（3）构建脚本 tools\boot_loader\examples\mad\utils\scbp6618xl\ build_mad image_#e.hat 可以用来重建镜像，用户可能需要修改这个脚本文件以 set the PATH of the Code Gen and Python tools installed.

（4）可 boot 的镜像放置在 tools\boot_loader\examples\mad\utils\scbp6618x\images 中。

使用 IBL 来 boot 应用程序镜像

参考 tools\boot_loader\ibl\doc\scbp6618-instructions. txt，在 IBL boot 应用程序镜像之后，0 核心将用来运行 NDK client 服务器并且输出服务器的 IP 地址至 UART（通用非同步收发传输器）控制台，非 0 核心将用来运行 Hello World 并且向本地 L2 内存（0x8ffffc for C6670）写入 0xBABEFACE 到最后一个字。

为了证实 IBL 引导，用户可以将双列直插开关 S1 的 8 号引脚设置为 off，打印 DSP UART 输出，使用 TELNET（远程登录协议）连接到 ARM 发送指令。

第 8 章 TMS320C66xDSP 在医学超声成像系统中的应用

8.1 超声成像系统的组成

  超声波设备在不断地发展变化,随着超声波设备日益变得小型化和便携式,实现了诸多医疗设备的应用。便携式仪器体现了对病人的人文化关怀,这省去了患者的奔波之苦。德州仪器(TI)的嵌入式处理器和模拟产品凭借低功耗和高性能简化了先进超声波的设计,并实现了便携性并得到高品质的图像。

  超声波成像系统主要由以下模块组成(见图 8-1):收发超声波模块、模拟前端、数字信号处理、外设、电源。

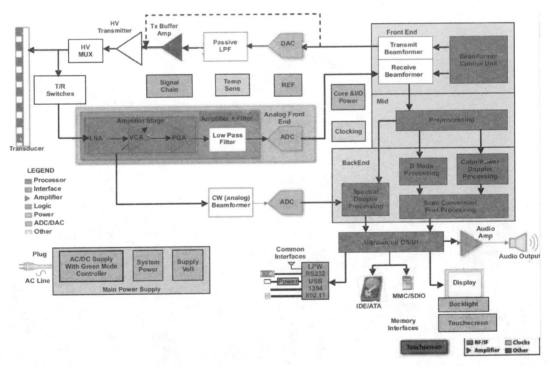

(a)

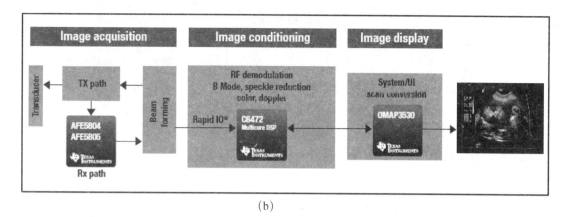

(b)

图 8 - 1　超声成像系统的构成(a)和基于 DSP 的流程(b)

收发模块包括传感器、高压脉冲发生器和高压多路复用器、T/R 开关、波束形成器 4 个部分。高低压脉冲发生器、高压多路复用器构成发送通路,该通路负责传感器原件的脉冲激励。当启动扫描时,将产生一个脉冲信号并通过 8～512 个传感器单元中的每一个发出,传感器将脉冲信号转换成超声波发射,典型的超声波的频率范围是 1 MHz 到 15 MHz,传感器换成接收模式。随着超声波的传播,信号急剧衰减,衰减量与距离的平方成反比,一部分超声波被反射回来由传感器接收。因为超声波的能量在传播的过程中会衰减,开发极为敏感的接收器件成为必然。

传感器又称换能器,是超声波束收发的关键环节,超声换能器结构如图 8-2 所示。换能器核心元件是压电片,可以实现电信号和超声波之间的转化。有一根信号线和一根地线,连接超声系统和压电片。信号线的一端汇聚到一根电缆与超声系统相连,另一端形成电极连接到压电片的下表面(背侧),地线的一段也形成电极连接到压电片的上表面(前端)。压电片背侧附着声波吸收材料,防止换能器背侧的声波干扰前端的声波。压电片的前端附着匹配层,用来匹配压电片和感兴趣组织的声阻抗。压电片的声阻抗在 20～30 MRayls 范围内,而人体组织的声阻抗只有 1.5 MRayls 左右。匹配层试图获得声阻抗在 6～7 MRayls。因为现有的材料的声阻抗没有能达到这个范围的,采用多层来获得相等的阻抗。匹配层通过调节厚度来控制声阻抗,调节厚度是一个十分耗时的过程。在匹配层前端再加一个透镜使光束聚焦到相应的位置。

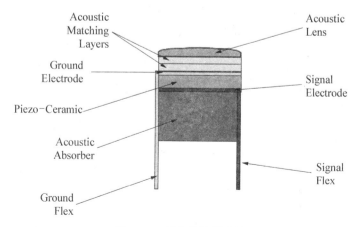

图 8 - 2　超声换能器结构

模拟前端由放大器、滤波器和模数转换器构成。现在的超声成像系统运用的比较先进的成像方式是聚焦成像技术。采用大量的接收器,通过时域平移、缩放以及智能累加回归能量,对扫描区域进行单点聚焦,通过一定的顺序聚焦于其他的点,最终汇聚成像。在接近皮肤的聚焦点,接收的回波非常强,仅需稍微放大甚至不需要放大,此区域被称为近区。在深入体内的聚焦点,接收的回波非常弱,需要放大上千倍甚至更多,此区域被称为远区。在远区,也就是高增益模式下,性能主要受限于接收链路中所有噪声源的总和,对接收噪声影响最大的两个因素是传感器电缆线的装置及用于接收的低噪声放大器(LNA)。在近区,也就是低增益模式下,性能主要受限于对输入信号量级的界定。上述两个区域信号之间的比率定义了系统的动态范围。许多接收链路都集成了带压控衰减器(VCA)的低噪声放大器和可编程增益放大器(PGA)。低通滤波器通常处于 VCA/PGA 及 ADC 之间作为抗混叠滤波器并限制噪声带宽。在选择运算放大器时,首先要考虑的因素包括信号摆幅、最低及最高输入频率、谐波失真及增益需求。模数转化器(ADC)通常是 10 到 12 位,信噪比及功耗是最着重考虑的问题,随后是通道集成。在这里完成模拟信号到数据的转化。

数字信号处理分为前端、中端和后端。系统的数字前端接收来自若干 ADC 的数据,其数量通常以通道数来衡量。对于方便携带的系统而言,其通道数可低至 8 个,对高端系统而言,通道数可达 512 个。数字前端的功能是实现对某一给定深度和方向的聚焦。这种波束形成的方式如下:以更高的速率对 ADC 输出进行再采样,适当地延迟再采样数据、乘上相应的权重,随后对所有的加权及延迟输出进行求和运算。

波束形成的数据随后通过中端处理模块。在这里,不同的滤波器处理电路用于实现噪声抑制,并正确的抽取超声波射频数据。随后将通过解调以产生复数基带数据。基于测量深度及角度的自适应处理有时可用于获取优化的超声波成像。

中间处理的输出在后端以不同的方式进行处理。可以用 B 模式成像、多普勒彩色成像和多普勒频谱成像。对于 B 模式成像,数据包络将被压缩以使其显示于人眼的动态范围,附加的图像增强、噪声抑制和相干斑抑制算法也将在此执行。数据通过扫描转换至最终的输出格式输出。对于多普勒处理而言,速度及湍流将以色彩的流动模式进行估算,这些估算结果通过扫描转换至最终的输出格式输出。为了实现正确的显示,估计量相关的色彩分配是必不可少的,可通过加窗的 FFT 对频谱进行估算。

8.2　TI 公司生产的超声系统部件

超声设备中用到的核心处理器如图 8-3 所示。

TMS320DM6446:运用 DaVinci 技术的数字媒体处理器。

TMS320C6472:非常适合高性能、严格功耗预算应用的六核处理器。

TMS320C6474:集成 3 个 1 GHz 内核的高性能处理器。

TMS320C6455:定点、最高性能的处理器。

Processors				
OMAP3530 *Page 93*	Applications Processor	ARM® Cortex A-8, C64x+™, graphics accelerator, video accelerators	Laptop-like performance at handheld power levels	OMAP3503, OMAP3515, OMAP3525
TMS320C6452	DSP	900MHz, 1.4MB L2 cache, 2x SGMII/Gigabit EMAC	High-performance DSP with improved system cost	
TMS320C6455 *Page 90*	DSP	1.2GHz, SRIO, 2MB RA	High-performance, fixed-point 16-bit processor	TMS320C6454R7T7
TMS320C6173	DSP	6x 700MHz C64x+ cores, 4.8MB RAM, SRIO, HPI	High-performance multiprocessor solution	
TMS320C6474 *Page 90*	DSP	3x 1.2GHz C64x+ cores, 3MB RAM, SRIO	High-performance multiprocessor solution	
TMS320C6745	DSP	1800MFLOPS, 256KB L2	Low cost floating point, combines C64x+ and C67x cores	TMS320C671x
TMS320C6747 *Page 91*	Industry's Lowest Power Floating-Point DSPs	32-/64-bit accuracy, 1.8V to 3.3V I/O supply, low power and rich connectivity peripherals	Uses three times less power than existing floating-point DSPs	
TMS320DM355 *Page 92*	Highly Integrated, Programmable Platform for Low Cost Portable Digital Video Apps	ARM926 at 216/270MHz; MPEG4 HD (720p) and JPEG up to 50M pixels per second	High quality, low-power consumption at low price	TMS320DM365, TMS320DM368
TMS320DM6446 *Page 88*	Highly Integrated Video SoC	Robust operating systems support, rich user interfaces, high processing performance, and long battery life	High quality, low-power consumption at low price	TMS320DM6443, TMS320DM6441
TMS320F2802x/3x Piccolo™	32-Bit Microcontroller	Up to 60MHz C28x™ core with optional control law accelerator. Up to 128KB Flash, high resolution (150ps) PWMs, 4.6MSPS ADC, CAN/LIN, QEP.	With dedicated, high precision peripherals, Piccolo microcontrollers are the ultimate combination of performance, integration, size, and low cost. Ideal for precision sensing and control applications.	TMS320F283x Delfino, TMS320F280x
TMS320F2283x Delfino™	32-Bit Floating-Point Microcontroller	Up to 300MHz C28x™ core. Up to 512KB Flash, high resolution (150ps) PWMs, 12MSPS ADC, CAN/LIN, QEP, external memory bus, DMA.	Delfino brings floating point and unparalleled performance to MCUs. Native floating point brings increased performance and quicker development. Ideal for precision sensing and control applications.	TMS320F2802x/3x Piccolo, TMS320F280x

图 8-3　超声设备中用到的关键处理器

TMS320C6747：业界最低功耗的浮点型处理器。

TMS320DM355：数字媒体处理器。

OMAP3530：高性能应用处理器。

接口和时钟如图 8-4 所示。

Interface				
SN65LVDS387	16-Channel LVDS Driver	630Mbps	High-density LVDS driver	SN65LVDS386
SN65LVDS93A	24-Bit RGB LVDS Serdes	10MHz-135MHz, BGA and TSSOP; supports 1.8V to 3.3V TTL i/p	Wide frequency range, saves space, no level shifter for 1.8V powered uP	SN75LVDS83B
SN65MLVD047	4-Channel M-LVDS Driver	Higher differential swing	Industry standard	SN65LVDS348
Clocking				
CDCE62005	Clock Generator	RMS jitter <1ps, recommended clocking solution for AFE580x and ADS528x/527x	Integrated VCO saves system cost	CDCE72010, CDCM7005
CDCE(L)949	Clock Synthesizer	Recommended clocking solution for TI DSPs	0ppm multiple-frequency generation	CDCE(L)937, CDCE(L)925
CDCE906	Clock Synthesizer	Recommended clocking solution for TI DSPs	0ppm multiple-frequency generation	CDCE706

图 8-4　接口和时钟芯片列表

电源如图 8-5 所示。

Power Management				
bq20z40-R1	SBS-Compliant Gas Gauge with Impedance Track™ Technology for use with BQ29330	Impedance Track Technology, Supports the Smart Battery SBSV1.1 specification	Provides better than 1% error over lifetime of Li-Ion and Li-Polymer Batteries	bq20Z95
bq24721	Battery Charge Management	Multichemistry and multicell sync switch-mode charger	High efficiency, pack and system protection functions	bq24105
bq78PL114	High Power and High Capacity Battery Pack Management Controller	Designed for managing 3- to 8-series cell battery systems, high-resolution 18-bit integrating delta-sigma Coulomb Counter for precise charge-flow measurements and gas gauging	Expandable from 3 – 12 Li-Ion cells in series, active cell balancing	bq76PL102

DCH010505	Galvanic Isolated, DC/DC Converters	1W, 3kV isolation, minimal external components	Safety isolation, removal of ground loops, reducing board space	DCH010512, DCH010515
DCP01B	DC/DC Converter	5V, 15V, 24V input bus, 1W, unregulated, dual, isolated	1W P_{OUT} or I_{OUT}, ±5V, ±12V, ±15V V_O range	DCP02
PTB48500A	DC/DC Converter	48V input bus, 30W, dual, isolated	30W P_{OUT} to I_{OUT}, 3.3V/1.2V V_O range	PTB48501A/B
PTH04T240	Power Module	10A, 2.2V to 5.5V V_{IN}, adjustable V_{OUT}, with TurboTrans™ Technology	Complete power supply designed to meet ultra-fast transient requirements	PTH04T241
PTH08T220	Power Module	16A, 4.5V to 14V V_{IN}, adjustable V_{OUT}, with TurboTrans Technology	Complete power supply designed to meet ultra-fast transient requirements	PTH08T221
TPS3307	Voltage Supervisor	Triple processor supervisor	Two fixed and one adjustable supervisor for system flexibility	TPS3808
TPS386000	4-Channel Supervisor	0.25% acc, down to 0.4V, watchdog	High integration and high accuracy	TPS3808
TPS54317	DC/DC Converter	3.0 to 6.0V $_{IN}$ 3A DC/DC with integrated switch FET, synchronization pin, enable	Eliminate beat noise/ceramic caps/FPGA/ integration	
TPS54350	DC/DC Converter	4.5 to 20V $_{IN}$ 3A DC/DC with integrated switch FET, synchronization pin, enable	Eliminate beat noise/ceramic caps/FPGA/ integration	TPS54550
TPS62110	DC/DC Converter	3.1 to 17V $_{IN}$ 1.5A DC/DC with integrated switch FET, synchronization pin, enable, Low battery indicator, PFM mode	Very low noise/high efficiency	
TPS62400	Dual Output Step-Down Converter	180° out of phase operation, serial interface	Flexible voltage adjustment for processors and MCUs	TPS62420
TPS63000	Buck-Boost Converter	1.8A switch, automatic transition between step down and boost mode	Stable output voltage over entire entire V_{IN} range	TPS63010
TPS65073	PMU with charger and WLED	Integrates charger, WLED, DCDC and LDO.	Highest integration for portable applications	TPS650250
TPS727xx	Single Channel LDO	High PSRR/low noise/ultra low I_Q	Battery power applications	TPS717xx
TPS7A45xx	Single Channel LDO	High PSRR/low noise/ultra low I_Q	High Performance with V_{IN} < = 20V	TL1963xx
TPS74201	Single-Channel LDO	1.5A ultra-low-dropout linear regulator	Split bias and supply pin minimize heat	TPS74301, TPS74801
TPS74401	Single-Channel LDO	3.0A ultra-low-dropout linear regulator	Split bias and supply pin minimize heat	TPS74901
TPS74701	Single-Channel LDO	0.5A ultra-low-dropout linear regulator	Split bias and supply pin minimize heat	
UCD90120	12-Channel Sequencer	GUI for programming 12 power rails	Sequencing, monitoring and margining	UCD9081, UCD90124

图 8-5 电源管理芯片

脉冲和开关如图 8-6 所示。

Pulsers and Switchers				
TX734 *Page 83*	Quad-Channel, High-Voltage Ultrasound pulser	Quad, 3-level RTZ, ±100V, ±75V, 2A integrated ultrasound pulser	Low-noise operation	TX810
TX810 *Page 83*	8-Channel Integrated T/R Switch	Eight bias current settings; eight power/performance combinations; accepts 200VPP input signals	Compact T/R switch; flexible programmability; easy power-up/down control; fast wake-up time; dual supply operation; optimized insertion loss	TX734

图 8-6 脉冲和开关芯片

射频收发器如图 8-7 所示。

RF Transceivers				
CC1101	Sub-1GHz RF Transceiver	Wake-on-radio functionality; integrated packet handling with 64B data FIFOs; high RF flexibility: FSK, MSK, OOK, 1.2-500kbps; extremely fast PLL turn-on/ hop time	Ideal for low-power systems; any low-end MCU can be used; backwards-compatible with existing systems; suitable for fast frequency-hopping systems	CC2500
CC2520	2.4GHz ZigBee/IEEE 802.15.4 RF Transceiver	Best-in-class coexistence and selectivity properties; excellent link budget (103dBm); extended temperature range; AES-128 security module	Reliable RF link with interference present; 400 m line-of-sight range with the development kit; ideal for industrial applications; no external processor needed for secure communication	CC2530

图 8-7 射频收发器芯片

模数转换器：

ADS5281，ADS5282，ADS5287：带串行化 LVDS 接口的 8 通道、超低功耗、12/10 位、50 至 65 MSPS 模式转换器。

放大器：

VCA8500：带低噪声放大器的 8 通道可变增益放大器。

OPA695：带停用模式的超带宽、电流反馈运算放大器。

OPA2695：带停用模式的双通道、带宽、电流反馈运算放大器。

OPA2889：带停用模式的双通道、低功耗、带宽电压反馈运算放大器。

8.3　多核 DSP 在超声系统中的应用

多核 DSP 提高了信号处理和计算的能力，而且和其他 DSP 芯片比，它耗电少，价格低。与以前使用的多个单核的 DSP 芯片相比，多核 DSP 是在一个板上设计的（见图 8 - 8），它耗电少，价格低，整体性能提高。

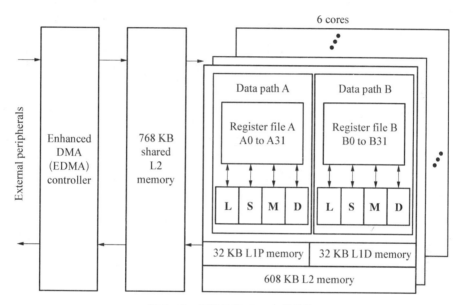

图 8 - 8　多核 DSP C6472 的结构

它有 6 个核，运行的时钟频率为 700 MHZ。每个核都是一个超长指令系统，有 2 条数据通路，每条数据通路有 4 个功能单元，分别为 LSMD. L,S,D 单元可以容纳 32 - 64 位的整数和部分算法和逻辑操作。D 单元还可以下载和存储 8,16,32,64 位的数据。M 单元不同的多模式操作和内部产品操作。每个核有几个层次的片上存储空间。离 8 个功能单元最近的是 32 Kb 的第一级程序存储空间和 32 Kb 的第一级数据存储空间，他们都可以被配置成缓存或者可寻址的静态随机存取存储器。第二级存储空间有 608 Kb，他也可以被配置成缓存或者可寻址的静态随机存取存储器. 每个核还有一个可编程的内部直接存储器访问控制器，他可以在 CPU 处理数据的同时在第一级和第二级存储空间之间传递数据。在 6 个核之间有一些共享的原件，包括 768 Kb 的第二级存储空间，还有一个可编程的增强的直接内存访问控制器，他可以在外部存储和周边存储，片上存储间传递数据。

在一个单核的 DSP 上，一个要运行所有程序。在一个多核系统上，要把任务分配到不同的核上执行。

一种简单的分配方法是基于帧的分划（见图 8 - 9），每个核执行一帧的程序，循环进行分配。这种方法的缺点是输入和输出帧之间存在很长的潜伏期。因为每个核完成一帧需要很长时间,处理器在获得和显示帧之间存在一个很长的延迟,使系统缓慢。

图 8-9　基于帧的划分

另一种方法是基于任务的分划方式(见图 8-10),每个核处理一个不同的任务,所有核的工作以流水线的方式进行。很重要的一点是如何分配使每个核完成任务的时间相近。比如与其他任务相比,一般原始数据的处理要花很长时间。这样可以把处理原始数据的任务由 4 个核完成,其他任务由剩下的 2 个核完成,但是把原始数据分成计算量相当的任务也是很困难的。

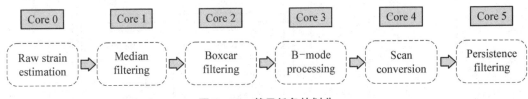

图 8-10　基于任务的划分

为了解决这个问题,提出基于数据的分划方法(见图 8-11),每个核执行所有的程序,给每个核分配分配一定的数据。这种方法相对于基于任务的划分方法的优点在于分配到每个核上的任务是均衡的因为每个核要运行相同的程序。例如多模块的事件已模块的形式处理输入数据,在每个模块处理数据块内部时需要数据库边缘的数据,这就增加了运输边缘数据的时间,除此之外,基于数据的划分方法也比基于任务的划分方法更有效,因为只有几个任务支配整个计算时间。

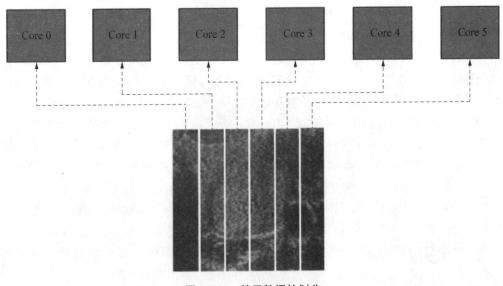

图 8-11　基于数据的划分

　　数据的划分有两种方法,垂直方向和水平方向(见图 8-12 和图 8-13)。垂直方向含有图像的轴方向,在超声系统中比较常用。

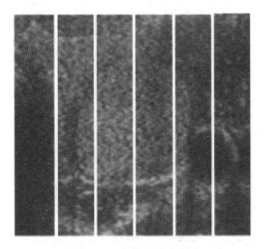

图 8-12　数据的纵向划分

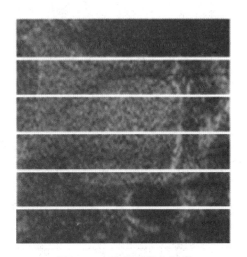

图 8-13　数据的横向划分

　　下面探究数据如何从外存到片上存储的。有两种方式:一是单通路的;二是多通路的。对于单通路的成像方式来说,可以对同一批数据进行强度处理和 B 模式处理。输入数据被分成 3 部分,因为强度的有意义区域(就是有颜色的部分)要远小于 B 模式要处理的数据量,在 1,3 和处理数据时,第二个核就会出现空闲现象。

　　为了更好地配置计算资源,采用双通路的数据传递方式(见图 8-14 和图 8-15)。强度处理后,把数据传到外存,把 B 模式处理的数据传到内存。

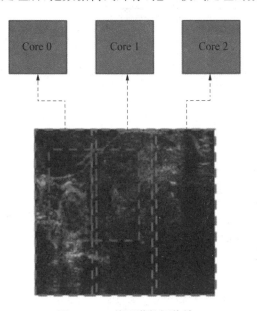

图 8-14　单通道数据传输

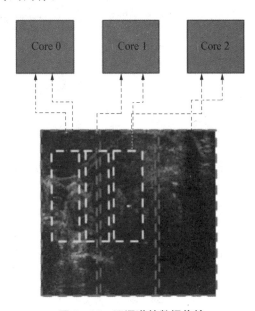

图 8-15　双通道的数据传输

具体步骤如下:

(1) 把要做强度处理的数据用 EMDA 从外存传到片上二级存储,一级存储被配置成缓存。

（2）在每个核内进行强度处理。

（3）把经过强度处理的数据传送到外存。

（4）把经过强度处理的数据 EMDA 从外存传到片上二级存储。

（5）在每个核内进行 B 模式处理。

（6）把经过 B 模式处理的数据传送到外存。

下面介绍波束形成的插值波束形成（IBF）算法。

抽取 64 滤波器实现了基于多相分解，支持 8X 插值的 IBF 算法映射。图 8－16 中显示了滤波器系数（hi）和输入样本（xi）根据延迟数对应排列。上采样滤波在连续的输入中插入 7 个 0。不显示插值 0 处的系数，滤波器系数是原始数据增加延迟量决定。对于每个滤波的输出，只用到了原始的输入样本以及在滤波器组中选中的一个 8 个抽取滤波器。

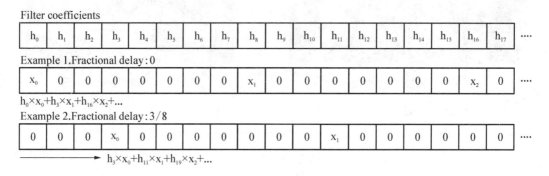

(a)

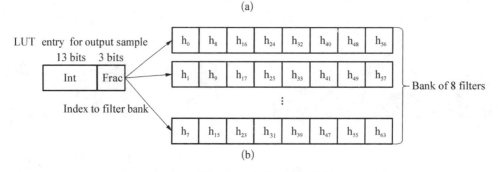

(b)

图 8－16　插值过程

每个 LUT 的项目由整数和分数延迟部分组成。整数部分代表着在原始 ADC 时间分辨率下的总延迟，而小数部分代表在一个采样周期下的额外延迟。

```
for (n = 0; n<4096; n++)
    partial_sum[n] = 0; //Initialize the partial sum array to zero
for (m = 0; m<64; m++) //for each channel m
{
    for (n = 0; n<4096; n++) //for each output sample n in channel m
    {
        load LUT_entry[m, n];
        input_index = msb13(LUT_entry[m,n]);
```

```
            filter_index = lsb3(LUT_entry[m,n]);
            load input_array[m][input_index:input_index+7]⇒input_samples; //
            load 8 input samples
            load filter_bank[filter_index][0:7]⇒filter_coeffs; //load 8 filter
            coefficients

            interpolated_sample = inner_product(filter_coeffs, input_samples);
            partial_sum[n] = partial_sum[n] + interpolated_sample;
        }
    }
    for (n = 0; n<4096; n++) //for each focused RF sample n in a scanline
    {
            output[n] = partial_sum[n];
    }
```

以下为 IBF 的伪代码：

（1）初始化部分和阵列。

（2）计算每个合适的延迟输出样本，并累积到部分和阵列。对每个通道（n = 0 to 4095），的每个样本，以及每个信道（m = 0 to 63）都执行计算。一旦每个 64 个信道都处理完，最后得到的和矩阵就是一个聚焦的扫描线。每个 LUT 条目的整数部分和小数部分被分别用作输入信道数据和滤波器组的行索引的输入地址。通过使用 DDOTP4H（两个平行的内积运算，每 4 个输入信道数据和 4 个滤波器系数之间的），然后做加法，就完成了内插滤波。

再介绍多核 DSP 系统层面架构。

图 8-17 显示了用 2 个 core 来形成 64 个平行接收通道波束的系统层面结构。在这个系统中，上面 32 个通道的 ADC 输出直接进入 core0，下面 32 个通道的 ADC 的输出进入core1。这些通道的数据被后台打印到 DSP 的 MSMC sRAM 分配的循环缓冲区（矩形块）。每个缓冲区有 256 kb（32 个通道×4096 个采样×2b/个采样）。因为 scanline0 的数据分给了 2 个 DSP 需要同时工作形成 scanline1 的波束。在 core0 从第一个 32 通道的数据组成部分和的数组之后，需要将这个部分和数组送到 core1，即将这个部分和数组的值加到自身的32 通道数据结果上。一旦 scanline0 中的所有数据被转移到缓冲区，core0 便可以立刻开始将这些数据形成波束，同时之后的 scanline 的数据可以被转移到循环缓冲区。同样地，当数据准备好的同时其他芯片可以开始处理这些数据。因此可以看到多芯片交错地在他们自己的扫描线中工作。core1 通过将扫描线传送到后端处理机来解调这些 RF 采样。

一个芯片生成一个扫描线上 32 个通道的部分和数组需要 631 k 个循环。我们估计core0 将部分和数组传送至 core1 需要另外加上 16 k 个循环，core1 还需要的 10 k 个循环加上两个 DSP 的部分和数组来形成扫描线波束。因此用 2 个 core 形成一个扫描线的波束需要 657 个循环，从而形成 49.9 M 个采样/秒的结果（假设 2 个 DSP 的工作频率为 1 GHz）。

如果由单核的 DSP 来完成，单从核的个数来说，速度是多核的 1/8。即使使用多个单核的 DSP,与集成了 8 个 CorePac 的 C6678 还是有很大区别,因为 C6678 采用 keystone 架构,减少了大量的数据输入输出时间和程序执行的时间。

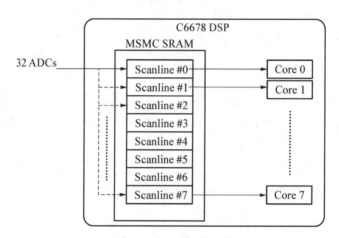

图 8-17 scanline 的生成

8.4 总 结 与 展 望

超声成像系统将朝着高处理速率、低功耗、小型化的方向发展。速率方面,主要在于 DSP 的发展,可以在一个系统内用多个 DSP 芯片,每个芯片集成多个核,提高存储器速率的一致性及数据传输与程序执行速率的一致性。改进算法减少程序执行时间,优化任务分配,避免空闲和拥堵发生。功耗方面,改善仪器使用的材料,提高系统效率,减少系统运行时间。便携性方面,提高芯片的集成度,缩减空闲空间。另外,超声设备要朝着多功能方面发展,比如都使用超声技术进行成像,体温检测等。或者将超声成像变成某些设备的附属功能,增加其应用范围。

参 考 文 献

［1］ Texas Instruments. Embedded processors for medical imaging［OL］. http：//www. ti. com/lit/sg/slyb145b/slyb145b. pdf.

［2］ 中国电子网. 数字化应用中的多核 DSP［OL］.［2012－12－08］http://embed. 21ic. com/software/wince/201212/28975. html.

［3］ 电子工程世界. 多核 DSP 技术在 OCT 医疗成像中的应用［OL］.［2012－01－12］http://www. eeworld. com. cn/medical_electronics/2012/0112/article_2655. html.

［4］ TI C66x Multicore DSP Application Seminar，Texas Instruments，2012 年 6 月.

［5］ 华强电子网. 抢占高端 FPGA 市场，TI 多核 DSP 可用于成像医疗［OL］.［2011－08－22］http://www. hqew. com/tech/news/193960. html.

［6］ 电子创新网. 高性能计算创新"低"：德州仪器推出 TMS320C66x 多核 DSP 新品［OL］.［2011－11－23］http://www. eetrend. com/news/100033775.

［7］ 电子创新网. 德州仪器最新 TMS320C66x DSP 实现业界最高定点与浮点性能［OL］.［2010－11－10］http://www. eetrend. com/news/100028257.

［8］ Texas Instruments. TMS320C66x DSP CPU and Instruction Set Reference Guide(Literature Number：SPRUGH7)［OL］.(2010. 11)http://www. ti. com/lit/ug/sprugh7/sprugh7. pdf.

［9］ 华强电子网. TI 全新 TMS320C66x 定点与浮点 DSP 内核成功挑战速度极限［OL］.［2012－11－01］http://www. hqew. com/tech/fangan/715494. html.

［10］ nouth. C66x 定点浮点混合 DSP 循环编程优化指南［OL］.［2012－05－23］http://www. 61ic. com/Article/C6000/TMS320C66x/201205/42428. html.

［11］ Texas Instruments. TMS320C66x DSP CorePac User Guide (Literature Number：SPRUGW0B)［OL］.(2013. 7)http://www. ti. com/lit/ug/sprugw0c/sprugw0c. pdf.

［12］ 中国电子学会. 第十七届全国半导体集成电路、硅材料学术会议论文集［C］. 三亚：［出版者不详］，2012.

［13］ 刘洋. keyStone 架构多核 DSP 有望替代高端 FPGA［J］. 电子设计技术，2011(3).

［14］ Chunhua Hu，David Bell. KeyStone 内存架构［J］. 电子与电脑，2011(12).

［15］ Texas Instruments. KeyStone Architecture Multicore Navigator User Guide (Literature Number：SPRUGR9F)［OL］.(2013. 3)http://www. ti. com/lit/ug/sprugr9f/sprugr9f. pdf.

［16］ 单祥茹. TI 多核 DSP 再出新品高性能计算时代即将到来［J］. 中国电子商情：基础电子. 2012(1).

［17］ 徐俊毅. 德州仪器 C66X DSP 翻开多核市场新篇章［J］. 电子与电脑，2010(12).

［18］ Mukes Kumar. 支持新一代工业检查系统的多核 DSP［OL］.［2012－08－16］http://www. ti. com. cn/general/cn/docs/gencontent. tsp? contentId＝159454.

［19］ Texas Instruments. KeyStone Architecture HyperLink User Guide (Literature Number：SPRUGW8C)［OL］.(2013. 6)http://www. ti. com/lit/ug/sprugw8c/sprugw8c. pdf.

［20］ Texas Instruments. KeyStone Architecture Serial Rapid IO(SRIO) User Guide (Literature Number：

SPRUGW1B)[OL]. (2012.11)http://www.ti.com/lit/ug/sprugw1b/sprugw1b.pdf.

[21] Texas Instruments. KeyStone Architecture Peripheral Component Interconnect Express (PCIe) User Guide (Literature Number: SPRUGS6D)[OL]. (2013.9)http://www.ti.com/lit/ug/sprugs6d/sprugs6d.pdf.

[22] 电子工程世界. 串行 RapidIO：高性能嵌入式互连技术(1)[OL]. [2012 - 03 - 27]http://www.eeworld.com.cn/mcu/2012/0327/article_8215_1.html.

[23] 中电网. 串行 RapidIO 连接功能增强 DSP 协处理能力[OL]. http://wap.eccn.com/wap/article/wapshow.php?pid=2012053111245526.

[24] 电子工程世界. 支持新一代工业检查系统的多核 DSP[OL]. [2012 - 08 - 10]http://www.eeworld.com.cn/qrs/2012/0810/article_11465.html.

[25] Texas Instruments. TMS320C6678 Multicore Fixed and Floating - Point Digital Signal Processor Data Manual (Literature Number: SPRS691D)[OL]. (2013.4)http://www.ti.com/lit/ds/sprs691d/sprs691d.pdf.

[26] 百度文库. OpenMP[OL]. [2011 - 05 - 10]http://wenku.baidu.com/view/055296ffc8d376eeaeaa316c.html.

[27] Bootloader for KeyStone Devices User's Guide，SPRUBY5.pdf.

[28] Texas Instruments. Multicore Programming Guide(SPRAB27B)[OL]. (2012.12)http://www.ti.com/lit/an/sprab27b/sprab27b.pdf.

[29] OpenMP. OpenMP[OL]. (2013)http://www.openmp.org.

[30] Texas Instruments Wiki. MCSDK Image Processing Demonstration Guide[OL]. [2013 - 7 - 28] http://processors.wiki.ti.com/index.php/MCSDK_Image_Processing_Demonstration_Guide.

[31] Texas Instruments Wiki. MAD Utils User Guide[OL]. [2012 - 03 - 26]http://processors.wiki.ti.com/index.php/MAD_Utils_User_Guide.

[32] Very Large FFT Multicore DSP Implementation Demo Guide[OL]. http://keystone-workshop.googlecode.com/svn/trunk/examples/vlfft/vlfft/doc/Very% 20Large% 20FFT% 20Multicore% 20DSP%20Implementation%20Demo%20 Guide.pdf.

[33] Texas Instruments. 德州仪器在线技术支持社区[OL]. http://www.deyisupport.com/search/default.aspx♯q=vlfft.

[34] Texas Instruments. TMDXEVM6678L EVM Technical Reference Manual Version 2.0 (Literature Number: SPRUH58)[OL]. (2011.6)http://wfcache.advantech.com/support/TMDXEVM6678L_Technical_Reference_Manual_2V00.pdf.

[35] Texas Instruments Wiki. BIOS MCSDK 2.0 Getting Started Guide[OL]. [2012 - 12 - 04]http://processors.wiki.ti.com/index.php/BIOS_MCSDK_2.0_Getting_Started_Guide.

[36] Texas Instruments Wiki. BIOS MCSDK 2.0 User Guide[OL]. [2013 - 11 - 12]http://processors.wiki.ti.com/index.php/BIOS_MCSDK_2.0_User_Guide.

[37] EVMC6678L Hardware Setup.pdf.

[38] Texas Instruments Wiki. MAD Utils User Guide[OL]. http://processors.wiki.ti.com/index.php/MAD_Utils_User_Guide.

[39] python. Download Python[OL]. http://www.python.org/getit/.

[40] TFTP. The industry standard TFTP server[OL]. http://TFTPd32.jounin.net.

[41] Texas Instruments. C66x DSP Bootloader User's Guide (Literature Number: SPRUGY5)[OL]. (2010.11)https://www.google.com.hk/url?sa＝t&rct＝j&q＝&esrc＝s&source＝web&cd＝

2&ved＝0CC8QFjAB&url＝http％3a％2f％2fwww％2edeyisupport％2ecom％2fcfs-file％2eashx％2f__key％2ftelligent-evolution-components-attachments％2f00－53－01－00－00－05－83－18％2fsprugy5_2D00_bootloader％2epdf&ei＝MTfTUs_aJomAiQfEkYDwCA&usg＝AFQjCNGCcAI3NmRtw51SjPLFjxIq5－pVjA&bvm＝bv.59026428,d.aGc&cad＝rjt.

[42] Texas Instruments Wiki. TMDXEVM6670L EVM Hardware Setup[OL]. http：//processors.wiki.ti.com/index.php/TMDXEVM6670L_EVM_Hardware_Setup♯Boot_Mode_Dip_Switch_Settings and User's Guide for more details：.

[43] 新浪博客. TMS320C6678 的 EMIF16 NOR Flash 程序自加载的实现[OL].[2012－03－14]. http：//blog.sina.com.cn/s/blog_562538d201012brh.html.

[44] 美国德州仪器公司. TMS320C6000 系列 DSP 编程工具与指南[M]. 田黎育,何佩琨,朱梦宇,译. 北京：清华大学出版社,2006.

[45] 钟俊. TMS320C672x DSP 引导程序设计[D]. 合肥：中国科技大学,2010.

[46] Texas Instruments. Keystone Architecture DSP bootloader(Literature Number：SPRUGY5C)[OL]. (2013.7)http://www.ti.com/lit/ug/sprugy5c/sprugy5c.pdf.

[47] Texas Instruments. TMS320C6678 Data manual(Literature Number：SPRS691D)[OL]. (2013.4) http：//www.ti.com/lit/ds/sprs691d/sprs691d.pdf.

[48] Texas Instruments. TMS320C6000 Assembly Language Tools v7.0 User's Guide (Literature Number：SPRU186S)[OL]. (2010.2)http://www.ti.com/lit/ug/spru186s/spru186s.pdf.

[49] ..\\Program Files\Texas Instruments\mcsdk_2_00_00_xx\tools\ boot_loader\\examples\i2c\nor\docs\README.txt.

[50] Texas Instruments Wiki. MCSDK Image Processing Demonstration Guide[OL]. http：//processors.wiki.ti.com/index.php/MCSDK_Image_Processing_Demonstration_Guide.

[51] 蔡湘平,冯艳清,汪安民. 多核 DSP 的 Nand Flash 启动软硬件设计[J]. 单片机与嵌入式系统应用,2013,13(3)：46－48.

[52] 钱丰,林家儒. TI c66x 系列 DSP 多核 BOOT 的研究[OL]. 中国科技论文在线,[2012－08－03]. http：//www.paper.edu.cn/releasepaper/content/2012,08－27.

[53] Texas Instruments. Medical application guide[OL]. (2007). http://cn.mouser.com/catalog/specsheets/TIsMedicalAppsGuide.pdf.

[54] Texas Instruments. Signal Processing Overview of Ultrasound Systems for Medical Imaging[OL]. (2008.11). http：//ymk.k-space.org/sprab12.pdf.

[55] Si Luo,Cheoljin Lee,et al. Real-Time Ultrasound Elastography on a Multi-core DSP[OL]. http：//www.ti.com/lit/wp/sprabn9/sprabn9.pdf.

[56] Kerem Karadayi,Cheoljin Lee,et al. Software-based Ultrasound Beamforming on Multi-core DSPs [OL]. http：//www.ti.com/lit/wp/sprabo0/sprabo0.pdf.

[57] Texas Instruments. TI SYS/BIOS v6.35 Real-time Operating System User's Guide (Literature Number：SPRUEX3M)[OL]. (2013.6)http://www.ti.com/lit/ug/spruex3m/spruex3m.pdf.

[58] KeyStone Architecture Peripheral Component Interconnect Express (PCIe) User Guide (Rev. A, http：//www.ti.com/litv/pdf/sprugs6a).

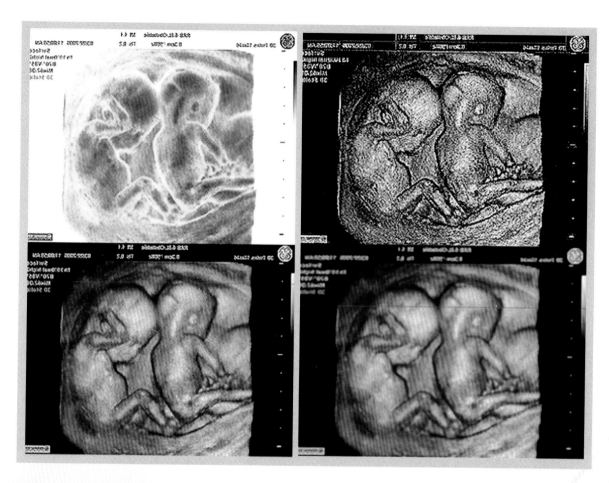

图6-81 图像处理结果（左下原图，左上负片，右上锐化，右下平滑）

Tronlong®

广州创龙电子科技有限公司
Guangzhou Tronlong Electronic Technology Co.,Ltd

◉ 公司简介

广州创龙电子科技有限公司（简称"广州创龙"或"Tronlong"），是中国领先的嵌入式方案商，专业提供嵌入式开发套件、教学设备和主板定制服务，专注于TI DSP以及DSP+ARM平台方案开发，是TI中国合作伙伴之一，和国内诸多著名企业、研究所、高等院校合作密切。

广州创龙拥有TI C2000/C5000/C6000/DaVinci/KeyStone/Sitara、Xilinx Spartan/Artix/ Kintex/Virtex系列产品线，推出基于DSP+ARM+FPGA三核架构的数据采集处理解决方案，广泛应用于工控、电力、通信、仪器仪表、图像、音视频处理等行业。

作为嵌入式领域的领导者，广州创龙注重产品质量和技术支持，致力于让客户减少研发成本、降低设计难度、缩短开发周期，使产品快速上市，是主板定制合作首选企业。

访问官网**www.tronlong.com**了解更多

◉ 主营业务

主板定制

开发套件

教学设备

◉ 联系方式

技术论坛：www.51ele.net

联系电话：020-8998-6280

销售邮箱：sales@tronlong.com

线上商城：https://tronlong.taobao.com

扫描关注创龙公众号

广州创龙 ● 您身边的主板定制专家

TMS320C6678开发板

产品特点

✅ **处理器架构先进**：
基于TI KeyStone C66x多核定点/浮点TMS320C6678 DSP，
集成了8个C66x核，支持高性能信号处理应用；

✅ **运算能力强**：
每核心主频1.0G/1.25GHz，单核可高达40GMACS和20GFLOPS，
每核心32KB L1P、32KB L1D、512KB L2，4MB多核共享内存，
8192个多用途硬件队列，支持DMA传输；

✅ **网络性能优越**：
支持双千兆网口，带有由1个数据包加速器和1个安全加速器组成
的网络协处理器；

✅ **拓展资源丰富**：
支持PCIe、SRIO、HyperLink、EMIF16等多种高速接口，同时
支持I2C、SPI、UART等常见接口；

✅ **连接稳定可靠**：
80mm*58mm，体积极小的TMS320C6678核心板，采用工业级
高速B2B连接器；

✅ **开发资料齐全**：
提供丰富的开发例程，入门简单，支持裸机和SYS/BIOS操作系统。

✅ **灵活储存配置**：
NAND FLASH：128MB
DDR3：1GB/2GB

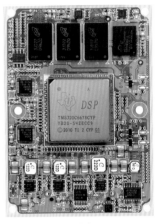

（核心板）

硬件框图

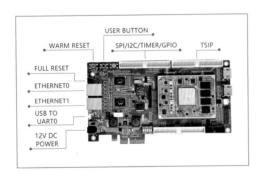

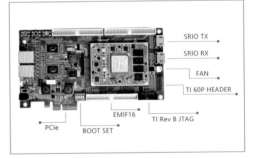

产品应用

GigE工业相机

C66x与FPGA通信